全国普通高等学校机械类"十二五"规划系列教材

机械优化设计

主　编　邓效忠　竺志超

副主编　方志和　李天兴

程相文　张晓君

华中科技大学出版社

中国·武汉

内容简介

本书系统介绍了机械优化设计的基本理论、常用方法和工程实际应用案例。全书共分七章，分别介绍了机械优化设计的应用和发展、优化设计的数学模型与优化过程、一维优化方法、无约束优化方法、约束优化方法、优化设计中的一些特殊问题和现代优化设计方法。

本书可作为高等学校机械类及相关专业的本科生、研究生的实用性教材，也可作为工程设计人员的参考书。

图书在版编目(CIP)数据

机械优化设计/邓效忠，竺志超主编. —武汉：华中科技大学出版社，2015.3 (2023.1 重印)
ISBN 978-7-5680-0762-7

Ⅰ.①机… Ⅱ.①邓… ②竺… Ⅲ.①机械设计-最优设计-高等学校-教材 Ⅳ.①TH122

中国版本图书馆 CIP 数据核字(2015)第 064313 号

机械优化设计 邓效忠 竺志超 主编

策划编辑：俞道凯
责任编辑：刘 飞
封面设计：范翠璇
责任校对：张 琳
责任监印：张正林
出版发行：华中科技大学出版社(中国·武汉) 电话：(027)81321913
武汉市东湖新技术开发区华工科技园 邮编：430223
录 排：武汉市洪山区佳年华文印部
印 刷：武汉邮科印务有限公司
开 本：787mm×1092mm 1/16
印 张：9.75
字 数：246 千字
版 次：2023 年 1 月第 1 版第 6 次印刷
定 价：29.80 元

全国普通高等学校机械类“十二五”规划系列教材

编审委员会

全国普通高等学校机械类“十二五”规划系列教材

序

“十二五”时期是全面建设小康社会的关键时期，是深化改革开放、加快转变经济发展方式的攻坚时期，也是贯彻落实《国家中长期教育改革和发展规划纲要(2010—2020年)》的关键五年。教育改革与发展面临着前所未有的机遇和挑战。以加快转变经济发展方式为主线，推进经济结构战略性调整、建立现代产业体系，推进资源节约型、环境友好型社会建设，迫切需要进一步提高劳动者素质，调整人才培养结构，增加应用型、技能型、复合型人才的供给。同时，当今世界处在大发展、大调整、大变革时期，为了迎接日益加剧的全球人才、科技和教育竞争，迫切需要全面提高教育质量，加快拔尖创新人才的培养，提高高等学校的自主创新能力，推动“中国制造”向“中国创造”转变。

为此，近年来教育部先后印发了《教育部关于实施卓越工程师教育培养计划的若干意见》(教高〔2011〕1号)、《关于“十二五”普通高等教育本科教材建设的若干意见》(教高〔2011〕5号)、《关于“十二五”期间实施“高等学校本科教学质量与教学改革工程”的意见》(教高〔2011〕6号)、《教育部关于全面提高高等教育质量的若干意见》(教高〔2012〕4号)等指导性意见，对全国高校本科教学改革和发展方向提出了明确的要求。在上述大背景下，教育部高等学校机械学科教学指导委员会根据教育部高教司的统一部署，先后起草了《普通高等学校本科专业目录机械类专业教学规范》、《高等学校本科机械基础课程教学基本要求》，加强教学内容和课程体系改革的研究，对高校机械类专业和课程教学进行指导。

为了贯彻落实教育规划纲要和教育部文件精神，满足各高校高素质应用型高级专门人才培养要求，根据《关于“十二五”普通高等教育本科教材建设的若干意见》文件精神，华中科技大学出版社在教育部高等学校机械学科教学指导委员会的指导下，联合一批机械学科办学实力强的高等学校、部分机械特色专业突出的学校和教学指导委员会委员、国家级教学团队负责人、国家级教学名师组成编委会，邀请来自全国高校机械学科教学一线的教师组织编写全国普通高等学校机械类“十二五”规划系列教材，将为提高高等教育本科教学质量和人才培养质量提供有力保障。

当前经济社会的发展，对高校的人才培养质量提出了更高的要求。该套教材在编写中，应着力构建满足机械工程师后备人才培养要求的教材体系，以机械工程知识和能力的培养为根本，与企业对机械工程师的能力目标紧密结合，力求满足学科、教学和社会三方面的需求，在结构上和内容上体现思想性、科学性、先进性，把握行业人才要求，突出工程教育特色。同时注意吸收教学指导委员会教学内容和课程体系改革的研究成果，根据教学指导委员会颁布的各课程教学专业规范要求编写，开发教材配套资源（习题、课程设计和实践教材及数字化学习资源），适应新时期教学需要。

教材建设是高校教学中的基础性工作，是一项长期的工作，需要不断吸取人才培养模式和教学改革成果，吸取学科和行业的新知识、新技术、新成果。本套教材的编写出版只是近年来各参与学校教学改革的初步总结，还需要各位专家、同行提出宝贵意见，以进一步修订、完善，不断提高教材质量。

谨为之序。

国家级教学名师

华中科技大学教授、博导

2012年8月

前　　言

优化设计是将最优化方法与计算机技术相结合并广泛应用于工程设计问题的一种科学的设计方法。顾名思义，优化设计是寻求最佳技术经济指标或最优目标的设计方案，即在给定的各种约束或限制条件下合理地确定各设计参数，从众多的设计方案中寻找出目标为最佳的设计方案。机械优化设计作为现代设计方法的重要组成部分，其重要性也是不言而喻的。它是解决机械工程设计问题的一种有效手段，对于进一步提高机械设计的水平、改善机械产品的质量等均起到了重要作用。

机械优化设计是机械类专业的一门重要课程，其目的是使学生树立优化设计的思想，掌握优化设计的基本方法，获得解决工程实际问题的能力。本书是作者在多年从事机械优化设计教学和科研工作实践的基础上并参考教学讲义而编写的，其指导思想是立足于创新应用型人才培养目标，使学生通过本课程学习，掌握机械优化设计的基本方法，提高在机械工程领域的设计能力，在今后的工作中能够应用优化设计方法解决工程实践问题。本书可作为高等学校机械类本科生和研究生的实用性教材，也可作为工程设计人员的参考书。

全书共分七章。第 1 章阐述机械优化设计的含义、机械优化设计在机械工程中的应用及发展趋势等；第 2 章阐述优化设计数学模型的建立和尺度变换、优化问题的极值条件和优化搜索的过程等；第 3 章阐述黄金分割法、二次插值法等常用的一维优化方法；第 4 章阐述梯度法、牛顿法、共轭梯度法、坐标轮换法、鲍威尔法和变尺度法等无约束优化方法；第 5 章阐述了可行方向法、随机方向法、复合形法和惩罚函数法等约束优化方法；第 6 章阐述优化设计中的一些特殊问题，如线性规划方法、离散变量优化和多目标优化等；第 7 章阐述遗传算法和 BP 神经网络算法等现代优化设计方法。除第 1 章、第 7 章外，各章末均附有习题供读者练习。

本书由河南科技大学邓效忠、浙江理工大学竺志超担任主编，浙江理工大学方志和、河南科技大学李天兴、河北联合大学程相文、辽宁科技大学张晓君担任副主编。第 1 章由方志和、竺志超编写，第 2 章、第 3 章、第 5 章由李天兴编写，第 4 章由程相文编写，第 6 章由张晓君编写，第 7 章由方志和、竺志超编写。本书在编写过程中吸收了不少专家提出的宝贵意见和建议，受到浙江理工大学教材建设项目资助，在教材出版过程中，还得到了华中科技大学出版社的大力支持，在此深表感谢。

本书在编写过程中参阅了同行专家、学者的著作和教材，在此谨致谢意。鉴于近年来机械优化设计的理论和方法的发展极其迅速，又限于编者水平，书中难免存在疏漏或不妥之处，恳请广大读者批评指正。

目　　录

第1章　机械优化设计的应用和发展

最优化或者理想化一直是人类在生产和社会活动中所追求的，如做一个规划或者设计，我们都期望得到最满意、最好的结果。为了实现这种愿望，必须要有好的预测和决策方法，最优化的方法就是普遍采用的一种方法。

优化设计是20世纪60年代初发展起来的一门新兴学科，它是最优化方法与计算机技术相结合而产生并应用于工程设计问题的一种科学的设计方法。优化设计，顾名思义是寻求最佳的效益或最佳的设计方案，即在给定的各种约束条件下合理确定各设计参数，从众多的设计方案中寻找出目标为最佳的设计方案，如质量轻、材料省、结构紧凑、成本低、性能好、承载能力强等。优化设计正是基于这种需要而产生和发展的，并已广泛应用于各类工程实践的一种现代设计方法。

1.1　机械优化设计的含义

机械传统设计通常采用经验类比的设计方法。其设计过程可概括为“设计—分析—再设计”的过程，即首先根据设计任务及设计要求进行调查、搜集和研究相关资料，参照或类比相同的、现有的较为成熟的设计方案，凭借设计者的经验，辅以必要的分析及计算，确定一个合适的设计方案，并通过估算初步确定有关设计参数；然后对初步方案进行强度、刚度和稳定性等性能方面的分析计算，检查其是否满足设计指标要求。如果设计方案得不到满足，则进行设计参数的调整，并再次进行分析和校核。如此反复，直到获得符合要求的设计方案为止。很显然，这个过程费时、费力，而且只限于少数几个候选方案的比较和分析，一般很难得到较为满意的结果。

机械优化设计是进行某种机械产品设计时，在规定的各种设计限制条件下，优选设计参数，使某项或几项设计指标获得最优值。工程设计上的“最优值”(optimum)或“最佳值”系指在满足多种设计目标和约束条件下所获得的最令人满意和最适宜的值。最优值的概念是相对的，随着科学技术的发展及设计条件的变动，最优化的标准也将发生变化。优化设计反映了人们对客观世界认识的变化，它要求人们根据事物的客观规律，在一定的物质基础和技术条件下，得出最优的设计方案。

对机械工程问题进行优化设计，首先需将工程设计问题转化成数学模型，即用优化设计的数学表达式描述工程设计问题。然后，按照数学模型的特点选择合适的优化方法和计算程序，运用计算机求解，最终获得最优设计方案。

机械优化设计具有传统设计所不具备的一些特点，主要体现在两个方面。

(1) 优化设计过程中能使各种设计参数自动向更优的方向进行搜索调整，直到找到一个尽可能完善或最合适的设计方案。

(2) 优化设计的手段是采用计算机进行数值计算。

1.2 机械优化设计方法在机械工程中的应用

机械设计工作的任务就是使设计的产品既具有优良的技术性能指标，又能满足生产的工艺性、使用的可靠性和安全性要求，且消耗和成本最低等。机械产品的设计，一般需要经过需求分析、市场调查、方案设计、结构设计、分析计算、工程绘图和编制技术文件等一系列工作过程。

传统设计方法通常是在调查分析的基础上，参照同类产品，通过估算、经验类比或试验等方法来确定产品的初步设计方案。然后根据校核结果对设计参数进行修改。整个传统设计的过程是人工试凑和定性、定量分析比较的过程。实践证明，按照传统方法得出的设计方案，可能存在较大改进和提高的余地。虽然在传统设计中也存在“选优”的思想，设计人员可以在有限的几种合格设计方案中，按照一定的设计指标进行分析评价，选出较好的方案。但是过去由于受到计算方法和手段等条件的限制，设计者不得不依靠经验，进行类比、推理和直观判断等一系列智力工作，这样很难找出最优设计方案。

从 20 世纪 90 年代以来，随着电子计算机的发展和普及应用，优化设计方法广泛地应用于各个工程领域，如空间运载工具的最优轨迹、土木工程结构设计、水利资源系统设计、电网优化设计、工厂地点选择的综合优化问题、控制系统的最优控制、最优生产规划、最优控制和最优调度等。例如，据资料介绍，某化工厂设计利用优化程序，在 16 小时内进行了 16000 个可行方案计算，从中选出了一个成本最低、产量最大的方案。而过去曾有一组工程师工作一年，仅能得到三个设计方案，而且在效率上没有一个方案可以同优化结果相比。

优化设计方法在机械领域应用较早，尤其是机构优化设计，在平面连杆机构、空间连杆机构、凸轮机构以及组合机构设计等方面都取得了很好的成果。在机械零部件优化设计领域，国内外都进行了深入的研究，如：液体动压轴承的优化设计，齿轮在最小接触应力情况下的最佳几何形状，二级齿轮减速器在满足强度和一定体积下的单位功率所占的减速器质量最小，轴、摩擦离合器、齿轮泵、弹簧等的优化设计问题还有专门著作论述，并且在工程实践中，优化设计方法与计算机辅助设计(CAD)、动态仿真设计等技术的结合，使得在设计过程中能够不断选择设计参数进而求得最优设计方案，加快设计速度，缩短设计周期。优化设计的效益是非常明显的，如美国 Bell 公司采用优化方法解决了具有 450 个设计变量的结构优化问题，使一个机翼的质量减轻 35%；Boeing 公司对 747 飞机机身进行优化设计，收到增加载员、减轻质量、缩短生产周期和降低成本的效果。国内也有很多优化案例，如武钢对国外引进的轧机进行自主优化改进后，取得了很好的经济效益。这些例子表明，优化设计是保证产品具有优良性能，减轻自重和体积，降低产品成本的一种有效设计方法，同时也可以使设计者从大量的繁杂和重复的计算工作中解脱出来，有更多的精力从事创造性的设计，大大提高了设计效率。

优化设计方法的发展历史较短，但发展迅速，无论在机构综合、机械的通用零部件设计，还是在专用机械和工艺设计方面都很快得到应用。优化设计理论的研究和实际应用，使传统机械设计方法发生了根本的变革，从经验、感性和类比为主的传统设计方法过渡到科学、理性和立足于计算分析的现代设计方法，与创新设计方法、动态设计方法、可靠性设计方法等现代设计方法一起，促使机械产品设计正在逐步朝自动化、集成化和智能化方向发展。

实践证明，机械优化设计方法是解决复杂机械工程设计问题的一种有效手段。为此，对于机械工程专业的高年级学生，在学完机械原理、机械设计等设计理论与方法的基础上，学习机械优化设计的理论，掌握优化方法，对于开拓设计思想，培养和提高运用优化方法解决实际工程问题的能力是十分必要的。

1.3　现代机械优化设计的发展趋势

机械优化设计是建立在现代机械设计理论发展基础上的，作为一种新的设计方法，其必须与实际机械工程问题相结合，才能更好地为工程实践服务。因此，目前机械优化设计与实际工程的结合在很多方面得到了发展，在理论研究上也得到了拓展。例如，整机优化设计模型及方法的研究，机械设计的多目标决策问题以及动态系统、模糊系统、随机模型、可靠性优化、智能优化设计等一系列算法和实践问题研究。

1）模糊优化设计技术

常规的优化设计方法能成功求解具有清晰定义结构、行为的系统，这类优化方法是基于清晰的数字模型和精确的数学方法。然而，在工程中还常常存在描述事件的数据的非精确性、语言的含糊性，统称为模糊性信息，相应的系统称为模糊系统。如何处理模糊系统正是模糊优化设计所要解决的问题。目前模糊优化技术是基于模糊理论，其思路是将模糊优化问题转变为等价的或近似的确定性优化问题，所以它是将模糊理论与普通优化设计相结合的一种新的优化理论和方法。研究模糊环境下非线性规划问题的描述和基本智能化的优化方法是研究模糊优化理论和方法的重要内容。

2）面向产品创新设计的优化技术

产品创新理论、方法与工具技术研究的宗旨是从产品的工作特性和功能目标出发，在特定技术、经济和社会等具体条件下，根据相邻学科的原理，创造性地设计产品，并使它在技术及经济上达到最佳水平。因此，建立产品创新设计的优化技术是实现产品创新设计的一个关键技术问题。

3）广义优化设计技术

传统优化方法往往只适用于简单零部件，而广义优化是把对象由此扩展到复杂零部件、整机、系列产品和组合产品的整体优化，称为全系统优化。广义优化设计的学科体系可以分成三个层次：第一是广义优化设计理论和方法学，主要研究广义优化设计的本质、范畴、进程、目标、理论框架体系，与其他学科间的关系，优化规划、建模、搜索、协同和过程控制的理论及技术基础；第二是广义优化设计方法和技术，主要研究优化规划、建模、搜索、协同、控制、评价与决策等环节的具体方法和实现策略；第三是广义优化设计工具，主要研制广义优化设计的支撑软件和应用软件。同时，企业建模和规划策略技术、复杂系统优化算法、工程数据技术等均是广义优化设计技术的研究内容。

4）CAD/CAPP/CAM 集成系统中的优化技术

CAD/CAPP/CAM 集成系统是目前产品设计制造的一种先进技术方法，通过对产品的三维建模、运动分析、动力分析、应力分析，确定零部件的合理结构形状，自动生成工程图样文件，再由 CAPP/CAM 系统对数据库中的图形数据文件进行工艺设计及数控加工编程，控制数控机床完成加工制造。在这一集成系统中需要进一步研究的是：产品开发过程的静、动态描述（建模）方法、图形化显示、编辑技术以及在资源约束下产品开发过程的优化算法，提出改进的产品开发流程；产品开发的结果能进行综合性的优化处理，得出经济上最合理、技术上最先进的最优化设计方案和产品。

5）智能优化算法及其研究趋势

20世纪80年代以来，一些新颖的优化算法，如人工神经网络（neural networks）、遗传算法（genetic algorithm）、进化算法（evolution algorithm）、模拟退火（simulated annealing）、和声搜索算法（harmony search algorithm）及其混合优化策略等，通过模拟或揭示某些自然现象或过程而得到发展，其思想和内容涉及数学、物理学、生物进化、人工智能、统计力学和神经系统等方面，为解决复杂问题提供了新的思路和手段。由于这些算法构造的直观性和自然机理，被称为智能优化算法（intelligent optimization algorithm）。智能优化算法在解决大规模组合、全局寻优等复杂问题时具有传统方法所不具备的独特优越性，并且鲁棒性强，适于并行处理，在计算机科学、优化调度、运输问题、组合优化等领域得到了广泛研究与应用。

1.4　本课程的主要内容

本课程的主要内容包括优化设计问题数学模型的建立、传统优化方法以及现代优化方法三部分。在解决工程优化问题时，首先需将优化设计问题抽象成优化设计数学模型，简称优化建模。优化设计数学模型是用数学公式的形式表示设计问题的特征和追求的目标，它反映设计指标与各个影响因素（设计变量）之间的一种依赖关系，是获得正确优化结果的前提。优化建模部分的内容主要包括数学模型的标准格式及其组成要素，并通过具体工程实例分析模型建立的方法。第二部分是传统优化方法，按照从一维到多维、从无约束到有约束、从单目标到多目标、从连续变量到离散变量的顺序展开。一维搜索方法包括外推法与区间消去法两步，以求得一元函数的最优点所在的区间和缩短区间至足够精度，求得一元函数的最优解与最优值，它是优化方法的基础。无约束优化方法包括坐标轮换法、鲍威尔法、梯度法、牛顿法等。约束优化方法包括可行方向法、随机方向法、复合形法、惩罚函数法等。各传统优化方法的基本内容包括算法原理、编程步骤与特点。此外，简要介绍了线性规划问题、多目标优化问题和离散变量优化问题的常用处理方法。第三部分现代优化方法是传统优化方法的补充和拓展，本书从原理、算法、应用等方面对发展比较成熟和应用广泛的BP神经网络算法和遗传算法做了较详细的介绍。

1.5　本课程的学习方法

机械优化设计课程具有很强的理论性。在现有高等数学和工程数学基础上学习优化设计方法时，要注重掌握各优化方法的原理、求解过程、特点与适用条件，同时要牢牢把握课程的主线：从一维搜索到无约束优化方法，再到有约束方法，一维搜索是整个优化设计的基础，实际工程优化问题一般为多变量非线性多目标优化问题，需要用约束优化方法来求解。一维搜索、无约束优化方法和约束优化方法三者是紧密相关、层层递进的。

同时本课程还有很强的实践性。在理解掌握各优化方法的同时，作为一门设计技术需要通过实践来掌握。因此，还需要强化上机编程实践，加深对优化设计方法的理解，同时提高编程能力，进而达到学以致用的目的。一般在每一章学习后，需要安排大量的上机练习。鼓励研究型的学生，在课程全部内容学习完后，可以对感兴趣的机械设计问题建立优化数学模型，并进行上机求解。目前适合优化编程的计算机语言很多，建议像一维搜索、无约束优化方法及约束优化方法的编程语言采用VB、C/C＋＋，以深入理解各优化方法的具体算法步骤并以提高编程能力为主要目的；至于在课程进入提高阶段，即工程问题优化应用阶段，则可用 Matlab 语言。Matlab 具有强大的科学计算、图形处理、可视化功能和开放式可扩展环境，其中的工具箱包含一系列优化算法和模块，可用于求解无约束优化问题、约束优化问题、线性规划等，为在计算机上使用各种有效的优化方法和解决实际工程问题创造了条件。

学习优化设计方法，是为了将来在工作中更好地应用。通过对本课程的学习，了解优化设计的基本概念，掌握常用优化方法的原理、算法及应用特点，初步树立工程设计中的优化观点，具备解决一般机械优化设计问题的能力，这是本课程的教学目标。

第2章 优化设计的数学模型与优化过程

任何机械设计问题，总是要求满足一定的工作条件、载荷和工艺等方面的要求，并在强度、刚度、寿命、尺寸范围及其他一些技术要求的限制条件下寻找一组设计参数或设计方案。而优化设计是在满足设计参数的一系列限制条件下优选一组设计参数，使得设计参数对应的设计指标达到最佳值。它是利用各种优化算法和计算机程序来获取工程实际问题的最佳方案的一种现代设计手段。

在进行优化设计时，首先需要对实际问题的物理模型加以分析、抽象和简化，用数学语言来描述该问题的设计条件和设计目标，在此基础上构造出由数学表达式组成的数学模型。然后，选择合适的优化方法，并利用计算机编程上机进行数学模型的求解，得到一组最佳的设计方案。

数学模型是对实际工程问题的数学描述，是优化设计的基础。优化设计的结果是否可用，主要取决于所建立的数学模型是否能够准确而简洁地反映工程问题的客观实际。在建立数学模型时，如果过于强调准确或确切，往往会使数学模型十分冗长、复杂，增加求解的难度，有时甚至会使问题无法求解；而片面强调简洁，则可能使数学模型失真，以至于失去求解的意义。因此，建立数学模型的基本原则是在能够准确反映实际工程问题的基础上力求简洁，这是优化设计成功与否的关键。

2.1 数学模型的一般形式

优化设计问题在数学上可以表达为以等式或不等式函数描述的约束条件和以多变量函数描述的优化设计目标，这就是优化设计的数学模型。数学模型是设计对象的数学化，用数学语言来描述实际设计问题的设计条件和设计目标。

例 2-1 现用一薄板制造体积为 100 m^3 的无上盖的立方体货箱，要求箱体的长、宽、高尺寸不小于 5 m，并且钢板的耗费量最少，试确定货箱的长、宽、高尺寸。

解 因为货箱的体积已确定，则钢板耗费量最少取决于钢板用料最少，即货箱的表面积最小。设货箱的长、宽、高分别为 x_1、x_2 和 x_3，则设计目标可确定为

$$S=x_1x_2+2(x_2x_3+x_1x_3)\to \min$$

显然，影响货箱表面积的设计参数（变量）是 x_1、x_2 和 x_3，可写成向量形式的设计变量

$$\boldsymbol{X}=[x_1 \quad x_2 \quad x_3]^{\mathrm{T}}$$

根据设计要求的体积条件和各边长度条件，可确定如下约束表达式

$$x_1\geqslant 5,\quad x_2\geqslant 5,\quad x_3\geqslant 5,\quad x_1x_2x_3=100$$

因此，该工程问题的数学模型可写为

$$\begin{cases} \min f(\boldsymbol{X})=x_1x_2+2(x_2x_3+x_1x_3) \\ \text{s.t.}\quad g_1(\boldsymbol{X})=-x_1+5\leqslant 0 \\ \qquad\ \ g_2(\boldsymbol{X})=-x_2+5\leqslant 0 \\ \qquad\ \ g_3(\boldsymbol{X})=-x_3+5\leqslant 0 \\ \qquad\ \ h_1(\boldsymbol{X})=x_1x_2x_3-100=0 \end{cases}$$

式中：s. t. 是 subject to 的缩写，意为"受约束于"。

可见，一个优化数学模型涉及三个要素：设计变量、约束条件和优化设计目标。

2.1.1　设计变量与设计空间

工程设计问题中总是包含着许多设计参数，在确定设计变量时，要对各种参数加以分析，确定出设计变量和设计常量。顾名思义，设计变量是设计中变化的量；而根据设计要求的需要预先给定的参数，不能作为设计变量，这些设计参数被称为设计常量。

1. 设计变量的定义与表达

设计变量就是进行优化设计时所要确定的设计参数，它在优化设计过程中是不断变化的。通过其变化，使设计方案逐步趋近于最优方案。从数学上讲，所有设计变量都应是独立的自变量，它们之间不存在相互依赖的关系。如上述例题中的箱体的长、宽、高，以及齿轮减速器中齿轮的齿宽、齿数、模数、输入轴直径、输出轴直径和轴的长度等均为设计变量。

设计变量可以是几何参数(如形状、体积、位置等)，也可以是物理参数(如力、速度、加速度等)。总的来说，一组设计变量取值确定后就代表着一个设计方案；一组值不相同的设计变量，就代表着不同的设计方案。

在优化设计中，设计变量通常有两类，即连续设计变量与离散设计变量。连续设计变量的取值没有限制，可以取连续量，如几何量(形状、位置、体积等)、物理量(力、速度等)等；而离散设计变量只能取离散的数值(例如齿轮的齿数、模数等)。对于离散设计变量的优化问题，既可用离散化方法求解，也可在优化过程中先视为连续变量，然后在优化结果的基础上再做圆整或标准化处理，使之成为一个符合实际问题的近似最佳设计方案。

为了书写、表达及运算上的方便，设计变量一般用列向量或列阵的形式来表达。例如，对于一个具有 n 个设计变量的优化设计问题，可以用一个 n 维列向量或列阵来予以表达。

$$\boldsymbol{X}=\begin{bmatrix} x_1 \\ x_2 \\ \vdots \\ x_n \end{bmatrix}=[x_1 \quad x_2 \quad \cdots \quad x_n]^{\mathrm{T}} \quad \boldsymbol{X}\in\mathbf{R}^n \tag{2-1}$$

式中：$x_i(i=1,2,\cdots,n)$是设计向量 $\boldsymbol{X}$ 的 n 个向量分量，表示不同的设计变量。

2. 设计空间

在优化数学模型中设计变量的数目称为优化问题的维数。如果优化数学模型有 n 个设计变量，则称该优化问题为 n 维优化问题。

由设计变量的表达式(2-1)可知，n 个独立的设计变量就确定了一个 n 维欧氏空间，设计向量 $\boldsymbol{X}$ 是定义在 n 维欧氏空间的一个向量或一个点(径矢的端点)。这个 n 维欧氏空间是以 n 个坐标分量 $x_1,x_2,x_3,\cdots,x_n$ 为坐标轴的空间，它构成了设计空间，包容了所有可能的设计方案，且每一个设计方案都对应着设计空间的一个径矢或一个点。

例如，设计变量个数 $n=2$，优化两个设计参数，则设计空间就是由两个设计参数 x_1,x_2 为坐标轴所构成的平面——设计平面，如图 2-1 所示。该平面上任一点(x_1,x_2)即代表一个设计方案。

同理，设计变量个数 $n=3$，优化三个设计参数，则设计空间就是由三个设计参数(x_1,x_2,x_3)为坐标轴所构成的三维空间——设计空间，如图 2-2 所示，其中任一点 $\boldsymbol{X}=[x_1 \quad x_2 \quad x_3]^{\mathrm{T}}$ 即代表一个设计方案。

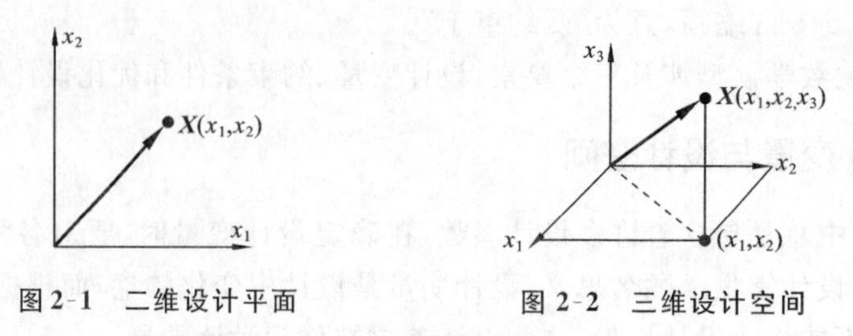

图 2-1 二维设计平面　　图 2-2 三维设计空间

优化问题设计变量的数目越多，其设计空间的维数越高，因而在设计空间寻优的难度也就越大。一般说来，优化设计问题求解的计算量是随设计变量数目的增多而显著增加的。

3. 设计变量对优化设计的影响

设计变量的数目越多，优化设计所要确定的设计参数越多，设计的自由度越大，优化的效果越好，但优化工作量越大，难度越高。因此，为了使优化问题简单易行，在优化设计过程中应慎重确定设计变量。

确定设计变量的原则就是在满足设计要求的前提下，尽可能减少设计变量的个数。根据各设计参数对设计目标的影响程度分析其主次，有些能预先确定的量可定为设计常量，尽量减少设计变量的数目，降低优化设计的维数，以简化优化设计问题。

按照设计问题维数的多少，通常把优化设计问题规模分为三类。设计变量个数 $n<10$ 时，可认为是小型优化问题；设计变量个数 $10 \leqslant n \leqslant 50$ 为中型优化问题；设计变量个数 $n>50$ 则认为是大型优化问题。机械优化设计中大多是中小型的优化问题。

2.1.2 约束条件与可行域

1. 约束条件

工程设计中往往有许多技术上、经济上的限制，具体反映在对设计变量的一系列限制。这些限制设计变量取值的等式或不等式，称为约束条件。约束条件用设计变量的函数来进行描述。

根据约束条件对设计变量的限制形式，可将约束条件分为等式约束与不等式约束两类。在数学模型中，如果约束条件是用数学不等式来表示，可将约束条件称为不等式约束条件。如

$$g_u(\boldsymbol{X}) \leqslant 0 \quad (u=1,2,3,\cdots,m)$$

或

$$g_u(\boldsymbol{X}) \geqslant 0 \quad (u=1,2,3,\cdots,m) \tag{2-2}$$

不等式约束可以是"$\geqslant 0$"形式，也可以是"$\leqslant 0$"形式，这是人为规定的。但在选用别人的优化程序时，必须注意要依据优化程序的规定而选择"$\geqslant 0$"或"$\leqslant 0$"的形式。

除了不等式约束条件，还会遇到用等式来表示的约束条件，这种约束条件称为等式约束条件。如

$$h_v(\boldsymbol{X})=0 \quad (v=1,2,3,\cdots,p<n)$$

等式约束条件对设计变量的约束较严格。一个等式的约束条件等价于两个不等式的约束条件，即 $g(\boldsymbol{X})=0$ 等价于 $g(\boldsymbol{X}) \leqslant 0$ 和 $-g(\boldsymbol{X}) \leqslant 0$。

等式约束的个数必须小于设计变量的个数。增加一个等式约束，设计的自由度就减小 1。当等式约束的个数与设计变量的个数相等时，解可能是唯一的，甚至无解，即优化问题转化为解方程组的问题；当 $p>n$ 时该优化问题无解。

另外需要注意的是，约束函数 $g_u(\boldsymbol{X})$ 和 $h_v(\boldsymbol{X})$ 代表的是设计空间内的几何曲线或曲面，它不一定包含全部设计变量，可以是部分设计变量的函数。如果 $g_u(\boldsymbol{X})$、$h_v(\boldsymbol{X})$ 为非线性函数，则优化问题为非线性优化问题；如果 $g_u(\boldsymbol{X})$、$h_v(\boldsymbol{X})$ 为线性函数，且设计目标 $f(\boldsymbol{X})$ 也是线性函数，则该优化问题为线性优化问题。

例如，优化设计问题

$$\begin{cases}\min\ f(\boldsymbol{X})=x_1^2+x_2^2-4x_1+4\\ \text{s.t.}\ \ g_1(\boldsymbol{X})=-x_1+x_2-2\leqslant 0\\ \qquad g_2(\boldsymbol{X})=x_1^2-x_2+1\leqslant 0\\ \qquad g_3(\boldsymbol{X})=-x_1\leqslant 0\end{cases}$$

该数学模型属于仅含有不等式约束的优化问题，约束函数 $g_1(\boldsymbol{X})$ 和 $g_2(\boldsymbol{X})$ 中包含了全部设计变量 x_1 和 x_2，而约束函数 $g_3(\boldsymbol{X})$ 仅包含了设计变量 x_1。另外，约束函数 $g_2(\boldsymbol{X})$ 为非线性函数，所以该优化问题是非线性优化问题。

除了约束的等式和不等式形式外，根据约束条件的性质，可将其分为边界约束与性能约束。边界约束就是规定设计变量取值范围的限制条件，如约束

$$a_i\leqslant x_i\leqslant b_i\quad (i=1,2,\cdots,n)$$

式中：a_i 为设计变量 x_i 的下限；b_i 为设计变量 x_i 的上限。该约束条件可写成两个不等式约束函数的形式

$$g_1(\boldsymbol{X})=a_i-x_i\leqslant 0$$

$$g_2(\boldsymbol{X})=x_i-b_i\leqslant 0$$

性能约束是根据设计性能要求所推导出的数学表达式，实际上是对设计变量所加的一种间接限制。对于机械设计问题，它一般是非线性函数，其几何意义表示为曲线、曲面或超曲面。性能约束往往与设计对象专业有关，如齿轮传动的传动条件、装配条件、接触应力条件、弯曲应力条件、刚度条件及稳定性条件等，均属于性能约束。性能约束的考虑要周全而不矛盾。

优化设计约束条件越多，优化计算越复杂。在众多约束条件中，应注意可能存在的消极约束。所谓消极约束是指在某些约束得到满足时，而另一个或几个约束必然得到满足，其作用被覆盖，被覆盖了作用的约束称为消极约束。如果经分析能确认是消极约束，在建立数学模型时，应将其剔除掉。但在一般情况下，消极约束是不易识别出来的。所以，通常的做法仍是将全部约束都列出来，编入计算程序中求解计算。

2. 可行域

在优化设计问题中，由于约束条件的存在，可将优化问题的设计空间分为可行域和非可行域两部分。可行域是指满足所有约束条件的设计空间，即所有可行设计方案对应点的集合，一般用符号 D 或 $\mathscr{D}$ 表示。同样，非可行域就是不满足约束条件的设计空间。

不等式约束条件将设计空间划分为两个部分，一个为可行域，另一个为非可行域。如图 2-3(a)所示，约束函数 $g_i(\boldsymbol{X})\leqslant 0(i=1,2,3)$ 的一侧满足约束条件，为可行域；而 $g_i(\boldsymbol{X})>0(i=1,2,3)$ 的一侧不满足约束条件，为非可行域(带阴影线侧)。因此，不等式约束 $g_1(\boldsymbol{X})$、$g_2(\boldsymbol{X})$、$g_3(\boldsymbol{X})$ 的 3 条约束边界可围成一个可行域 $\mathscr{D}$。

而对于等式约束，则等式约束曲线(超曲面)本身就是可行域，代表所有可行方案的点的集合，除此之外的其他区域都是非可行域。如图 2-3(b)所示，约束曲线 $h(\boldsymbol{X})=0$ 为约束线，其曲线本身就是可行域。

例如约束条件

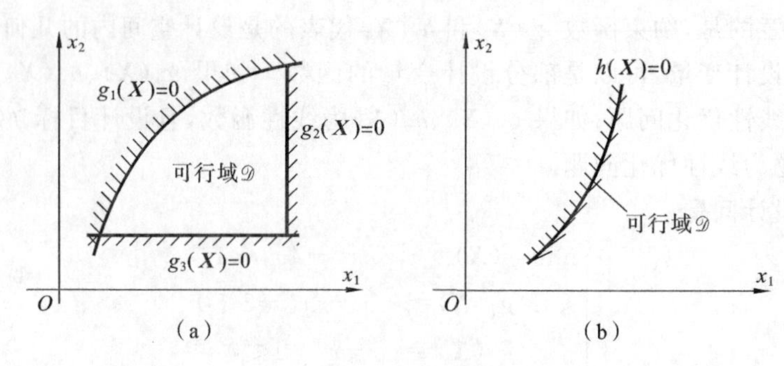

图 2-3　可行域

(a) 不等式约束可行域　(b) 等式约束可行域

$$g_1(\boldsymbol{X})=-x_1+x_2-2\leqslant 0$$
$$g_2(\boldsymbol{X})=x_1^2-x_2+1\leqslant 0$$
$$g_3(\boldsymbol{X})=-x_1\leqslant 0$$

的 3 条约束边界线所围成的约束可行域，如图 2-4 所示。

所以，根据优化问题的解（即设计点）是否满足约束条件，可将其分为可行点（可行解）和非可行点（非可行解）。满足所有约束条件的设计点均是可行点，否则，不满足约束条件的设计点是非可行点。如图 2-5 所示，点 $\boldsymbol{X}^{(1)}$ 位于可行域内，满足所有约束条件，是可行点；点 $\boldsymbol{X}^{(2)}$ 在可行域外，不满足约束条件 $g_1(\boldsymbol{X})\leqslant 0$，因此是非可行点。

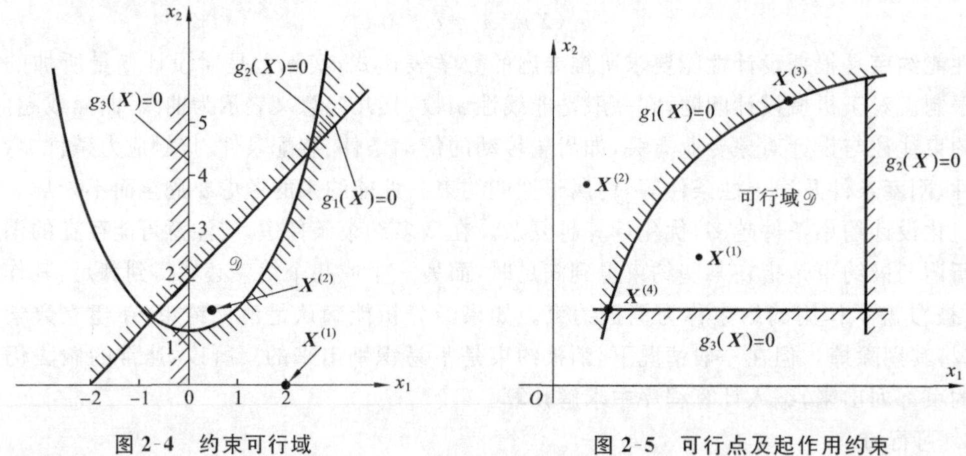

图 2-4　约束可行域　　　　图 2-5　可行点及起作用约束

又如图 2-4 中的设计点 $\boldsymbol{X}^{(1)}=[2\quad 0]^{\mathrm{T}}$，显然该点不满足约束条件 $g_2(\boldsymbol{X})=x_1^2-x_2+1\leqslant 0$，故 $\boldsymbol{X}^{(1)}$ 为非可行点；设计点 $\boldsymbol{X}^{(2)}=[0.5\quad 1.3]^{\mathrm{T}}$ 满足约束条件 $g_2(\boldsymbol{X})=x_1^2-x_2+1\leqslant 0$，并满足其余两个约束条件，所以 $\boldsymbol{X}^{(2)}$ 为可行点。

由此可知，可行域是由所有可行点组成的集合，非可行域是由所有非可行点组成的集合。可行域内的任一点均代表一个可行的设计方案，存在等式约束时，只有不等式约束可行域内的等式约束线上的点才是可行的设计方案。

故不等式约束的可行域可表达为

$$\mathscr{D}=\{\boldsymbol{X}\mid g_u(\boldsymbol{X})\leqslant 0\quad(u=1,2,\cdots,m)\}$$

如果同时存在等式约束，则可行域表示为

$$\mathscr{D}=\left\{\boldsymbol{X}\,\middle|\,\begin{array}{ll}g_u(\boldsymbol{X})\leqslant 0 & (u=1,2,\cdots,m)\\ h_v(\boldsymbol{X})=0 & (v=1,2,\cdots,p<n)\end{array}\right\}$$

另外，根据设计点是否在约束边界上，又可将约束条件分为起作用约束和不起作用约束。对于可行设计点 $\boldsymbol{X}^{(k)}$，若不等式约束 $g_i(\boldsymbol{X}^{(k)})=0$，则称第 i 个约束条件 $g_i(\boldsymbol{X})$ 为可行点 $\boldsymbol{X}^{(k)}$ 的起作用约束；否则，若 $g_i(\boldsymbol{X}^{(k)})<0$，则称 $g_i(\boldsymbol{X})$ 为可行点 $\boldsymbol{X}^{(k)}$ 的不起作用约束。即只有在可行域边界上的点的约束才起作用，所有约束对可行域内部的点都是不起作用约束。对于等式约束，凡是满足该约束的任一可行点，该等式约束都是起作用约束。如图 2-5 所示，点 $\boldsymbol{X}^{(3)}$ 位于约束边界 $g_1(\boldsymbol{X})=0$ 上，故约束条件 $g_1(\boldsymbol{X})\leqslant 0$ 是点 $\boldsymbol{X}^{(3)}$ 的起作用约束；点 $\boldsymbol{X}^{(4)}$ 位于约束边界 $g_1(\boldsymbol{X})=0$ 和 $g_3(\boldsymbol{X})=0$ 的交点上，因此，点 $\boldsymbol{X}^{(4)}$ 的起作用约束有两个，$g_1(\boldsymbol{X})\leqslant 0$ 和 $g_3(\boldsymbol{X})\leqslant 0$。

2.1.3　目标函数与等值线(面)

1. 目标函数

在优化设计中，以多变量函数描述的优化设计目标，被称为目标函数。目标函数一般是可变化的设计参数的显函数，作为用来评价设计方案优劣的指标。目标函数是设计指标的数学表达式，应是所有设计变量的函数。很多几何量和物理量都可以作为目标函数，如利润、力、体积、质量及功率等。优化模型中目标函数十分关键，因为它直接影响着优化设计的效果。

一般情况下，目标函数可用以下数学表达式表示

$$f(\boldsymbol{X})=f(x_1,x_2,\cdots,x_n) \tag{2-3}$$

优化的目标是优选一组设计变量，使得目标函数值达到最优值，即 $f(\boldsymbol{X})\rightarrow \text{Optimum}$。通常的优化都是指极小化，即 $f(\boldsymbol{X})\rightarrow \min$，这在算法及计算机程序上都是统一的。对于极小化问题，目标函数值越小，对应的设计方案越好。而对于求极大化的问题(如利润等)，可转化为 $-f(\boldsymbol{X})$ 的形式进行求解。

工程实践中的设计问题可能会要求多个设计指标达到最优，因此优化问题的数学模型有时会有多个目标函数。根据优化设计所选定目标函数的个数，可将优化问题分为多目标优化问题与单目标优化问题。单目标优化问题即是追求一项设计指标达到最优，而多目标优化问题指使多项设计指标达到最优。通常，多目标优化问题可经过加权组合后将其转化为单目标的优化问题，如下式所示。

$$f(\boldsymbol{X}) = \sum_{i=1}^{q} W_i f_i(\boldsymbol{X}) \tag{2-4}$$

式中：$f_i(\boldsymbol{X})$ 代表第 i 个分目标函数，$i=1,2,\cdots,q$；W_i 代表各项设计指标的加权系数(因子)。加权因子是个非负数，平衡各目标函数的量纲，它代表着各分目标函数的重要程度。

如果 $f(\boldsymbol{X})$ 是非线性函数，则优化问题为非线性优化问题；如果 $f(\boldsymbol{X})$ 是线性函数，且约束函数 $g(\boldsymbol{X})$ 也是线性函数，则优化问题为线性优化问题。

优化设计的数学模型中的目标函数，是以设计变量表示设计问题所追求的某一种或几种技术经济指标的解析表达式。通常，设计所追求的技术经济性能指标较多，在建立目标函数时，要力求将影响技术经济和性能最为重要的、最为显著的指标作为设计追求的根本目标，作为目标函数，而将其他指标作为必要的性能约束条件。一般情况下，所包含的分目标函数越多，设计结果越完善，但设计求解的难度增大。因此，在实际设计过程中，在满足设计性能要求的前提下，目标函数应简单、准确，尽可能减少目标函数的个数，并且尽可能选用单目标函数进行优化。

2. 目标函数的等值线(面)

1) 目标函数的几何表示

对于 n 维优化设计问题，它确定了一个 n 维设计空间，该空间中任一点都对应着一个目标

函数值，而以 n 个设计变量作为自变量的目标函数的几何图形需在 $n+1$ 维空间中表示出来。例如，一个设计变量的目标函数 $f(x)$，可用二维空间中的几何曲线来表示；两个设计变量的目标函数 $f(x_1,x_2)$，可用三维空间中的几何曲面来表示。如图 2-6 和图 2-7 所示。

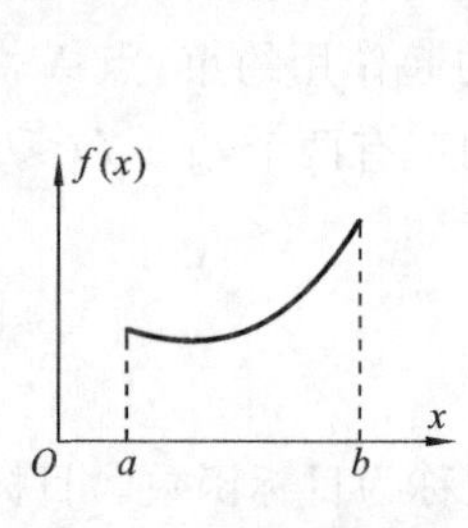

图 2-6　一维优化的几何表示

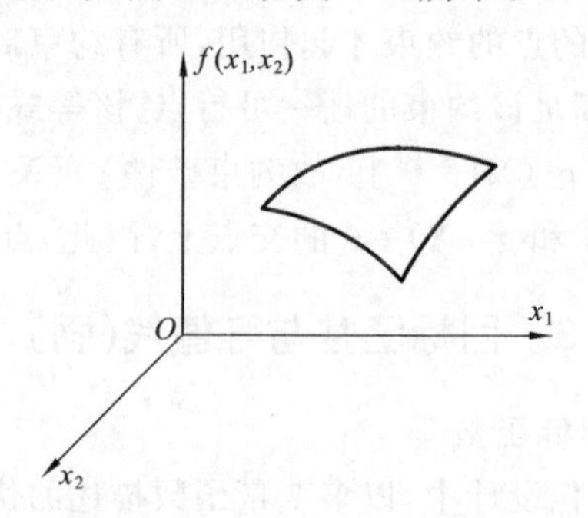

图 2-7　二维优化的几何表示

2）目标函数的等值线（面）

从二维优化问题目标函数的几何图形——曲面片可以看出，当目标函数取一定值，即 $f(x_1,x_2)=c$ 时（用平面去截曲面），对应着其几何曲面上的一条平面截线，这条平面截线在 x_1Ox_2 坐标平面上的投影即为等值线。当 c 取不同值时，就有一组相似的等值线，每条等值线上所有点的函数值均相等。

如给定二次函数

$$f(\boldsymbol{X})=ax_1^2+2bx_1x_2+cx_2^2=[x_1 \quad x_2]\begin{bmatrix} a & b \\ b & c \end{bmatrix}\begin{bmatrix} x_1 \\ x_2 \end{bmatrix}$$

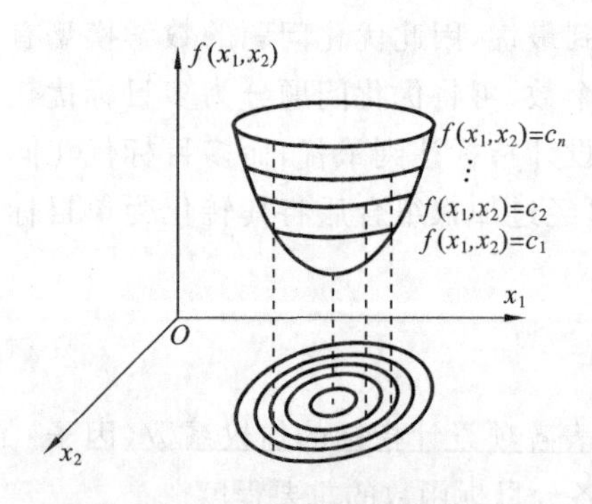

图 2-8　二维目标函数的等值线

当 $a>0, ac-b^2>0$ 时，$f(\boldsymbol{X})$ 为一椭圆抛物面，其几何表示如图 2-8 所示。当目标函数值依次为 $c_1, c_2, \cdots, c_n$ 时，得一簇截线，它在水平面（设计空间）上的投影为一簇椭圆曲线（等值线）。

由此可知，等值线就是在定义域内（在设计变量所构成的设计空间里），目标函数值相同的点的集合或者点的连线。当设计变量 $n=2$ 时称为等值线，设计变量 $n=3$ 时是等值面，而设计变量 $n>3$ 时称为等值超曲面。

3）等值线（面）的作用

目标函数的等值线类似于地形图上的等高线，它定性地描述了函数值在定义空间内的变化规律。通过它可以直观地看出目标函数的变化趋势，为理解目标函数的特性创造条件。

等值线的中心点就是目标函数的极值点。等值线有一个中心点，则该极值点即极小值点，这种函数称为单峰（凸）函数，如椭圆抛物面；等值线有多个中心点的函数称为多峰（凸）函数，每个中心点都为局部极小值点，而全域极小值点要通过比较才能得到。

2.1.4　优化数学模型

优化设计是一种规格化设计方法，尽管工程问题千差万别，但用优化方法来解决这些设计问题时，所建立的数学模型的格式是统一的、完全一致的。优化设计的数学模型的一般形式为

$$\begin{cases} \min\limits_{X \in \mathbf{R}^n} f(\boldsymbol{X}) \\ \text{s. t. } g_u(\boldsymbol{X}) \leqslant 0 \quad (u=1,2,\cdots,m) \\ \quad\ h_v(\boldsymbol{X})=0 \quad (v=1,2,\cdots,p<n) \end{cases} \tag{2-5}$$

该数学模型可描述为：在满足不等式约束 $g_u(\boldsymbol{X}) \leqslant 0$ 和等式约束 $h_v(\boldsymbol{X})=0$ 的前提下，优选设计变量 $\boldsymbol{X}=[x_1,x_2,\cdots,x_n]^{\mathrm{T}}$，使目标函数 $f(\boldsymbol{X})$ 的值趋近于最优或最小化，即 $f(\boldsymbol{X}) \rightarrow \min$。目标函数的最小值及其对应的设计变量值称为优化问题的最优解。

下面通过几个例子来说明如何将工程设计问题抽象、简化和描述为优化设计的数学模型。

例 2-2　某工厂生产 A 和 B 两种产品，A 产品单位价格为 P_{A} 万元，B 产品单位价格为 P_{B} 万元。每生产一个单位 A 产品需消耗煤 a_C 吨、电 a_E 度、人工 a_L 个；每生产一个单位 B 产品需消耗煤 b_C 吨、电 b_E 度、人工 b_L 个。现有可利用生产资源煤 C 吨，电 E 度，人工 L 个，试确定其最优分配方案，使该厂所生产两种产品的产值最大。

解　由设计问题的具体情况分析可知，产值大小取决于所生产产品的总价格，而总价格又由产品的生产数目和单位价格决定。因此，可假设 A 和 B 两种产品的生产数目分别为 x_{A} 和 x_{B}，即设计变量

$$\boldsymbol{X}=[x_{\mathrm{A}} \quad x_{\mathrm{B}}]^{\mathrm{T}} \in \mathbf{R}^2$$

由此可得到两种产品总产值的表达式

$$P=P_{\mathrm{A}}x_{\mathrm{A}}+P_{\mathrm{B}}x_{\mathrm{B}} \rightarrow \max$$

根据设计要求的生产资源煤、电及人工等限制条件，可确定设计约束条件为

$$x_{\mathrm{A}} \geqslant 0, \quad x_{\mathrm{B}} \geqslant 0, \quad a_C x_{\mathrm{A}}+b_C x_{\mathrm{B}} \leqslant C, \quad a_E x_{\mathrm{A}}+b_E x_{\mathrm{B}} \leqslant E, \quad a_L x_{\mathrm{A}}+b_L x_{\mathrm{B}} \leqslant L$$

因此，该工程问题的数学模型可写为

$$\begin{cases} \min f(\boldsymbol{X})=-(P_{\mathrm{A}}x_{\mathrm{A}}+P_{\mathrm{B}}x_{\mathrm{B}}) \\ \text{s. t. } g_1(\boldsymbol{X})=a_C x_{\mathrm{A}}+b_C x_{\mathrm{B}}-C \leqslant 0 \\ \quad\ g_2(\boldsymbol{X})=a_E x_{\mathrm{A}}+b_E x_{\mathrm{B}}-E \leqslant 0 \\ \quad\ g_3(\boldsymbol{X})=a_L x_{\mathrm{A}}+b_L x_{\mathrm{B}}-L \leqslant 0 \\ \quad\ g_4(\boldsymbol{X})=-x_{\mathrm{A}} \leqslant 0 \\ \quad\ g_5(\boldsymbol{X})=-x_{\mathrm{B}} \leqslant 0 \end{cases}$$

例 2-3　图 2-9 为某数控机床的高速旋转轴，材料为 45 钢。已知该轴的密度 $\rho=7.85 \times 10^{-6}$ kg/mm^3，弹性模量 $E=200$ GPa，转速 $n=6000$ r/min，轴的中部安装质量 $Q=10$ kg 的齿轮。给定 $l=150$ mm，要求 $30 \leqslant d_1 \leqslant 60$，$50 \leqslant d_2 \leqslant 100$。试确定该轴在满足动力稳定性条件下质量最小的设计方案。

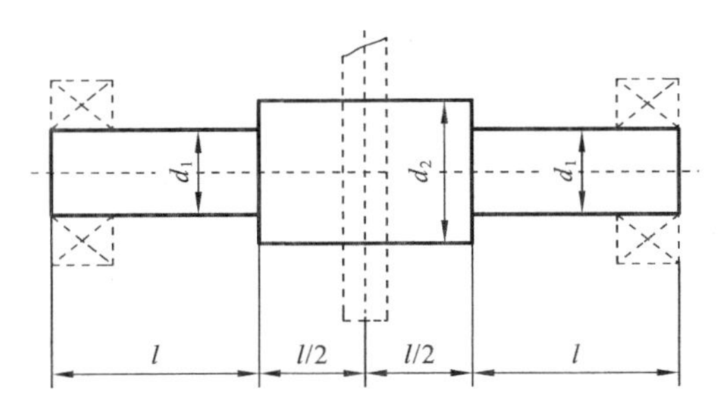

图 2-9　高速旋转轴示意图

解 (1) 设计变量的确定。

由题意可知，轴的各段长度尺寸为常量，故仅有轴的各段直径尺寸影响质量大小，故选择轴的各段直径作为设计变量。即

$$\boldsymbol{X}=[x_1 \quad x_2]^{\mathrm{T}}=[d_1 \quad d_2]^{\mathrm{T}}$$

(2) 目标函数的确定。

轴的质量可表示为

$$M=\rho\pi l(2d_1^2+d_2^2)/4$$

即

$$f(\boldsymbol{X})=\rho\pi l(2x_1^2+x_2^2)/4\rightarrow\min$$

(3) 约束条件的确定。

根据结构要求，轴的直径约束条件为

$$30\leqslant d_1\leqslant 60,\quad 50\leqslant d_2\leqslant 100$$

高速旋转的轴类零件，为了防止其出现临界共振现象，要保证动力稳定性。即

$$\omega\leqslant 0.7\omega_n$$

式中：ω 为轴的角速度，$\omega=2\pi n/60$；ω_n 为轴的横向振动固有频率，其算式为 $\omega_n=\sqrt{\dfrac{g}{f}}=\sqrt{\dfrac{\pi gE}{10.67Ql^3\left(\dfrac{1}{d_1^4}+\dfrac{2.38}{d_2^4}\right)}}$，其中 g 为重力加速度，f 为轴中间截面处静挠度。由此可得到约束条件

$$\frac{2\pi n}{60}\leqslant 0.7\sqrt{\frac{\pi gE}{10.67Ql^3\left(\dfrac{1}{d_1^4}+\dfrac{2.38}{d_2^4}\right)}}$$

(4) 规范数学模型为

$$\begin{cases}\min f(\boldsymbol{X})=\rho\pi l(2x_1^2+x_2^2)/4 \quad \boldsymbol{X}=[x_1 \quad x_2]^{\mathrm{T}}=[d_1 \quad d_2]^{\mathrm{T}}\\ \text{s. t. } g_1(\boldsymbol{X})=\dfrac{2\pi n}{60}-0.7\sqrt{\dfrac{\pi gE}{10.67Ql^3\left(\dfrac{1}{x_1^4}+\dfrac{2.38}{x_2^4}\right)}}\leqslant 0\\ \qquad g_2(\boldsymbol{X})=-x_1+30\leqslant 0\\ \qquad g_3(\boldsymbol{X})=x_1-60\leqslant 0\\ \qquad g_4(\boldsymbol{X})=-x_2+50\leqslant 0\\ \qquad g_5(\boldsymbol{X})=x_2-100\leqslant 0\end{cases}$$

例 2-4 设计如图 2-10 所示的单级直齿圆柱齿轮减速器。已知输入功率为 P，输入轴转速为 n，传动比为 i，齿轮许用接触应力为$[\sigma_H]$，主动轮和从动轮的许用弯曲应力分别为$[\sigma_{F1}]$和$[\sigma_{F2}]$，轴的允许挠度为$[f]$，轴的许用弯曲应力$[\sigma]$。试确定该减速器在保证承载能力的条件下质量最轻的设计方案。

解 (1) 确定目标函数。

齿轮传动的优化目标，较常见的是体积或质量最小、传动功率最大、工作寿命最长、振动最小、启动功率最小等。减速器的质量最轻，零部件的密度为常量，故以体积最小为优化目标，而减速器的体积主要取决于箱体内齿轮和轴的尺寸。在齿轮和轴的结构尺寸确定之后，箱体的尺寸将随之确定，因此将齿轮和轴的总体积达到最小作为优化目标。所设计的减速器内部有

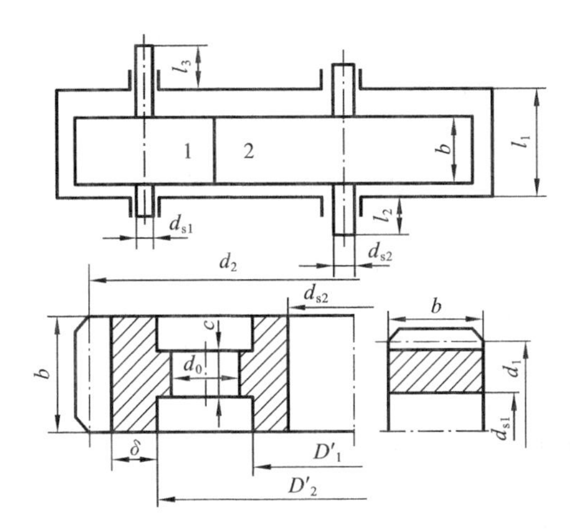

图 2-10　单级直齿圆柱齿轮减速器

两个齿轮和两根轴，为了简化计算，将轴视为光轴，设计目标可描述为

$$V=V_{s1}+V_{s2}+V_{g1}+V_{g2}=\frac{\pi}{4}d_{s1}^2(l_1+l_3)+\frac{\pi}{4}d_{s2}^2(l_1+l_2)+\frac{\pi}{4}(d_1^2-d_{s1}^2)b$$

$$+\frac{\pi}{4}(d_2^2-d_{s2}^2)b-\frac{\pi}{4}(D'^2_2-D'^2_1)(b-c)-4\left(\frac{\pi}{4}d_0^2c\right)$$

式中：V_{s1} 和 V_{s2} 分别为两轴体积；V_{g1} 和 V_{g2} 分别为主、被动齿轮体积；d_{s1} 和 d_{s2} 分别为两轴的直径；l_1，l_2，l_3 分别为轴的各段长度；d_1，d_2 分别为两齿轮的分度圆直径，$d_1=mz_1$，$d_2=mz_2$，m 为两齿轮的模数；b 为两齿轮的宽度，近似相等。根据结构设计经验公式，齿轮各部分尺寸关系为 $d_0=0.25(D'_2-D'_1)$（4 个孔），$c=0.2b$，$D'_1=1.6d_{s2}$，$D'_2=d_2-2\delta$，而 δ、l_2 和 l_3 由经验数据确定，可认为是常量。

（2）确定设计变量。

由设计目标表达式可知，影响减速器体积的参数有齿宽、齿数、模数、轴的长度、输入轴直径和输出轴直径。因此，设计变量取为

$$\boldsymbol{X}=[x_1\quad x_2\quad x_3\quad x_4\quad x_5\quad x_6]^{\mathrm{T}}=[b\quad z_1\quad m\quad l_1\quad d_{s1}\quad d_{s2}]^{\mathrm{T}}$$

由此整理后可得目标函数

$$f(\boldsymbol{X})=\frac{\pi}{4}x_5^2(x_4+l_3)+\frac{\pi}{4}x_6^2(x_4+l_2)+\frac{\pi}{4}[(x_2x_3)^2-x_5^2]x_1+\frac{\pi}{4}[(ix_2x_3)^2-x_6^2]x_1$$

$$-0.2\pi[(ix_2x_3-2\delta)^2-(1.6x_6)^2]x_1-0.2\pi[0.25(ix_2x_3-2\delta-1.6x_6)]^2x_1$$

（3）确定约束条件。

① 为避免发生根切，应有 $z_1\geqslant z_{\min}=17$。得到约束条件

$$g_1(\boldsymbol{X})=-x_2+17\leqslant 0$$

② 为了保证齿轮的承载能力，同时避免载荷沿齿宽分布严重不均，要求 $16\leqslant b/m\leqslant 35$，由此得

$$g_2(\boldsymbol{X})=-x_1x_3^{-1}+16\leqslant 0$$

$$g_3(\boldsymbol{X})=x_1x_3^{-1}-35\leqslant 0$$

③ 传递动力的齿轮的模数的限制条件为

$$g_4(\boldsymbol{X})=-x_3+2\leqslant 0$$

④ 根据工艺装备条件，对主动轮和被动轮的直径尺寸进行限制，有

$$g_5(\boldsymbol{X})=x_2x_3-33\leqslant 0$$

⑤ 主、从动轴直径范围按照经验取为 $10\leqslant d_{s1}\leqslant 15, 13\leqslant d_{s2}\leqslant 20$，有

$$g_6(\boldsymbol{X})=-x_5+10\leqslant 0$$

$$g_7(\boldsymbol{X})=-x_6+13\leqslant 0$$

$$g_8(\boldsymbol{X})=x_5-15\leqslant 0$$

$$g_9(\boldsymbol{X})=x_6-20\leqslant 0$$

⑥ 轴的支撑跨距按照结构关系 $l_1\geqslant b+2\Delta+0.5d_{s2}$，其中 Δ 为箱体内壁到轴承中心线的距离(为常量)，则有

$$g_{10}(\boldsymbol{X})=x_1+2\Delta+0.5x_6-x_4\leqslant 0$$

⑦ 按齿轮的接触疲劳强度和弯曲疲劳强度条件，有

$$\sigma_H=\frac{335}{a}\sqrt{\frac{KT_1(i+1)^3}{bi}}\leqslant[\sigma_H]$$

$$\sigma_{F1}=\frac{2KT_1}{bd_1mY_{F1}}\leqslant[\sigma_{F1}]$$

$$\sigma_{F2}=\frac{\sigma_{F1}Y_{F1}}{Y_{F2}}\leqslant[\sigma_{F2}]$$

式中：a 为齿轮传动的中心距，$a=0.5mz_1(i+1)$；K 为载荷系数，认为是常量；$T_1=955000P/n$(格式)为小齿轮传递的扭矩，由于输入功率和转速已知，故也作为常量；Y_{F1}、Y_{F2} 分别为小齿轮、大齿轮的齿形系数，与齿数有关，对于标准齿轮，可通过曲线拟合得到

$$Y_{F1}=0.169+0.006666z_1-0.000854z_1^2$$

$$Y_{F2}=0.2824+0.003539z_2-0.00000157z_2^2$$

由此整理后可得约束条件

$$g_{11}(\boldsymbol{X})=\frac{670}{x_2x_3(i+1)}\sqrt{\frac{955000K\dfrac{P}{n}(i+1)^3}{ix_1}}-[\sigma_H]\leqslant 0$$

$$g_{12}(\boldsymbol{X})=\frac{1910000KP}{x_1x_2x_3^2nY_{F1}}-[\sigma_{F1}]\leqslant 0$$

$$g_{13}(\boldsymbol{X})=\frac{1910000KP}{x_1x_2x_3^2nY_{F2}}-[\sigma_{F2}]\leqslant 0$$

⑧ 主动轴需满足刚度条件

$$\frac{F_nl_1^3}{48EJ}\leqslant[f]$$

式中：F_n 为作用在小齿轮上的法向压力，$F_n=2T_1/(mz_1\cos\alpha)$；$J$ 为轴的惯性矩，对于圆形剖面 $J=\pi d_{s1}^4/64$。经整理后得到

$$g_{14}(\boldsymbol{X})=\frac{122240000Px_4^3}{48\pi E\cos\alpha x_2x_3x_5^4}-[f]\leqslant 0$$

⑨ 主动轴满足弯曲强度条件

$$\sigma=\frac{\sqrt{M^2+(\alpha'T)^2}}{W}\leqslant[\sigma]$$

式中：T 为轴上的扭矩，$T=T_1$ 为常量；M 为轴所受的弯矩，$M=\dfrac{F_nl_1}{mz_1\cos\alpha}$；$\alpha'$ 为考虑扭矩和弯矩的作用性质差异的系数，取 $\alpha'=0.58$ 为常量；W 为轴的抗弯剖面系数，对实心轴 $W\approx 0.1d_{s1}^3$。

整理得约束条件：

$$g_{15}(\boldsymbol{X})=\sqrt{\left[\frac{2T_1x_4}{(x_2x_3\cos\alpha)^2}\right]^2+(\alpha'T_1)^2}\Big/0.1x_5^3-[\sigma]\leqslant 0$$

$$g_{16}(\boldsymbol{X})=\sqrt{\left[\frac{2T_1x_4}{(x_2x_3\cos\alpha)^2}\right]^2+(\alpha'iT_1)^2}\Big/0.1x_6^3-[\sigma]\leqslant 0$$

可以看到，该设计问题是一个具有 16 个不等式约束的六维优化问题。

通过以上几个例子可以看出，每一个实际问题的具体情况和设计要求都不相同，但都是将优化设计问题转化为数学模型，该数学模型是由设计变量、目标函数和约束条件三个要素组成的，其形式是统一的、完全一致的。

同时，由以上几个例子可知，建立数学模型的一般方法和步骤如下。

(1) 选取并确定设计变量。

(2) 准确而简洁地表达目标函数。

(3) 分析并确定约束条件。

总之，数学模型建立是优化设计的关键，其三要素的确定原则是：设计变量越少越好；性能约束应考虑全面周到，且不矛盾；目标函数应简单，性态稳定，这样就能保证优化趋向于令人满意的效果。

2.2　数学模型的尺度变换

当所建立的数学模型出现诸如目标函数等值线形状奇怪、设计变量的量纲（单位）差异较大、约束条件中各变量的数量级相差很大等问题时，应该对数学模型三要素的表达形式进行改善。否则，会影响整个优化过程和优化结果。所以，出现此类情况，对数学模型进行适当的尺度变换就显得十分重要。

数学模型的尺度变换，是指通过改变（放大或缩小）在设计空间中各个坐标分量的比例，以改善数学模型的性态的一种方法。数学模型的尺度变换包括对设计变量、目标函数和约束条件的尺度变换。在多数情况下，数学模型的三要素经过尺度变换后，可以加速优化计算的收敛，提高计算过程的稳定性。

1. 设计变量的尺度变换

在优化设计中，当设计变量的量纲不同，或数量级相差很大时，可通过尺度变换对设计变量进行无量纲化和量级规格化处理。例如，在对通用机械的动压滑动轴承优化设计中，一般取设计变量

$$\boldsymbol{X}=[x_1\quad x_2\quad x_3]^{\mathrm{T}}=[L/D\quad C\quad \mu]^{\mathrm{T}}$$

其中：L/D 为轴承的宽度 L 与直径 D 之比，通常在 0.2～1.0 范围内取值，无量纲；C 为径向间隙，当轴颈直径为 12～125 mm 时的 C 值为 0.012～0.15 mm；而 μ 为润滑油的动力黏度，一般取 0.00065～0.007 Pa・s。显然，3 个设计变量的数量级相差很大。

为了使设计变量无量纲化和量级规格化，进行尺度变换处理

$$x_i'=k_ix_i\quad (i=1,2,3,\cdots,n)\tag{2-6}$$

其中一般取 $k_i=1/x_i^{(0)}\,(i=1,2,3,\cdots,n)$，$x_i^{(0)}\,(i=1,2,3,\cdots,n)$为第 i 个设计变量的初始值。

实践证明，按照式(2-6)的方法处理后，特别是当选取的初始点 $x_i^{(0)}$ 比较接近最优点 x_i^* 时，则尺度变换后的设计变量 x_i' 值均在 1 的附近变化。

2. 目标函数的尺度变换

由于工程问题的复杂性，目标函数可能会存在严重的非线性，函数性态恶化，这种情况直接影响到优化程序的运行效率、优化过程的收敛性和稳定性。通过对目标函数的尺度变换，可大大地改善目标函数的性态，加速优化进程。

例如，对于目标函数 $f(\boldsymbol{X})=144x_1^2+4x_2^2-8x_1x_2$，如图 2-11(a)所示，其等值线是一极为扁平的椭圆簇，对优化过程十分不利。

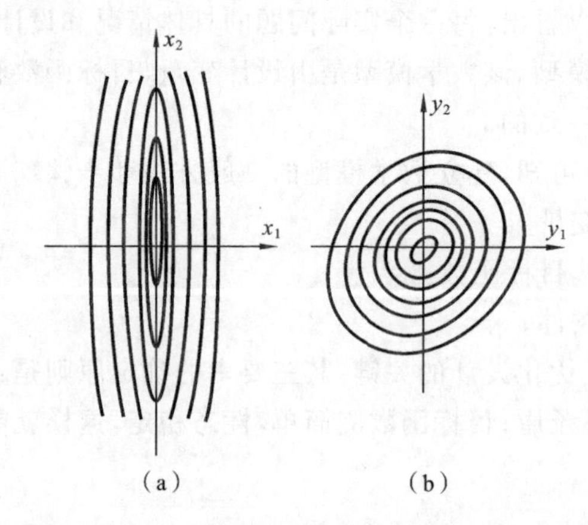

图 2-11　目标函数尺度变换前后的等值线变化

(a) 尺度变换前的等值线　(b) 尺度变换后的等值线

如果令

$$x_1=y_1/12,\quad x_2=y_2/2$$

则原目标函数变换为

$$f(\boldsymbol{Y})=y_1^2+y_2^2-\frac{1}{3}y_1y_2$$

新目标函数的等值线如图 2-11(b)所示。很显然，函数 $f(\boldsymbol{Y})$的性态比 $f(\boldsymbol{X})$的性态(如等值线的偏心程度)得到了很大改善，求解效率会显著提高并易于求解。在对新目标函数 $f(\boldsymbol{Y})$求得最优点 $\boldsymbol{Y}^*=[y_1^*\quad y_2^*]^{\mathrm{T}}$ 后，再次进行反变换

$$x_1^*=y_1^*/12,\quad x_2^*=y_2^*/2$$

即可得到原目标函数 $f(\boldsymbol{X})$的最优点 $\boldsymbol{X}^*=[x_1^*\quad x_2^*]^{\mathrm{T}}$。

从二维优化问题的角度来看，目标函数尺度变换的目的，就是通过尺度变换使得目标函数的等值线尽可能接近于同心圆或同心椭圆簇，从而减小原目标函数的偏心率和畸变度，加快优化搜索的收敛速度。但是，实际工程问题的繁杂性决定了目标函数的复杂程度，对此类函数进行尺度变换就存在相当大的难度。因此，目标函数的尺度变换并不经常采用，可采用变换设计变量的尺度使各坐标轴的刻度规格化的方法。

3. 约束条件的尺度变换

实际优化设计问题的约束条件个数比较多，尤其是性能约束函数值的数量级相差很大，从而导致此类约束条件对数值变化的灵敏度完全不同，因而这些约束函数在优化过程中所起的作用也会与所期望的偏差较大。灵敏度高的约束在寻优过程中会首先得到满足，而其余约束条件却几乎得不到考虑，这样就有可能会得到完全不同的优化结果。因此，在进行优化设计之前，应对各约束函数进行充分地分析，对这种灵敏度相差很大的约束条件进行适当的尺度变换。

为了使各个约束函数得到相近的数量级，可以将它们同除以一个常数，使约束函数在 0～1 之间取值，这样就可以减小各约束函数在设计变量变化时的灵敏度差距，使约束函数的特性得到一定程度的改善。

例如，某设计变量的边界约束为 $x_i^{\mathrm{L}} \leqslant x_i \leqslant x_i^{\mathrm{H}}$（$x_i$ 代表第 i 个设计变量），则该约束条件可写为

$$g_1(\boldsymbol{X}) = x_i^{\mathrm{L}} - x_i \leqslant 0$$
$$g_2(\boldsymbol{X}) = x_i - x_i^{\mathrm{H}} \leqslant 0$$

为了保证约束条件 $g_1(\boldsymbol{X})$、$g_2(\boldsymbol{X})$ 与其他各个约束条件具有相近的数量级，可将这两个约束条件分别除以各自函数中的极限边界值 x_i^{L} 和 x_i^{H}（常数），使 $g_1(\boldsymbol{X})$、$g_2(\boldsymbol{X})$ 的函数值均接近于 0～1 之间。所以，上述两个约束条件可改为

$$g_1(\boldsymbol{X}) = 1 - x_i / x_i^{\mathrm{L}} \leqslant 0$$
$$g_2(\boldsymbol{X}) = x_i / x_i^{\mathrm{H}} - 1 \leqslant 0$$

例如，对于等式约束函数

$$h_1(\boldsymbol{X}) = x_1 + x_2 - 2 = 0$$
$$h_2(\boldsymbol{X}) = 10^6 x_1 - 0.9 \times 10^6 x_2 - 10^5 = 0$$

对于迭代点 $\boldsymbol{X}^{(k)} = [1.1 \quad 1.0]^{\mathrm{T}}$，其约束函数值分别为 $h_1(\boldsymbol{X}) = 0.1$，$h_2(\boldsymbol{X}) = 10^5$。实际最优点为 $\boldsymbol{X}^* = [1 \quad 1]^{\mathrm{T}}$。$h_1(\boldsymbol{X})$ 和 $h_2(\boldsymbol{X})$ 的灵敏度可表示为

$$\nabla h_1(\boldsymbol{X}) = [1 \quad 1]^{\mathrm{T}}, \quad \nabla h_2(\boldsymbol{X}) = [10^6 \quad -0.9 \times 10^6]^{\mathrm{T}}$$

很明显，由于两约束函数数量级相差很大，因此其灵敏度差距很大。如果对 $h_2(\boldsymbol{X}) = 0$ 进行尺度变换处理，则约束函数变为

$$h_2'(\boldsymbol{X}) = h_2(\boldsymbol{X}) / 10^6 = x_1 - 0.9x_2 - 0.1 = 0$$

这时，对于迭代点 $\boldsymbol{X}^{(k)} = [1.1 \quad 1.0]^{\mathrm{T}}$ 的约束函数值分别为 $h_1(\boldsymbol{X}) = 0.1$，$h_2'(\boldsymbol{X}) = 0.1$。最优点不变，仍是 $\boldsymbol{X}^* = [1 \quad 1]^{\mathrm{T}}$。而约束函数的灵敏度则变为

$$\nabla h_1(\boldsymbol{X}) = [1 \quad 1]^{\mathrm{T}}, \quad \nabla h_2(\boldsymbol{X}) = [1.0 \quad -0.9]^{\mathrm{T}}$$

可以看到，将约束函数进行尺度变换后，其灵敏度差距就变得很小，这对于优化过程的搜索迭代是十分有利的。

但是，如果一个不等式约束条件是两个设计变量之间的比值函数，那就没有一个合适的常数作为除数。在这种情况下，可以用尺度变换后的设计变量来建立约束条件，或者用一个可以改变其数值的变量来除此式，但要注意不能因此而改变约束条件的性质。例如，在机械设计中，对于强度、刚度等性能约束（$\sigma \leqslant [\sigma]$、$f \leqslant [f]$ 等），约束条件都可以转换为如下形式

$$g_1(\boldsymbol{X}) = \sigma / [\sigma] - 1 \leqslant 0$$
$$g_2(\boldsymbol{X}) = f / [f] - 1 \leqslant 0$$

这种把约束函数值限定在 0～1 之间的约束称为规格化约束。尽管规格化的约束条件在设计变量改变时其灵敏度依然存在差异，但对于解决问题仍能起到一定的改善作用。

实践证明，设计变量的无量纲化、约束条件的规格化和改变目标函数的性态等方法，能够加快优化设计的收敛速度、提高计算的稳定性和数值变化的敏感性，并且为通用优化程序的编制提供便利。

2.3　优化问题的极值条件

无约束优化问题是不存在任何约束条件的优化问题，式(2-5)的数学模型可以简化为

$$\begin{cases} \min f(\boldsymbol{X}) \\ \boldsymbol{X}=[x_1 \quad x_2 \quad \cdots \quad x_n]^{\mathrm{T}} \in \mathbf{R}^n \end{cases} \tag{2-7}$$

可以看到，无约束优化问题的极值只取决于目标函数本身。而式(2-5)的约束优化问题的极值不仅与目标函数的性态有关，而且与各个不同的约束条件密切相关。

2.3.1 无约束优化问题的极值条件

根据高等数学中多元函数的极值存在条件，假设多元函数 $f(\boldsymbol{X})$ 在 $\boldsymbol{X}^*$ 点附近对所有的点 $\boldsymbol{X}$ 都有 $f(\boldsymbol{X})>f(\boldsymbol{X}^*)$，则称点 $\boldsymbol{X}^*$ 为严格极小值点，$f(\boldsymbol{X}^*)$ 为极小值；反之，若 $f(\boldsymbol{X})$ 在 $\boldsymbol{X}^*$ 点附近对所有的点 $\boldsymbol{X}$ 都有 $f(\boldsymbol{X})<f(\boldsymbol{X}^*)$，则称点 $\boldsymbol{X}^*$ 为严格极大值点，$f(\boldsymbol{X}^*)$ 为极大值。

1. 无约束极值存在的必要条件

由微分可知，对于 n 元连续可导的函数 $f(\boldsymbol{X})$，在 $\boldsymbol{X}^*$ 点存在极值的必要条件为函数 $f(\boldsymbol{X})$ 在该点的各一阶偏导数均等于零，或函数 $f(\boldsymbol{X})$ 在该点的梯度等于 $\boldsymbol{0}$。即

$$\nabla f(\boldsymbol{X}^*)=\begin{bmatrix} \partial f/\partial x_1 \\ \partial f/\partial x_2 \\ \vdots \\ \partial f/\partial x_n \end{bmatrix}_{\boldsymbol{X}=\boldsymbol{X}^*}=\boldsymbol{0} \tag{2-8}$$

满足极值条件或梯度 $\nabla f(\boldsymbol{X}^*)=\boldsymbol{0}$ 的点称为驻点。驻点不一定是极值点，只有满足充分条件时，才能判定驻点为极值点。

2. 无约束极值存在的充分条件

设 n 元函数 $f(\boldsymbol{X})$ 在 $\boldsymbol{X}^*$ 点存在连续的一、二阶偏导数，且已满足函数极值存在的必要条件：$\nabla f(\boldsymbol{X}^*)=\boldsymbol{0}$。将函数 $f(\boldsymbol{X})$ 在点 $\boldsymbol{X}^*$ 附近用 Taylor 二次展开式来逼近，有

$$f(\boldsymbol{X})=f(\boldsymbol{X}^*)+[\nabla f(\boldsymbol{X}^*)]^{\mathrm{T}}[\boldsymbol{X}-\boldsymbol{X}^*]+\frac{1}{2}[\boldsymbol{X}-\boldsymbol{X}^*]^{\mathrm{T}}H(\boldsymbol{X}^*)[\boldsymbol{X}-\boldsymbol{X}^*] \tag{2-9}$$

式中：$H(\boldsymbol{X}^*)$ 为函数 $f(\boldsymbol{X})$ 在 $\boldsymbol{X}^*$ 点的 Hessian 矩阵，其为 $f(\boldsymbol{X})$ 的二阶偏导数矩阵。

将函数极值存在的必要条件 $\nabla f(\boldsymbol{X}^*)=\boldsymbol{0}$ 代入式(2-9)，有

$$f(\boldsymbol{X})-f(\boldsymbol{X}^*)=\frac{1}{2}[\boldsymbol{X}-\boldsymbol{X}^*]^{\mathrm{T}}H(\boldsymbol{X}^*)[\boldsymbol{X}-\boldsymbol{X}^*] \tag{2-10}$$

上式右端为变量 $[\boldsymbol{X}-\boldsymbol{X}^*]$ 的二次型。如果 $H(\boldsymbol{X}^*)$ 正定，则对于一切 $\boldsymbol{X}\neq\boldsymbol{X}^*$（$[\boldsymbol{X}-\boldsymbol{X}^*]\neq 0$）恒有二次型的值大于零，即 $f(\boldsymbol{X})>f(\boldsymbol{X}^*)$，$\boldsymbol{X}^*$ 为极小值点（也称极小点），$f(\boldsymbol{X}^*)$ 为极小值；如果 $H(\boldsymbol{X}^*)$ 负定，则对于一切 $\boldsymbol{X}\neq\boldsymbol{X}^*$（$[\boldsymbol{X}-\boldsymbol{X}^*]\neq 0$）恒有二次型的值小于零，即 $f(\boldsymbol{X})<f(\boldsymbol{X}^*)$，$\boldsymbol{X}^*$ 为极大值点，$f(\boldsymbol{X}^*)$ 为极大值。

由此可以得到结论，点 $\boldsymbol{X}^*$ 成为多元函数 $f(\boldsymbol{X})$ 极小值点的充分条件是函数 $f(\boldsymbol{X})$ 在 $\boldsymbol{X}^*$ 点的 Hessian 矩阵 $H(\boldsymbol{X}^*)$ 正定；点 $\boldsymbol{X}^*$ 成为极大值点的充分条件是函数 $f(\boldsymbol{X})$ 在 $\boldsymbol{X}^*$ 点的 Hessian矩阵 $H(\boldsymbol{X}^*)$ 负定。

对于一般的优化问题，大多已规范为求极小值的问题，故可统一规定无约束优化问题的极值存在条件为：$\nabla f(\boldsymbol{X}^*)=\boldsymbol{0}$，Hessian 矩阵正定。

例 2-5　求无约束优化问题 $f(\boldsymbol{X})=x_1^2+x_2^2-4x_1-2x_2+5$ 的极值点和极值。

解　此问题是无约束优化问题的极值条件问题。首先利用无约束极值存在的必要条件确定驻点，再利用其充分条件，即可判定该驻点是不是极值点。

(1) 利用必要条件确定驻点。

令
$$\nabla f(\boldsymbol{X})=\begin{bmatrix}2x_1-4\\2x_2-2\end{bmatrix}=\boldsymbol{0}$$

求解得到驻点 $\boldsymbol{X}^*=\begin{bmatrix}2\\1\end{bmatrix}$。该点已满足极值存在的必要条件，是不是极值点，还需要判断其是否满足充分条件。

(2) 利用充分条件判断驻点是否为极值点。

首先求函数的 Hessian 矩阵(二阶偏导数矩阵)

$$H(\boldsymbol{X}^*)=\nabla^2 f(\boldsymbol{X}^*)=\begin{bmatrix}\dfrac{\partial^2 f}{\partial x_1^2} & \dfrac{\partial^2 f}{\partial x_1\partial x_2}\\ \dfrac{\partial^2 f}{\partial x_2\partial x_1} & \dfrac{\partial^2 f}{\partial x_2^2}\end{bmatrix}_{\boldsymbol{X}=\boldsymbol{X}^*}=\begin{bmatrix}2&0\\0&2\end{bmatrix}$$

然后判断 Hessian 矩阵正定性。由于 $H(\boldsymbol{X}^*)$ 的一阶主子式 $|2|>0$，二阶主子式 $\begin{vmatrix}2&0\\0&2\end{vmatrix}=4>0$，因此 $H(\boldsymbol{X}^*)$ 是正定的。

所以，$\boldsymbol{X}^*=\begin{bmatrix}2\\1\end{bmatrix}$ 是该无约束优化问题的极值点，而且是极小值点，极小值 $f(\boldsymbol{X}^*)=0$。

例 2-6　求无约束问题 $f(\boldsymbol{X})=\frac{1}{3}x_1^3+\frac{1}{3}x_2^3-x_2^2-x_1$ 的极值点，并判断其性质。

解　令
$$\nabla f(\boldsymbol{X})=\begin{bmatrix}x_1^2-1\\x_2^2-2x_2\end{bmatrix}=\boldsymbol{0}$$

解此方程组可得到四个驻点

$$\boldsymbol{X}^{(1)}=\begin{bmatrix}1\\0\end{bmatrix},\quad \boldsymbol{X}^{(2)}=\begin{bmatrix}1\\2\end{bmatrix},\quad \boldsymbol{X}^{(3)}=\begin{bmatrix}-1\\0\end{bmatrix},\quad \boldsymbol{X}^{(4)}=\begin{bmatrix}-1\\2\end{bmatrix}$$

目标函数的 Hessian 矩阵为

$$H(\boldsymbol{X})=\nabla^2 f(\boldsymbol{X})=\begin{bmatrix}2x_1&0\\0&2x_2-2\end{bmatrix}$$

将各驻点代入，可知四个驻点的 Hessian 矩阵为

$$H(\boldsymbol{X}^{(1)})=\begin{bmatrix}2&0\\0&-2\end{bmatrix}\text{不定，不是极值点}$$

$$H(\boldsymbol{X}^{(2)})=\begin{bmatrix}2&0\\0&2\end{bmatrix}\text{正定，局部极小值点}$$

$$H(\boldsymbol{X}^{(3)})=\begin{bmatrix}-2&0\\0&-2\end{bmatrix}\text{负定，局部极大值点}$$

$$H(\boldsymbol{X}^{(4)})=\begin{bmatrix}-2&0\\0&2\end{bmatrix}\text{不定，不是极值点}$$

例 2-7　求无约束问题 $f(\boldsymbol{X})=x_1^4-2x_1^2x_2+x_1^2+2x_2^2-2x_1x_2+\frac{9}{2}x_1-4x_2+4$ 的极值点，并判断其性质。

解　令

$$\nabla f(\boldsymbol{X})=\begin{bmatrix}4x_1^3-4x_1x_2+2x_1-2x_2+\dfrac{9}{2}\\-2x_1^2+4x_2-2x_1-4\end{bmatrix}=\boldsymbol{0}$$

解此方程组可得到三个驻点

$$\boldsymbol{X}^{(1)}=\begin{bmatrix}1.941\\3.854\end{bmatrix},\quad \boldsymbol{X}^{(2)}=\begin{bmatrix}-1.053\\1.028\end{bmatrix},\quad \boldsymbol{X}^{(3)}=\begin{bmatrix}0.6117\\1.4929\end{bmatrix}$$

Hessian 矩阵

$$H(\boldsymbol{X})=\nabla^2 f(\boldsymbol{X})=\begin{bmatrix}12x_1^2-4x_2+2 & -4x_1-2\\-4x_1-2 & 4\end{bmatrix}$$

三个驻点的 Hessian 矩阵为

$$H(\boldsymbol{X}^{(1)})=\begin{bmatrix}31.7938 & -9.764\\-9.764 & 4\end{bmatrix}\text{正定,局部极小值点}$$

$$H(\boldsymbol{X}^{(2)})=\begin{bmatrix}11.1937 & 2.212\\2.212 & 4\end{bmatrix}\text{正定,局部极小值点}$$

$$H(\boldsymbol{X}^{(3)})=\begin{bmatrix}0.5190 & -4.4469\\-4.4469 & 4\end{bmatrix}\text{不定,不是极值点}$$

可以判断,$\boldsymbol{X}^{(1)}$ 和 $\boldsymbol{X}^{(2)}$ 均为局部极小值点,其对应极小值分别为 $f(\boldsymbol{X}^{(1)})=0.9855$,$f(\boldsymbol{X}^{(2)})=-0.5134$。但由于 $f(\boldsymbol{X}^{(1)})>f(\boldsymbol{X}^{(2)})$,所以 $\boldsymbol{X}^{(2)}$ 为全域极小值点,$f(\boldsymbol{X}^{(2)})=-0.5134$ 为全域极小值。

无约束优化问题的极值条件是研究优化问题的基础,但在工程上只有理论上的意义。这是因为,实际工程优化问题的目标函数比较复杂,Hessian 矩阵 $H(\boldsymbol{X}^*)$不易求解,其正定和负定的判断也更加困难。因此,无约束问题的极值条件只作为优化过程中的极小点判断。

2.3.2 约束优化问题的极值条件

对于约束优化问题,约束最优解是由最优点(极小点)和最优值(极小值)构成的。约束优化问题最优解的存在有多种情况,下面以简单的二维问题为例,来说明约束最优解存在的几种情况。

1. 约束最优解的存在情况

1) 约束条件不起作用

图 2-12 所示为极值点 $\boldsymbol{X}^*$ 落在可行域内部的一种情况。可行域 $\mathscr{D}$ 为凸集,目标函数$f(\boldsymbol{X})$为凸函数,且有$\nabla f(\boldsymbol{X}^*)=\boldsymbol{0}$,$H(\boldsymbol{X}^*)$正定,极值点 $\boldsymbol{X}^*\in\mathscr{D}$。此时,所有约束条件对最优点 $\boldsymbol{X}^*$ 都不起作用。所以,约束优化问题就等价于无约束优化问题,目标函数的极值点就是该约束优化问题的极小点。

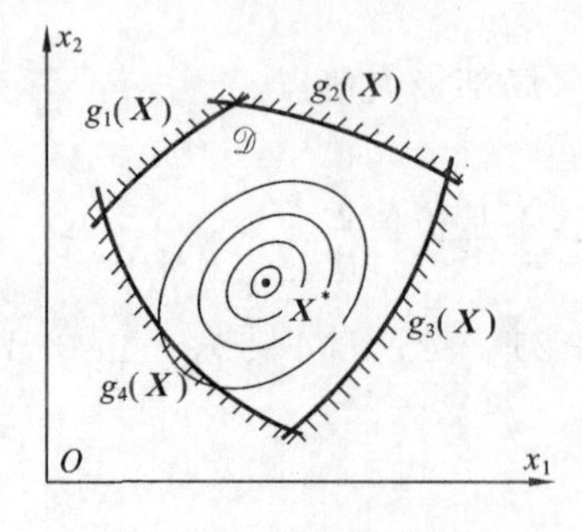

图 2-12 约束不起作用

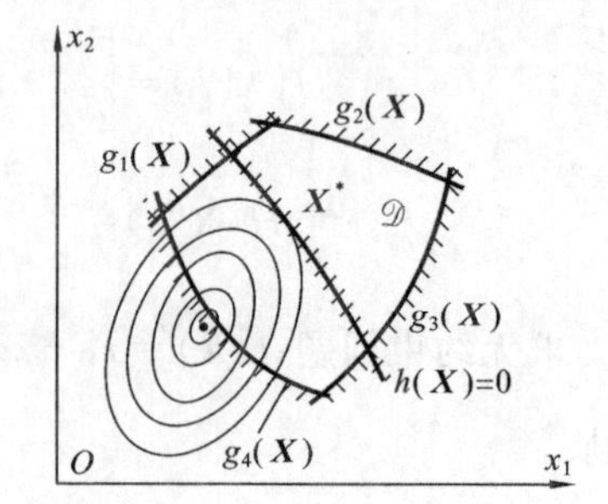

图 2-13 等式约束起作用

2) 等式约束起作用

图 2-13 所示为在满足不等式约束的条件下,极值点 $\boldsymbol{X}^*$ 落在等式约束 $h(\boldsymbol{X})$与目标函数

$f(\boldsymbol{X})$等值线的切点上(或等式约束与约束边界的交点)。此时,仅有等式约束对最优点 $\boldsymbol{X}^*$ 起作用,不等式约束条件对最优点 $\boldsymbol{X}^*$ 不起作用。

3）一个约束起作用

图 2-14 所示为约束最优点 $\boldsymbol{X}^*$ 落在约束边界 $g_2(\boldsymbol{X})$与目标函数 $f(\boldsymbol{X})$等值线的切点上。此时,$g_2(\boldsymbol{X})=0$ 为起作用约束,而 $g_1(\boldsymbol{X})<0$、$g_3(\boldsymbol{X})<0$ 为不起作用约束,目标函数的无约束极值点在可行域外。

4）两个或两个以上约束起作用

图 2-15 所示为约束最优点 $\boldsymbol{X}^*$ 落在两约束边界 $g_1(\boldsymbol{X})$、$g_2(\boldsymbol{X})$与目标函数 $f(\boldsymbol{X})$等值线的交点上。此时,$g_1(\boldsymbol{X})=0$、$g_2(\boldsymbol{X})=0$ 为起作用约束,而 $g_3(\boldsymbol{X})<0$ 为不起作用约束,目标函数的无约束极值点在可行域外。这种情况下起作用约束一般为两个或两个以上。

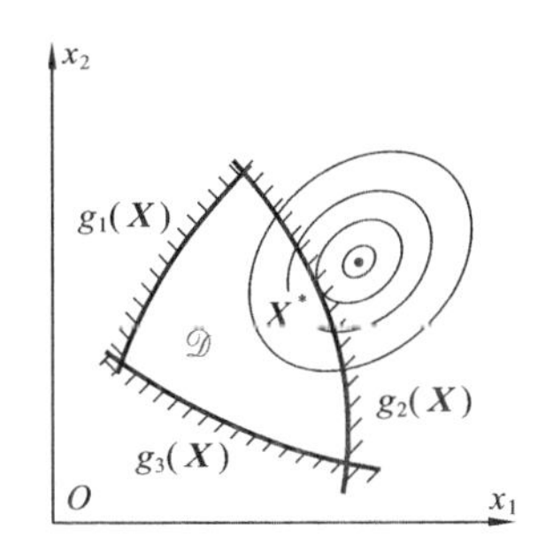

图 2-14　一个约束起作用

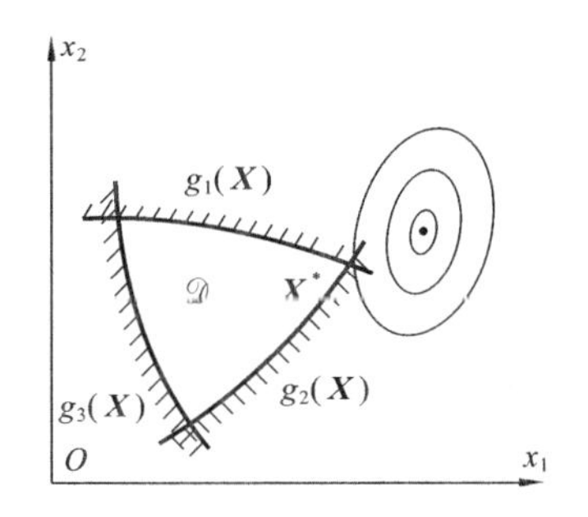

图 2-15　两个或两个以上约束起作用

5）约束函数为凸函数,目标函数为非凸函数

图 2-16 所示可行域 $\mathscr{D}$ 为凸集,目标函数 $f(\boldsymbol{X})$为非凸函数,而约束函数 $g(\boldsymbol{X})$是凸函数,则可能有多个最优点(见图 2-16 中的 $\boldsymbol{X}^{*(1)}$ 和 $\boldsymbol{X}^{*(2)}$),但只有一个点为全局最优点。

6）约束函数为非凸函数

图 2-17 所示目标函数 $f(\boldsymbol{X})$是凸函数,而起作用约束 $g(\boldsymbol{X})$是非凸函数,则也有可能会产生多个最优点(见图 2-17 中的 $\boldsymbol{X}^{*(1)}$、$\boldsymbol{X}^{*(2)}$ 和 $\boldsymbol{X}^{*(3)}$),但只有一个为全局最优点,其余为局部最优点。

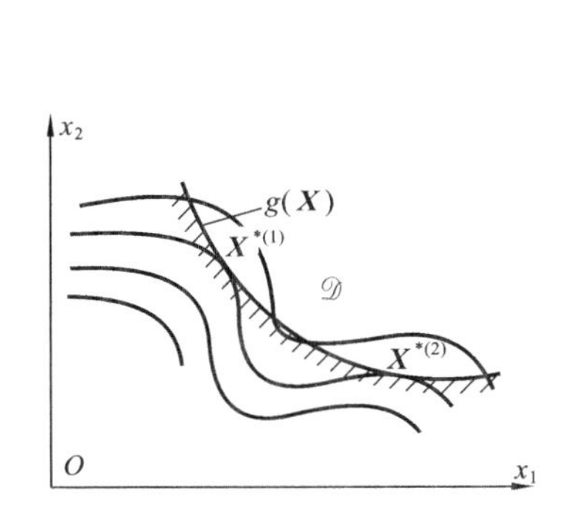

图2-16　约束函数为凸函数,目标函数为非凸函数

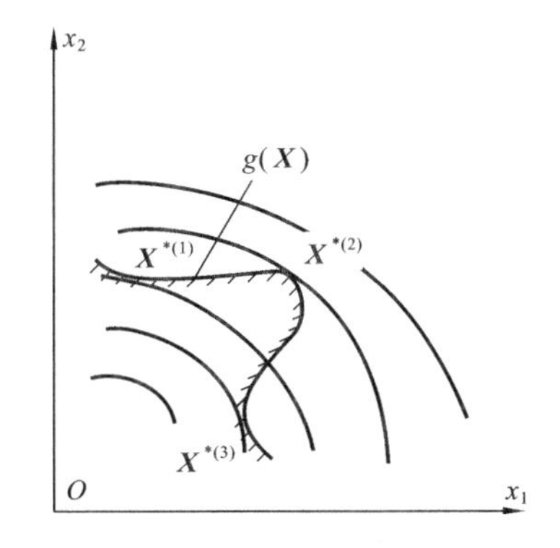

图 2-17　约束函数为非凸函数

以上分门别类地介绍了二维约束优化问题条件极值(约束极值)存在的几种情况,它同样适用于多维约束优化问题。

由此可见,约束问题最优解的存在情况可能有两种:一是极值点在可行域内部,即极值点是可行域的内点,这种情况的约束优化问题等价于无约束优化问题;另一种情况的最优点是等值线(面)与起作用约束线(面)的切点,或者是多个起作用约束的交点。对于目标函数是凸函数,可行域是凸集的凸规划问题,局部极值点与全局极值点重合,因此凸规划问题有唯一的约束极值点;而非凸规划问题有多个约束极值点。但在实际问题中,可能是以上几种情况的综合,所以要具体问题具体分析。

2. 约束极值存在的必要条件

约束优化问题的极值条件比无约束优化问题要复杂得多。一般来说,我们在研究约束优化问题时,主要解决两个方面的问题。

(1) 判断约束极值点存在的必要条件。

(2) 判断所得极值点是全域最小点或是局部最小点。

这里只是讨论第一个问题,至于第二个问题到目前为止还没有统一的结论。也就是说,这里所给出的必要条件只是局部最优解的必要条件。

1) 下降方向、可行方向和可行下降方向

(1) 下降方向。

优化过程中,只要能使目标函数值减小的方向均称为下降方向。如图 2-18 所示,等值线为二维优化目标函数 $f(\boldsymbol{X})=c_1,c_2,\cdots,c_n$ 时的等值线,$\nabla f(\boldsymbol{X})$ 为 $f(\boldsymbol{X})$ 在设计点 $\boldsymbol{X}^{(k)}$ 处的梯度方向。

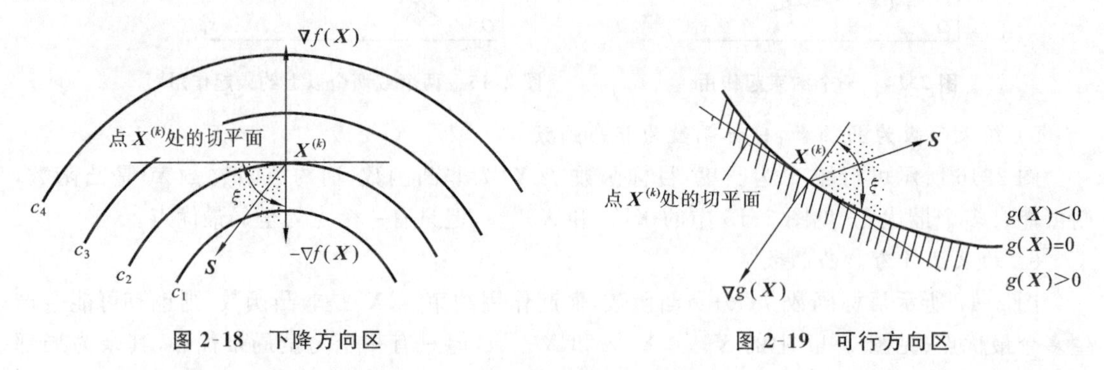

图 2-18　下降方向区　　　　**图 2-19　可行方向区**

由梯度的定义可知,梯度方向 $\nabla f(\boldsymbol{X})$ 是目标函数等值线(面)的法线方向,所以沿与 $-\nabla f(\boldsymbol{X})$ 夹角为锐角的方向 $\boldsymbol{S}$ 取点,都能使目标函数值减小。由此可见,下降方向 $\boldsymbol{S}$ 与目标函数 $f(\boldsymbol{X})$ 的负梯度方向($-\nabla f(\boldsymbol{X})$)的夹角应为锐角。即

$$\boldsymbol{S}\cdot(-\nabla f(\boldsymbol{X}))>0 \quad \text{或} \quad \boldsymbol{S}\cdot\nabla f(\boldsymbol{X})<0 \tag{2-11}$$

这样,下降方向就位于负梯度方向($-\nabla f(\boldsymbol{X})$)与等值线切线所围成的扇形区域内,如图 2-18所示的阴影区域。可以看到,在角度为 ξ 的扇形区域内确定的 $\boldsymbol{S}$ 方向一定是下降方向。

(2) 可行方向。

从约束边界出发的所有方向有两种,一种称为可行方向,另一种是不可行方向。可行方向可认为是由约束边界出发,指向可行域内的任何方向,即不破坏约束条件的方向。可行域内的任何方向均为可行方向。

如图 2-19 所示,假设 $g(\boldsymbol{X})$ 是起作用约束边界,它将设计空间分为两部分,$g(\boldsymbol{X})<0$ 侧为可行域,$g(\boldsymbol{X})>0$ 侧为非可行域,$g(\boldsymbol{X})=0$ 为约束边界。$\nabla g(\boldsymbol{X})$ 为约束边界 $g(\boldsymbol{X})=0$ 上设计点 $\boldsymbol{X}^{(k)}$ 的约束梯度方向。当约束边界取 $g(\boldsymbol{X})\leqslant 0$ 形式时,约束函数的梯度(法线)方向总是由约束边界指向非可行域一侧。方向 $\boldsymbol{S}$ 是可行方向,它与约束梯度方向 $\nabla g(\boldsymbol{X})$ 的夹角应为钝角。即

$$\boldsymbol{S}\cdot\nabla g(\boldsymbol{X})<0 \tag{2-12}$$

也可写为

$$-[\nabla g(\boldsymbol{X})]^{\mathrm{T}}\boldsymbol{S}>0$$

由图 2-19 可看出，可行方向应位于约束负梯度方向（$-\nabla g(\boldsymbol{X})$）与其切线方向所围成的扇形区域内（阴影区域），在角度为 ξ 的扇形区域内确定的 $\boldsymbol{S}$ 方向一定是可行方向。

（3）可行下降方向。

可行下降方向包含了可行方向和下降方向的所有特征，即在不破坏约束的条件下，使目标函数值下降的方向。所以，可行下降方向需同时满足式（2-11）和式（2-12），联立两式有

$$\begin{cases}-\nabla f(\boldsymbol{X})\cdot\boldsymbol{S}>0\\ \nabla g(\boldsymbol{X})\cdot\boldsymbol{S}<0\end{cases} \tag{2-13}$$

如图 2-20(a)所示，$-\nabla f(\boldsymbol{X})$ 为目标函数等值线在设计点 $\boldsymbol{X}^{(k)}$ 的负梯度方向，$\nabla g(\boldsymbol{X})$ 为约束边界 $g(\boldsymbol{X})$ 在 $\boldsymbol{X}^{(k)}$ 的梯度方向，指向非可行域。根据可行下降方向的定义，目标函数 $f(\boldsymbol{X})$ 等值线在 $\boldsymbol{X}^{(k)}$ 处的切线与约束边界 $g(\boldsymbol{X})$ 在 $\boldsymbol{X}^{(k)}$ 处的切线所夹角度 ξ 的扇形区域内的所有方向都是可行下降方向。

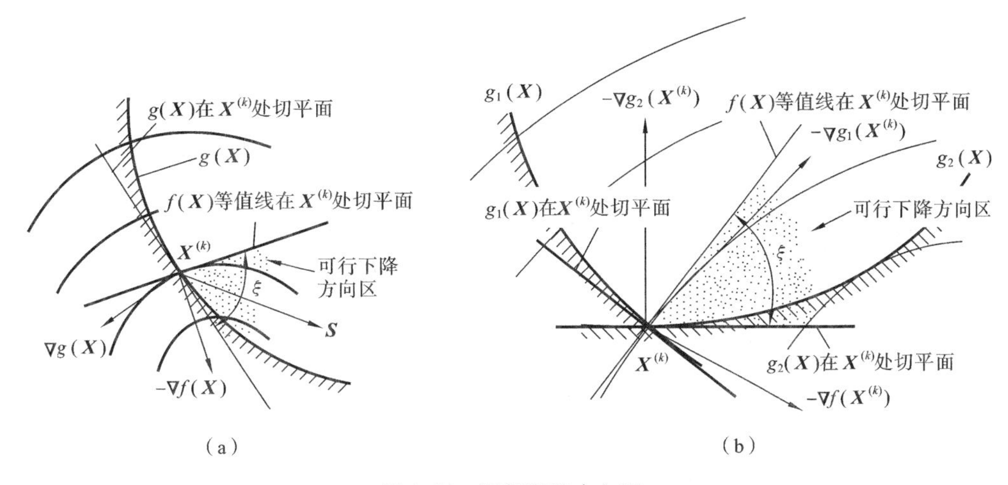

图 2-20　可行下降方向区

(a) 约束边界上的可行下降方向　(b) 约束边界交点的可行下降方向

图 2-20(b)所示为在两约束函数 $g_1(\boldsymbol{X})$ 和 $g_2(\boldsymbol{X})$ 的交点 $\boldsymbol{X}^{(k)}$ 处的可行下降方向。由图中可以看出，要满足可行下降方向的所有条件，可行下降方向必处于各可行方向区和下降方向区的交集，即阴影所示的夹角为 ξ 的扇形区域内。

2）一个约束起作用时极值点存在的必要条件

对于约束优化问题，无约束极值点位于可行域外，约束起作用的方式如图 2-21 所示。

在约束边界上有方向 $\boldsymbol{S}$ 存在，且 $\boldsymbol{S}$ 满足式（2-13），即总存在可行下降方向，则该点就不是极值点。当且仅当

$$-\nabla f(\boldsymbol{X})\parallel g(\boldsymbol{X})$$

时，不存在可行下降方向，则使这一条件成立的点

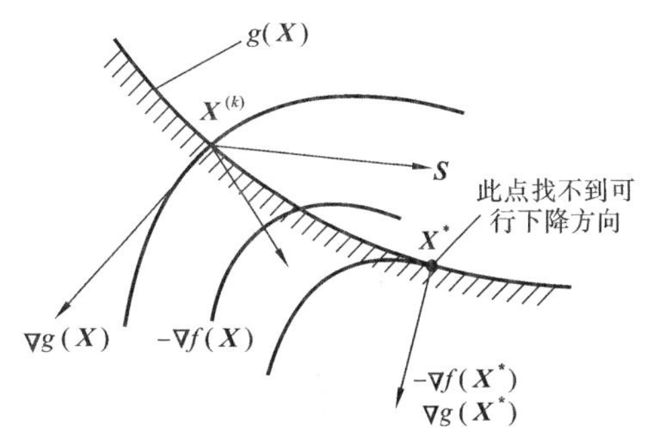

图 2-21　一个约束起作用的情况

即为所求的约束极值点，它是目标函数的等值线与起作用约束的切点，如图 2-21 中的点 $\boldsymbol{X}^*$（在点 $\boldsymbol{X}^*$ 的约束边界与目标函数的两梯度方向完全重合）。

因此，一个约束起作用时，约束极值点存在的必要条件可写为

$$\nabla f(\boldsymbol{X})=-\lambda\nabla g(\boldsymbol{X})\quad \lambda>0 \tag{2-14}$$

3）两个约束起作用时极值点存在的必要条件

如图 2-22 所示，假设点 $\boldsymbol{X}^{(k)}$ 处于约束线的交点上，该点的目标函数 $f(\boldsymbol{X})$ 的负梯度方向为 $-\nabla f(\boldsymbol{X}^{(k)})$，两个起作用约束的梯度方向分别为 $\nabla g_1(\boldsymbol{X}^{(k)})$、$\nabla g_2(\boldsymbol{X}^{(k)})$。若在 $\boldsymbol{X}^{(k)}$ 点找到一个方向 $\boldsymbol{S}$ 使它满足下列三个不等式：

$$-\nabla f(\boldsymbol{X}^{(k)})\cdot\boldsymbol{S}>0\quad \text{保证下降性}$$

$$\nabla g_1(\boldsymbol{X}^{(k)})\cdot\boldsymbol{S}<0\quad \text{保证可行性}$$

$$\nabla g_2(\boldsymbol{X}^{(k)})\cdot\boldsymbol{S}<0\quad \text{保证可行性}$$

则 $\boldsymbol{S}$ 方向为可行下降方向。所以说 $\boldsymbol{X}^{(k)}$ 为非极值点（非稳定点）；反之，如破坏上述三个条件中的任何一个，或者说在 $\boldsymbol{X}^{(k)}$ 点找不到可行下降方向，则 $\boldsymbol{X}^{(k)}$ 就成为极值点（稳定点），如图 2-23 中的 $\boldsymbol{X}^*$ 点。

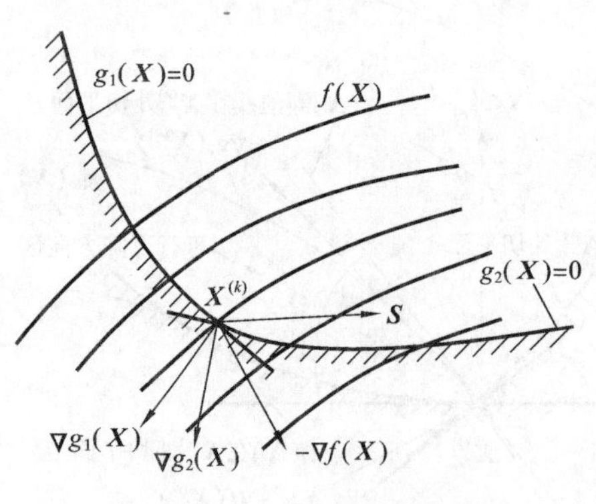

图 2-22　存在可行下降方向

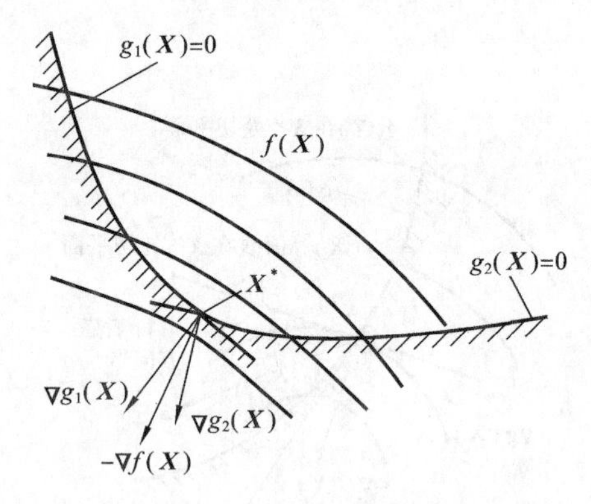

图 2-23　不存在可行下降方向

实践证明，对于两个约束起作用的问题，只有当约束交叉点 $\boldsymbol{X}^{(k)}$ 处的目标函数的负梯度方向 $-\nabla f(\boldsymbol{X}^{(k)})$ 位于两个约束函数的梯度方向 $\nabla g_1(\boldsymbol{X}^{(k)})$、$\nabla g_2(\boldsymbol{X}^{(k)})$ 所夹的扇形区域内时，上述三个条件才不能同时成立，即不存在可行下降方向 $\boldsymbol{S}$，则该点就为两个约束起作用时的约束极值点。

如果记两个约束的交叉点为约束极值点，则在该点必有目标函数的负梯度方向位于两个约束梯度方向所夹扇形区域内。由于 $-\nabla f(\boldsymbol{X}^{(k)})$ 位于 $\nabla g_1(\boldsymbol{X}^{(k)})$、$\nabla g_2(\boldsymbol{X}^{(k)})$ 的夹角内，由矢量求和的平行四边形法则有

$$-\nabla f(\boldsymbol{X}^{(k)})=\lambda_1\nabla g_1(\boldsymbol{X}^{(k)})+\lambda_2\nabla g_2(\boldsymbol{X}^{(k)})\quad (\lambda_1>0,\lambda_2>0) \tag{2-15}$$

成立。

式(2-15)就是两个约束起作用时约束极值点存在的必要条件。该条件也可表示为

$$\nabla f(\boldsymbol{X}^{(k)})=-\lambda_1\nabla g_1(\boldsymbol{X}^{(k)})-\lambda_2\nabla g_2(\boldsymbol{X}^{(k)})\quad (\lambda_1>0,\lambda_2>0) \tag{2-16}$$

4）约束极值点存在的必要条件——K-T 条件

由一个约束起作用及两个约束起作用的结论，也同样可以得到多个约束起作用的结论，由此归纳出一般情况下约束极值点存在的必要条件，即 Kuhn-Tucker 条件。它是由 Kuhn、Tucker 提出的，简称 K-T 条件。

如果 $\boldsymbol{X}^{(k)}$ 为约束极值点，则该点的目标函数的梯度可以表示为各起作用约束函数的梯度的线性组合。其数学表达式为

$$\nabla f(\boldsymbol{X}^{(k)})=-\lambda_1\nabla g_1(\boldsymbol{X}^{(k)})-\lambda_2\nabla g_2(\boldsymbol{X}^{(k)})-\cdots-\lambda_q\nabla g_q(\boldsymbol{X}^{(k)})=-\sum_{i=1}^{q}\lambda_i\nabla g_i(\boldsymbol{X}^{(k)}) \tag{2-17}$$

式中：$\lambda_i>0$ 是常数；$i=1,2,\cdots,q$ 为起作用约束个数。

满足 K-T 条件的点称为 K-T 点。用优化术语讲，K-T 点为无可行下降方向的设计点（约束极值点）；从几何角度讲，K-T 点有以下几何特征：

（1）一个约束起作用的 K-T 点的特征为：$-\nabla f(\boldsymbol{X}^{(k)}) \parallel g(\boldsymbol{X}^{(k)})$；

（2）两个约束起作用的 K-T 点的特征为：$-\nabla f(\boldsymbol{X}^{(k)})$ 位于 $\nabla g_1(\boldsymbol{X}^{(k)})$、$\nabla g_2(\boldsymbol{X}^{(k)})$ 所夹的扇形区域内；

（3）三个以上约束起作用的 K-T 点的特征为：$-\nabla f(\boldsymbol{X}^{(k)})$ 位于所有起作用约束的梯度方向在设计空间所构成的多棱锥体内。

5）关于 K-T 条件应用的几点说明

（1）K-T 条件是约束极值存在的必要条件。必要条件是起否定作用的，因此 K-T 条件主要用于判定所得最优点是否为约束最优点。

（2）对目标函数或约束函数为非凸的优化问题（非凸规划问题），K-T 条件可能是局部极小点；对目标函数和可行域全凸的优化问题（凸规划问题），K-T 点为全域最小点，即此时 K-T 条件成为约束极值存在的充要条件。

（3）约束函数表达式不同，K-T 条件的表达式有变。建议运用 K-T 条件时，先将约束条件处理为 $g(\boldsymbol{X})\leqslant 0$ 形式。

（4）对于同时存在等式约束和不等式约束条件的情况，K-T 条件采用以下形式

$$-\nabla f(\boldsymbol{X}^{(k)})=\sum_{i=1}^{m}\lambda_i\nabla g_u(\boldsymbol{X}^{(k)})+\sum_{j=1}^{p}u_j\nabla h_v(\boldsymbol{X}^{(k)}) \tag{2-18}$$

式中：$\lambda_i\geqslant 0$ 是常数（非负）；u_j 不全为 0（并没有非负要求）。

例 2-8　用 K-T 条件判断 $\boldsymbol{X}^*=[1\quad 1\quad 1]^{\mathrm{T}}$ 是不是下列约束优化问题的最优解。

$$\begin{cases}\min f(\boldsymbol{X})=-3x_1^2+x_2^2+2x_3^2\\ \text{s. t. } g_1(\boldsymbol{X})=x_1-x_2\leqslant 0\\ \qquad g_2(\boldsymbol{X})=x_1^2-x_3^2\leqslant 0\\ \qquad g_3(\boldsymbol{X})=-x_1\leqslant 0\\ \qquad g_4(\boldsymbol{X})=-x_2\leqslant 0\\ \qquad g_5(\boldsymbol{X})=-x_3\leqslant 0\end{cases}$$

解　要利用 K-T 条件判断设计点是不是约束优化问题的最优解，首先要判断哪些约束条件是起作用约束。判断某个约束条件是不是起作用约束，可将设计点 $\boldsymbol{X}^*$ 代入该约束条件。若 $g_i(\boldsymbol{X}^*)=0$，则约束条件 $g_i(\boldsymbol{X}^*)\leqslant 0$ 是起作用约束；若 $g_i(\boldsymbol{X}^*)\neq 0$，则约束条件 $g_i(\boldsymbol{X}^*)\leqslant 0$ 是不起作用约束，在运用 K-T 条件时不予考虑。

因此，将点 $\boldsymbol{X}^*=[1\quad 1\quad 1]^{\mathrm{T}}$ 代入各约束函数后判断可知，约束条件 $g_1(\boldsymbol{X})$ 和 $g_2(\boldsymbol{X})$ 为起作用约束。

$$\nabla f(\boldsymbol{X}^*)=\begin{bmatrix}-6x_1\\ 2x_2\\ 4x_3\end{bmatrix}_{[1,1,1]}=\begin{bmatrix}-6\\ 2\\ 4\end{bmatrix}$$

$$\nabla g_1(\boldsymbol{X}^*)=\begin{bmatrix}1\\-1\\0\end{bmatrix}$$

$$\nabla g_2(\boldsymbol{X}^*)=\begin{bmatrix}2x_1\\0\\-2x_3\end{bmatrix}_{[1\ \ 1\ \ 1]}=\begin{bmatrix}2\\0\\-2\end{bmatrix}$$

将$\nabla f(\boldsymbol{X}^*)$、$\nabla g_1(\boldsymbol{X}^*)$和$\nabla g_2(\boldsymbol{X}^*)$代入 K-T 条件，得

$$-\begin{bmatrix}-6\\2\\4\end{bmatrix}=\lambda_1\begin{bmatrix}1\\-1\\0\end{bmatrix}+\lambda_2\begin{bmatrix}2\\0\\-2\end{bmatrix}$$

解方程组可得

$$\lambda_1=2,\quad \lambda_2=2$$

由于$\lambda_1=2>0$，$\lambda_2=2>0$，满足 K-T 条件，故$\boldsymbol{X}^*=[1\quad 1\quad 1]^{\mathrm{T}}$是该约束优化问题的最优解。

从例 2-8 可归纳出运用 K-T 条件的一般步骤：

(1) 判断起作用约束；

(2) 计算目标函数梯度$\nabla f(\boldsymbol{X}^*)$和起作用约束梯度$\nabla g_i(\boldsymbol{X}^*)$；

(3) 代入 K-T 条件，判断$\lambda_i\geqslant 0$？若满足，则$\boldsymbol{X}^*$为约束极值点。

例 2-9　用 K-T 条件求解等式约束问题

$$\begin{cases}\min f(\boldsymbol{X})=(x_1-3)^2+x_2^2\\ \text{s. t. } h(\boldsymbol{X})=x_1+x_2-4=0\end{cases}$$

的最优解。

解　将

$$\nabla f(\boldsymbol{X})=\begin{bmatrix}2(x_1-3)\\2x_2\end{bmatrix}$$

$$\nabla h(\boldsymbol{X})=\begin{bmatrix}1\\1\end{bmatrix}$$

代入 K-T 条件式(2-18)，可得

$$-\begin{bmatrix}2(x_1-3)\\2x_2\end{bmatrix}=u_1\begin{bmatrix}1\\1\end{bmatrix}$$

解方程组可得

$$x_1=\frac{6-u_1}{2},\quad x_2=-\frac{u_1}{2}$$

将x_1和x_2的表达式代入等式约束$h(\boldsymbol{X})=0$，求解后得

$$u_1=-1$$

将u_1代入x_1和x_2的表达式，得到

$$\boldsymbol{X}^*=[7/2\quad 1/2]^{\mathrm{T}}$$

即为等式约束优化问题的最优解。

对于如例 2-9 所示的仅包含等式约束条件的约束优化问题

$$\begin{cases}\min\ f(\boldsymbol{X}) & \boldsymbol{X}\in\mathbf{R}^n \\ \text{s. t.}\ h_v(\boldsymbol{X})=0 & v=1,2,\cdots,p\end{cases}$$

也可通过建立拉格朗日函数来进行求解。拉格朗日函数可写成

$$L(\boldsymbol{X},u)=f(\boldsymbol{X})+\sum_{j=1}^{p}u_j h_v(\boldsymbol{X}) \tag{2-19}$$

利用极值存在条件，令

$$\nabla L(\boldsymbol{X}^*,u)=\boldsymbol{0}$$

整理后，得

$$-\nabla f(\boldsymbol{X}^*)=\sum_{j=1}^{p}u_j\nabla h_v(\boldsymbol{X}^{(k)})\quad(u_j\ 不全为\ 0) \tag{2-20}$$

很明显，式(2-20)与前述的 K-T 条件完全一致。因此，对例 2-9 通过建立拉格朗日函数的方法求解。

建立拉格朗日函数

$$L(\boldsymbol{X},u)=f(\boldsymbol{X})+\sum_{j=1}^{p}u_j h_v(\boldsymbol{X})=(x_1-3)^2+x_2^2+u(x_1+x_2-4)$$

令

$$\begin{cases}\dfrac{\partial L}{\partial x_1}=2(x_1-3)+u=0 \\ \dfrac{\partial L}{\partial x_2}=2x_2+u=0 \\ \dfrac{\partial L}{\partial u}=x_1+x_2-4=0\end{cases}$$

求解方程组可得

$$x_1=\frac{6-u}{2},\quad x_2=-\frac{u}{2}$$

将 x_1 和 x_2 代入上面方程组的第三式，得

$$u=-1$$

故等式约束优化问题的最优解 $\boldsymbol{X}^*=[7/2\quad 1/2]^{\mathrm{T}}$。两种解法结果是一致的。

2.4 优化过程

2.4.1 优化问题的图解

为有助于建立优化设计的基本概念，增加感性认识，现将有关设计变量、目标函数及约束条件最优解（最小点 $\boldsymbol{X}^*$，最小值 $f(\boldsymbol{X}^*)$）之间的关系用几何图形予以描述。

假设给定优化设计问题

$$\begin{cases}\min f(\boldsymbol{X})=x_1^2+x_2^2-4x_1+4=(x_1-2)^2+x_2^2 \\ \text{s. t.}\ g_1(\boldsymbol{X})=-x_1+x_2-2\leqslant 0 \\ \qquad g_2(\boldsymbol{X})=x_1^2-x_2+1\leqslant 0 \\ \qquad g_3(\boldsymbol{X})=-x_1\leqslant 0\end{cases}$$

这是一个二维约束非线性优化的设计问题。先确定其设计空间，再考查其目标函数

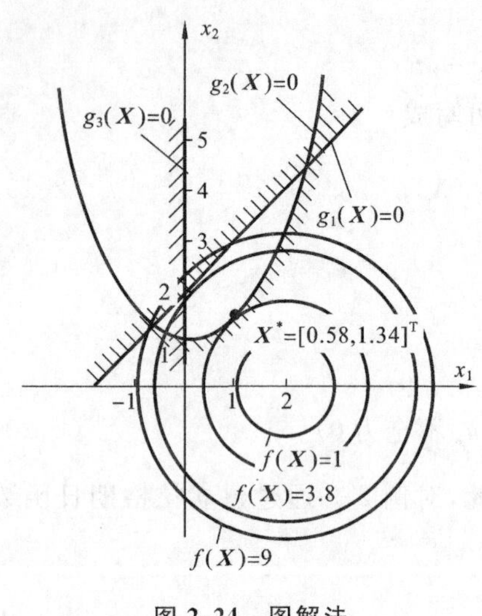

图 2-24 图解法

$f(\boldsymbol{X})$。显然，我们可以在三维空间内绘出目标函数的几何图形(见图 2-8)，它为一上凹(下凸)的旋转抛物面，抛物面的顶点位于 $\boldsymbol{X}=[x_1 \quad x_2]^T=[2 \quad 0]^T$，此点的函数值 $f(\boldsymbol{X})=0$，如图 2-24 所示。

如果不考虑约束条件，即求 $f(\boldsymbol{X})$的无约束极小值，则旋转抛物面的顶点 $\boldsymbol{X}=[2 \quad 0]^T$ 为极小值点，极小值为 $f(\boldsymbol{X}^*)=0$。一般来说，无约束优化问题的极值点处于目标函数等值线的中心，称为自然极值点。

如果考虑约束条件，在二维设计空间内，各约束线确定一个约束可行域。画出目标函数的一簇等值线，如图 2-24 所示，它是以顶点(2,0)为圆心的一簇同心圆。根据等值线与可行域的相互关系，在约束可行域内寻找目标函数的极小值点的位置。显然，约束最优点为约束边界与目标函数等值线的切点(起作用约束)，约束极值点 $\boldsymbol{X}^*=[0.58 \quad 1.34]^T$，最优值为 $f(\boldsymbol{X}^*)=3.812$。

图解法只适用于一些简单的优化问题。对于 $n>2$ 的约束优化问题，就难以进行直观的几何描述，但可以这样理解 n 维约束优化问题：在 n 个设计变量所构成的设计空间内，由 m 个不等式约束超曲面组成一个可行域 $\mathscr{D}$，优化的任务即是在 $\mathscr{D}$ 内找出目标函数值最小的点。对于约束优化问题来说，最小点一定落在某个约束边界上，是该约束边界与目标函数等值超曲面的切点。

2.4.2 优化设计的步骤

用优化设计方法解决工程问题大体需进行下列四大步骤。

(1) 建立数学模型：将工程问题的设计参数、设计目标、设计要求用数学公式表达出来。

(2) 选用适当的优化方法：依据是优化问题的性质及目标函数、约束函数的性态，约束、无约束，线性、非线性，离散或连续，设计变量的个数等。要求对优化方法有透彻的了解，不同的优化方法适于解决何种类型的问题。

(3) 编写程序，上机运算，直至求得最优解。

(4) 对输出结果进行分析判断，如不满足工程设计要求，则应对以上三步进行检查或修正，以期得到理想结果。

2.4.3 优化问题的迭代算法与终止准则

以上各节从理论上探讨了无约束优化问题及约束优化问题的最优解的求法及最优解存在的条件。它提供了解析法寻优的手段，同时也为构造优化方法、分析寻优过程中出现的问题提供了理论依据。但由于实际工程优化问题中，目标函数及约束函数大多都是非线性的，有时对它们进行解析(求导)运算是十分困难的，甚至是不可能的，所以在实践中仅能解决小型和简单的问题，对于大多数工程实际问题是无能为力的。随着电子计算机技术的发展，为优化设计提供了另一寻优途径——数值迭代法，它是优化设计问题的基本解法，是真正实用的寻优手段。

1. 数值迭代法

数值迭代法是一种近似的优化算法，它是根据目标函数的变化规律，以适当的步长沿着能使目标函数值下降的方向，逐步向目标函数值的最优点进行探索，最终逼近到目标函数的最优点或直至达到最优点。

下面以二维优化问题为例来说明数值迭代法的基本思想。如图 2-25 所示，首先选择一个初始点 $\boldsymbol{X}^{(0)}$，从 $\boldsymbol{X}^{(0)}$ 出发，按照某种方法确定一个使目标函数值下降的可行方向，沿该方向走一定的步长 α_0，得到一个新的设计点 $\boldsymbol{X}^{(1)}$，$\boldsymbol{X}^{(1)}$ 与 $\boldsymbol{X}^{(0)}$ 的函数值应满足下降关系

$$f(\boldsymbol{X}^{(0)})>f(\boldsymbol{X}^{(1)})$$

然后，再以 $\boldsymbol{X}^{(1)}$ 为出发点，采用相同的方法，得到第二个点 $\boldsymbol{X}^{(2)}$；重复以上步骤，依次得到点 $\boldsymbol{X}^{(3)}$，$\boldsymbol{X}^{(4)}$，…，$\boldsymbol{X}^{(n)}$，直至得到一个近似最优点 $\boldsymbol{X}^{*}$，它与理论最优点的近似程度应满足一定的精度要求。

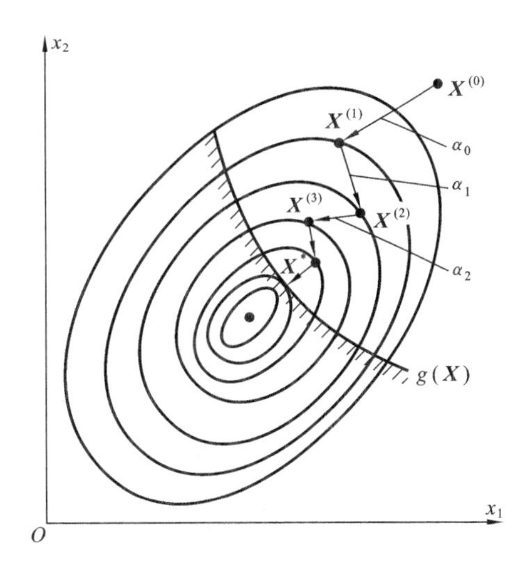

图 2-25　数值迭代过程

形象地说，数值迭代法的基本思想就是"瞎子下山法"，由一点 $\boldsymbol{X}^{(k)}$ 出发，先找出一个使目标函数值下降最快的方向 $\boldsymbol{S}^{(k)}$，再沿 $\boldsymbol{S}^{(k)}$ 方向搜索，找出使目标函数值达到最小所走的最优步长 α_k。

2. 数值迭代法的迭代格式

为了优化过程的顺利进行及便于计算机编程，通常选用一种适用于反复计算的迭代格式

$$\boldsymbol{X}^{(k+1)}=\boldsymbol{X}^{(k)}+\alpha_k\boldsymbol{S}^{(k)}\quad k=0,1,\cdots,n \tag{2-21}$$

式中：$\boldsymbol{X}^{(k+1)}$ 为第 k 次迭代所得的新设计点（终点），也是下一次（$k+1$ 次）迭代的出发点；第一次迭代时，$\boldsymbol{X}^{(k+1)}=\boldsymbol{X}^{(1)}$；$\boldsymbol{X}^{(k)}$ 为第 k 次迭代的出发点，也是上一次（$k-1$ 次）迭代所得的终点；初始迭代（$k=0$）时，$\boldsymbol{X}^{(k)}=\boldsymbol{X}^{(0)}$；$\boldsymbol{S}^{(k)}$ 为第 k 次迭代的搜索方向（寻优方向）；α_k 为第 k 次迭代的搜索步长（或称步长因子、最优步长等）。

在一系列的迭代过程中，各迭代点的目标函数值应满足如下的递减关系

$$f(\boldsymbol{X}^{(0)})>f(\boldsymbol{X}^{(1)})>\cdots>f(\boldsymbol{X}^{(k)})>f(\boldsymbol{X}^{(k+1)})>\cdots$$

且 $\{\boldsymbol{X}^{(k)}\quad k=0,1,2,\cdots\}\in\mathscr{D}$。

从迭代格式（2-21）中可以看出，迭代法的中心问题是求步长因子 α_k 及最优方向 $\boldsymbol{S}^{(k)}$。只要步长 α_k 和搜索方向 $\boldsymbol{S}^{(k)}$ 确定，迭代过程就可以一直延续下去。由此可知，实用的优化方法的主要研究内容包括三个方面：

（1）如何选取初始点 $\boldsymbol{X}^{(0)}$ 对迭代过程最为有利；

（2）如何选取寻优方向 $\boldsymbol{S}^{(k)}$ 使目标函数值下降最快；

（3）如何选取步长因子 α_k。

3. 数值迭代法的终止准则

从理论上说，任何一种迭代法都可以产生无穷的点序列 $\{\boldsymbol{X}^{(k)}\quad k=1,2,\cdots,n\}$，而且只要迭代是收敛的，当 $k\to\infty$ 时，应有 $\boldsymbol{X}^{(k)}\to\boldsymbol{X}^{*}$，即 $\lim\limits_{x\to\infty}\boldsymbol{X}^{(k)}=\boldsymbol{X}^{*}$。而在实际优化过程中，不可能也不必要迭代无穷多次，只要迭代点在满足一定精度条件下接近最优点便可终止迭代。同时注意到，在迭代寻优过程中，极值点 $\boldsymbol{X}^{*}$ 也是未知的，因此只能借助于相邻两个迭代点的误差来代替迭代点与极值点的误差。

判断搜索过程中的迭代点与极值点近似程度的方法称为终止准则。终止准则通常有以下三种：

(1) 迭代点的梯度的模充分小。

根据前述可知,无约束极值点的必要条件为$\nabla f(\boldsymbol{X}^*)=0$,则当

$$\|\nabla f(\boldsymbol{X}^{(k)})\| = \sqrt{\sum_{i=1}^{n}\left(\frac{\partial f(\boldsymbol{X}^{(k)})}{\partial x_i}\right)^2} \leqslant \varepsilon_1 \tag{2-22}$$

可认为$\boldsymbol{X}^*=\boldsymbol{X}^{(k)}$。此准则适用于无约束优化问题。

(2) 相邻迭代点之间的距离充分小。

相邻两个迭代点之间的距离小于给定精度,当

$$\|\boldsymbol{X}^{(k+1)}-\boldsymbol{X}^{(k)}\| = \sqrt{\sum_{i=1}^{n}(x_i^{(k+1)}-x_i^{(k)})^2} \leqslant \varepsilon_2 \tag{2-23}$$

此时不存在可行下降方向,可认为$\boldsymbol{X}^*=\boldsymbol{X}^{(k+1)}$。

(3) 相邻两个迭代点的目标函数值的下降量或相对下降量充分小

当

$$\|f(\boldsymbol{X}^{(k+1)})-f(\boldsymbol{X}^{(k)})\| \leqslant \varepsilon_3 \tag{2-24}$$

或

$$\left\|\frac{f(\boldsymbol{X}^{(k+1)})-f(\boldsymbol{X}^{(k)})}{f(\boldsymbol{X}^{(k)})}\right\| \leqslant \varepsilon_4 \tag{2-25}$$

可认为$\boldsymbol{X}^*=\boldsymbol{X}^{(k+1)}$。

以上各式中的ε_1、ε_2、ε_3、ε_4是具有不同物理意义的精度值,可根据工程实际问题对精度的要求及迭代方法而定。这三种准则都在一定程度上,从不同侧面反映了达到最优点的程度,但大都有一定的局限性。采用哪种终止准则,可视具体情况而定。在实际应用中,常将一个或多个终止准则同时使用,以确保所得的最优解的可靠性。

2.5　优化方法分类

优化方法,也可称为优化算法或寻优方法,是求解各类优化问题的数值迭代算法,种类繁多。考虑问题的侧重点不同,分类方法也不同。不同类型的优化设计问题可以有不同的优化方法,即使同一类型的优化问题,也可能有多种优化方法。反之,某些优化方法可适用于不同类型优化问题的数学模型求解。

根据优化设计数学模型中目标函数与约束函数的性态,可将传统优化方法分为线性优化方法和非线性优化方法。当目标函数和约束函数均为线性函数时,称为线性优化;线性优化多用于生产组织和管理问题的优化求解,单纯形法是线性优化中应用最广的方法之一。如果目标函数和约束函数中至少有一个非线性函数,即为非线性优化。非线性优化方法是解决工程设计实际问题的最为常用的优化方法。

根据设计空间的维数或设计变量的数目,将优化方法分为一维优化和多维优化。一维优化方法是优化方法中最简单、最基本的方法,有黄金分割法(0.618法)、二次插值法等,它们是多维优化方法的基础。另外,根据设计变量的性质不同,可分为离散变量优化和连续变量优化等。

根据数学模型中有无约束条件,将优化方法分为无约束优化方法和约束优化方法。无约束优化方法主要包括梯度法(最速下降法)、牛顿法、变尺度法、共轭梯度法、坐标轮换法、Powell法等;约束优化方法主要包括复合形法、可行方向法、拉格朗日乘子法、惩罚函数法、序列线性规划法等。

根据优化方法的求解特点，还有直接法和间接法之分。直接法就是利用迭代过程已有的信息和再生信息进行寻优，不需要对函数求导等解析计算，像坐标轮换法、Powell 法、复合形法、可行方向法等都属于直接法；间接法就是在优化过程中利用函数的性态，通过微分或变分寻优，或者将原约束优化问题等效转化为线性规划类、无约束优化类或二次规划类等相对简单的优化问题进行求解，像梯度法、牛顿法、变尺度法、共轭梯度法、拉格朗日乘子法、惩罚函数法、序列线性规划法等都是间接优化方法。

对于线性约束优化问题和无约束优化问题的优化方法，在理论上和方法实现上已经非常成熟，它们也是求解非线性优化问题的基础。由于非线性约束优化设计问题的目标函数或约束条件中存在设计变量的非线性函数，尽管优化方法也有许多，但是仍需要在计算效率等多个方面继续完善。

从工程应用角度出发，人们陆续提出了与传统优化方法显著不同的现代优化方法（或称为智能优化方法），如神经网络优化方法、遗传算法、模拟退火算法、蚁群算法及和谐搜索算法等。这些优化方法的出发点是要尽可能找到复杂优化问题的全局最优解。特别是模拟退火算法和遗传算法，对模型的数学性态没有特殊要求，具有广阔的应用领域，是目前智能优化方法的主要研究内容，并已成为寻找上述困难优化问题近似全局最优解的主要方法。和声搜索算法概念清晰简单，算法参数少，收敛性好，被用于解决建筑、土木、城市规划等学科的优化问题。

习　　题

2-1　某农场有甲、乙、丙三块试验田，分别为 200 公顷、400 公顷和 500 公顷，计划种植 A、B、C 三种农作物。已知 A、B、C 每公顷的种植成本分别为 3000 元、2500 元和 1000 元，三种农作物的产量如题 2-1 表所示（单位：吨/公顷）：

题 2-1 表　三种农作物的产量

	甲	乙	丙
A	3.5	3.0	4.5
B	6	6.5	5.5
C	5.5	6.5	8.0

试建立三种农作物种植计划的数学模型，使得总种植成本最小，总收成最大。

2-2　已知一跨距为 l、截面为矩形的简支梁（见题 2-2 图），材料密度为 ρ，许用弯曲应力为 $[\sigma]$，允许挠度为 $[f]$，载荷 $\boldsymbol{P}$ 作用于梁的中点，要求梁的截面宽度 b 不小于 $b_{\min}$。试设计此梁的数学模型，使得其质量最轻。

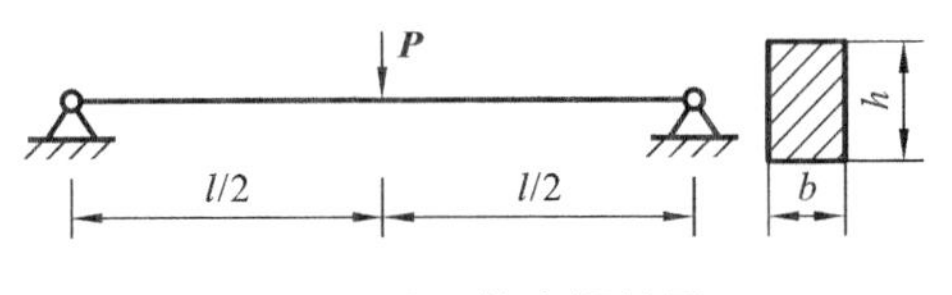

题 2-2 图　简支梁简图

2-3　试求下列无约束问题的极值点和极值，并判断其性质。

(1) $f(\boldsymbol{X})=4x_1^2+x_2^2-8x_1-4x_2-2x_1x_2$

(2) $f(\boldsymbol{X})=2x_1^3-3x_1^2-6x_1x_2(x_1-x_2-1)$

(3) $f(\boldsymbol{X})=x_1^4+2x_1^3+2x_1^2+x_2^2-2x_1x_2$

2-4 用图解法求解优化问题

$$\begin{cases}\min f(\boldsymbol{X})=(x_1-2)^2+(x_2-1)^2\\ \text{s.t. } g_1(\boldsymbol{X})=x_1+x_2\geqslant 5\\ \quad g_2(\boldsymbol{X})=x_1\geqslant 0\\ \quad g_3(\boldsymbol{X})=x_2\geqslant 0\\ \quad h_1(\boldsymbol{X})=x_1+x_2^2-5x_2=0\end{cases}$$

2-5 判断 $\boldsymbol{X}^*=\begin{bmatrix}\frac{1}{3} & \frac{1}{3}\end{bmatrix}^{\mathrm{T}}$ 是否为 $f(\boldsymbol{X})=-\ln(1-x_1-x_2)-\ln x_1-\ln x_2$ 的极值点？是不是全局极小点？

2-6 用 K-T 条件判断以下各点是不是下列约束优化问题的最优解。

(1) $\begin{cases}\min f(\boldsymbol{X})=-x_1\\ \text{s.t. } g_1(\boldsymbol{X})=1-x_1^2+x_2^2\geqslant 0\\ \quad g_2(\boldsymbol{X})=x_2-(x_1-1)^3\geqslant 0\end{cases}$，$\boldsymbol{X}_1^*=[1\quad 0]^{\mathrm{T}}$ 和 $\boldsymbol{X}_2^*=[0\quad -1]^{\mathrm{T}}$

(2) $\begin{cases}\min f(\boldsymbol{X})=x_1^2+x_2\\ \text{s.t. } g_1(\boldsymbol{X})=x_1^2+x_2^2\leqslant 9\\ \quad g_2(\boldsymbol{X})=-x_1-x_2+1\leqslant 0\end{cases}$，$\boldsymbol{X}_1^*=\begin{bmatrix}\frac{1+\sqrt{17}}{2} & \frac{1-\sqrt{17}}{2}\end{bmatrix}^{\mathrm{T}}$ 与 $\boldsymbol{X}_2^*=[0\quad 3]^{\mathrm{T}}$

(3) $\begin{cases}\min f(\boldsymbol{X})=(x_1-3)^2+(x_2-2)^2\\ \text{s.t. } g_1(\boldsymbol{X})=x_1^2+x_2^2\leqslant 5\\ \quad g_2(\boldsymbol{X})=x_1+2x_2\geqslant 4\\ \quad g_3(\boldsymbol{X})=x_1\geqslant 0\\ \quad g_4(\boldsymbol{X})=x_2\geqslant 0\end{cases}$，$\boldsymbol{X}^*=[2\quad 1]^{\mathrm{T}}$

(4) $\begin{cases}\min f(\boldsymbol{X})=x_1^2+x_2^2\\ \text{s.t. } g_1(\boldsymbol{X})=x_1^2+x_2^2\leqslant 5\\ \quad g_2(\boldsymbol{X})=-x_1\leqslant 0\\ \quad g_3(\boldsymbol{X})=-x_2\leqslant 0\\ \quad h_1(\boldsymbol{X})=x_1+2x_2=4\end{cases}$，$\boldsymbol{X}^*=\begin{bmatrix}\frac{4}{5} & \frac{8}{5}\end{bmatrix}^{\mathrm{T}}$

(5) $\begin{cases}\min f(\boldsymbol{X})=3x_1^2-x_2^2-2x_3^2\\ \text{s.t. } g_1(\boldsymbol{X})=x_1-x_2\leqslant 0\\ \quad g_2(\boldsymbol{X})=-x_1\leqslant 0\\ \quad g_3(\boldsymbol{X})=-x_2\leqslant 0\\ \quad g_4(\boldsymbol{X})=-x_3\leqslant 0\\ \quad h_1(\boldsymbol{X})=-x_1^2+x_2^2+x_3^2-3=0\end{cases}$，$\boldsymbol{X}^*=[1\quad 1\quad 1]^{\mathrm{T}}$

2-7 求下列约束问题的 K-T 点。

(1) $\begin{cases}\min f(\boldsymbol{X})=4x_1-3x_2\\ \text{s.t. } g_1(\boldsymbol{X})=4-x_1-x_2\geqslant 0\\ \quad g_2(\boldsymbol{X})=x_2+7\geqslant 0\\ \quad g_3(\boldsymbol{X})=-(x_1-3)^2+x_2+1\geqslant 0\end{cases}$

(2) $\begin{cases}\min\ f(\boldsymbol{X})=2x_1^2+2x_1x_2+x_2^2-10x_1-10x_2\\ \text{s.t.}\ \ g_1(\boldsymbol{X})=x_1^2+x_2^2\leqslant 5\\ \qquad g_2(\boldsymbol{X})=3x_1+x_2\leqslant 6\end{cases}$

(3) $\begin{cases}\min\ f(\boldsymbol{X})=x_1^2+x_2^2+x_3^2\\ \text{s.t.}\ \ h_1(\boldsymbol{X})=x_1+2x_2-x_3=4\\ \qquad h_2(\boldsymbol{X})=x_1-x_2+x_3=1\end{cases}$

2-8 用K-T条件或拉格朗日函数求解以下约束问题的最优解。

(1) $\begin{cases}\min\ f(\boldsymbol{X})=x_1x_2\\ \text{s.t.}\ \ h(\boldsymbol{X})=x_1^2+x_2^2-3=0\end{cases}$

(2) $\begin{cases}\min\ f(\boldsymbol{X})=(x_1-4)^2+(x_2-3)^2\\ \text{s.t.}\ \ g_1(\boldsymbol{X})=x_1^2+x_2^2\leqslant 5\\ \qquad g_2(\boldsymbol{X})=x_1+2x_2\leqslant 4\\ \qquad g_3(\boldsymbol{X})=-x_1\leqslant 0\\ \qquad g_4(\boldsymbol{X})=-x_2\leqslant 0\end{cases}$

(3) $\begin{cases}\min\ f(\boldsymbol{X})=-\ln(x_1+x_2)\\ \text{s.t.}\ \ g_1(\boldsymbol{X})=-x_1+2x_2-5\leqslant 0\\ \qquad g_2(\boldsymbol{X})=-x_1\leqslant 0\\ \qquad g_3(\boldsymbol{X})=-x_2\leqslant 0\end{cases}$

(4) $\begin{cases}\min\ f(\boldsymbol{X})=x_1^2+x_2^2\\ \text{s.t.}\ \ g_1(\boldsymbol{X})=x_2-1\leqslant 0\\ \qquad h_1(\boldsymbol{X})=(x_1-1)^2-x_2^2-4=0\end{cases}$

(5) $\begin{cases}\min\ f(\boldsymbol{X})=(x_1+1)^2+(x_2-1)^2\\ \text{s.t.}\ \ g_1(\boldsymbol{X})=(x_1-1)(4-x_1^2-x_2^2)\geqslant 0\\ \qquad g_2(\boldsymbol{X})=100-2x_1^2-x_2^2\geqslant 0\\ \qquad h_1(\boldsymbol{X})=x_2-\dfrac{1}{2}=0\end{cases}$

第3章　一维优化方法

所谓一维优化就是利用直接法求解一元函数 $f(x)$ 的极小点和极小值的问题，也称为一维搜索方法。一维优化方法是优化方法中最简单、最基本的方法，它不仅可以用来解决一维目标函数的优化问题，更重要的是在多维目标函数的优化过程中，常常将多维优化问题转化为一系列一维优化问题来进行求解。所以说，一维优化方法是优化的基础。

3.1　一维优化概述

根据第 2 章 2.4.3 节的优化问题迭代算法可知，从点 $\boldsymbol{X}^{(k)}$ 出发，在搜索方向 $\boldsymbol{S}^{(k)}$ 上的一维搜索是以数值迭代的格式进行的，迭代格式为

$$\boldsymbol{X}^{(k+1)}=\boldsymbol{X}^{(k)}+\alpha_k\boldsymbol{S}^{(k)}\quad k=0,1,\cdots,n$$

根据迭代格式，我们说优化方法的主要研究内容包括：确定搜索步长 α_k；确定搜索方向 $\boldsymbol{S}^{(k)}$。而一维搜索就是研究迭代步长 α_k 的确定方法。

我们仍以二维优化问题为例来讨论一维优化的原理。二维函数在设计空间内的几何表示——等值线，如图 3-1 所示。

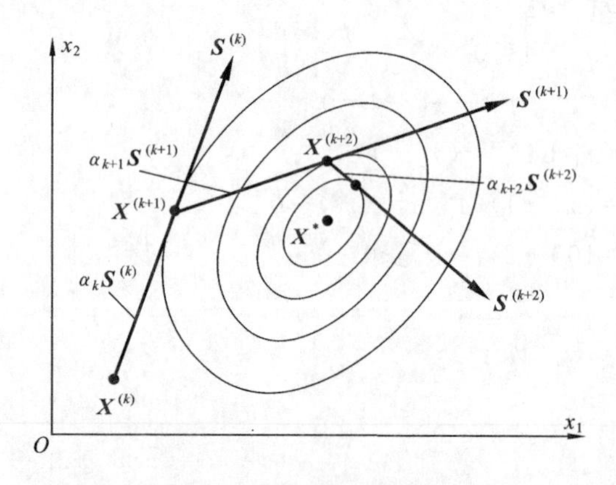

图 3-1　二维优化的降维处理

在优化过程中，假设第 k 步迭代搜索的出发点 $\boldsymbol{X}^{(k)}$ 为已知，迭代方向 $\boldsymbol{S}^{(k)}$ 已给定，则优化的任务就是从 $\boldsymbol{X}^{(k)}$ 点出发，沿方向 $\boldsymbol{S}^{(k)}$ 求函数的极小值点。

$$\min f(\boldsymbol{X}^{(k+1)})=\min(f(\boldsymbol{X}^{(k)}+\alpha_k\boldsymbol{S}^{(k)}))\tag{3-1}$$

显然，由于 $\boldsymbol{X}^{(k)}$ 和 $\boldsymbol{S}^{(k)}$ 已经确定，所以式(3-1)表示对包含唯一变量 α_k 的一元函数 $f(\boldsymbol{X}^{(k)}+\alpha_k\boldsymbol{S}^{(k)})$ 求极小值，得到最优步长 α_k，从而确定从 $\boldsymbol{X}^{(k)}$ 出发沿 $\boldsymbol{S}^{(k)}$ 方向上的一维极小值点 $\boldsymbol{X}^{(k+1)}$。由此可见，这里一维问题求解的实质就是确定最优步长 α_k，因此，式(3-1)又可写为

$$\min f(\boldsymbol{X}^{(k+1)})=\min f(\alpha)=\min f(\boldsymbol{X}^{(k)}+\alpha\boldsymbol{S}^{(k)})\tag{3-2}$$

如图 3-1 所示，下一次寻优就是从 $\boldsymbol{X}^{(k+1)}$ 出发，再确定一个搜索方向 $\boldsymbol{S}^{(k+1)}$，然后沿 $\boldsymbol{S}^{(k+1)}$ 方向求最优步长 α_{k+1}，得到该方向上的极小点 $\boldsymbol{X}^{(k+2)}$。如此反复进行搜索和求解，直到满足迭代终止准则时，得到极值点 $\boldsymbol{X}^*$。

由二维优化问题的搜索迭代过程可知，当搜索方向 $\boldsymbol{S}^{(k)}(k=0,1,2,\cdots,n)$ 确定之后，多维优化问题就转化为多个一维优化问题。所以说，一维搜索是多维优化的基础，即每种多维优化方法都包含有一维搜索的过程。

当然，当目标函数 $f(\boldsymbol{X})$ 可以进行解析运算时，可以采用解析法求得最优步长 α_k。在搜索迭代过程中所得到的各极小点（$\boldsymbol{X}^{(1)},\boldsymbol{X}^{(2)},\cdots,\boldsymbol{X}^{(k)},\boldsymbol{X}^{(k+1)},\cdots$）用变量 $\boldsymbol{X}$ 表示，则

$$\boldsymbol{X}=\boldsymbol{X}^{(k)}+\alpha\boldsymbol{S}^{(k)}$$

每次迭代的目标函数值为

$$f(\boldsymbol{X})=f(\boldsymbol{X}^{(k)}+\alpha\boldsymbol{S}^{(k)})=f(\alpha)$$

把函数 $f(\boldsymbol{X}^{(k)}+\alpha\boldsymbol{S}^{(k)})$ 在 $\boldsymbol{X}^{(k)}$ 点附近小邻域内沿 $\boldsymbol{S}^{(k)}$ 方向作二阶泰勒级数展开，得到

$$f(\boldsymbol{X})=f(\boldsymbol{X}^{(k)})+\alpha\cdot[\nabla f(\boldsymbol{X}^{(k)})]^{\mathrm{T}}\cdot\boldsymbol{S}^{(k)}+\frac{1}{2}\alpha^2\cdot[\boldsymbol{S}^{(k)}]^{\mathrm{T}}\cdot\nabla^2 f(\boldsymbol{X}^{(k)})\cdot\boldsymbol{S}^{(k)} \tag{3-3}$$

其中，唯一自变量为 α，对式(3-3)求导并令导函数等于 0，有

$$\frac{\partial f}{\partial\alpha}=[\nabla f(\boldsymbol{X}^{(k)})]^{\mathrm{T}}\cdot\boldsymbol{S}^{(k)}+\alpha\cdot[\boldsymbol{S}^{(k)}]^{\mathrm{T}}\cdot\nabla^2 f(\boldsymbol{X}^{(k)})\cdot\boldsymbol{S}^{(k)}=0$$

解方程即可得到最优步长 α_k 的解析表达式为

$$\alpha_k=-\frac{[\nabla f(\boldsymbol{X}^{(k)})]^{\mathrm{T}}\cdot\boldsymbol{S}^{(k)}}{[\boldsymbol{S}^{(k)}]^{\mathrm{T}}\cdot\nabla^2 f(\boldsymbol{X}^{(k)})\cdot\boldsymbol{S}^{(k)}} \tag{3-4}$$

但是，从解析法确定最优步长 α_k 的推导过程中可知，其中要用到函数的一阶和二阶导数，而实际优化过程的求解是很困难的，因此这种解析的方法只是理论上有意义。在实际应用中，一般使用直接搜索的方法——一维优化方法。

一维优化的方法很多，如等分法、分数法（Fibonacci 法）、黄金分割法（0.618 法）、二次插值法及三次插值法等。一般来说，方法简单，收敛速度慢；方法复杂，收敛速度快，利弊共存。本章将重点介绍最常用的两种一维优化方法：黄金分割法与二次插值法，前者简单，后者稍复杂。

一维优化（搜索）分为两步进行：第一步需要确定极小值点所在的初始搜索区间；第二步是在该搜索区间内确定函数的极小值点——最优步长 α_k。

3.2　初始区间的搜索

3.2.1　单谷(峰)区间

常用的一维优化方法都是通过逐步缩小极值点所在的搜索区间来求最优解的。一般情况下，我们并不知道一元函数 $f(\boldsymbol{X})$ 极值点所处的大概位置，所以也就不知道极值点所在的具体区域。由于搜索区间范围的确定及其大小直接影响着优化方法的收敛速度及计算精度。因此，一维优化的第一步应首先确定一个初始搜索区间（即仅有一个谷值或峰值），并且在该区间内函数有唯一的极小值存在。如图 3-2 所示，在 $\boldsymbol{S}^{(k)}$ 方向上，区间$[\alpha_1,\alpha_3]$为一维搜索前所确定的单谷区间，希望该区间越小越好，并且仅存在唯一极小点 α^*。

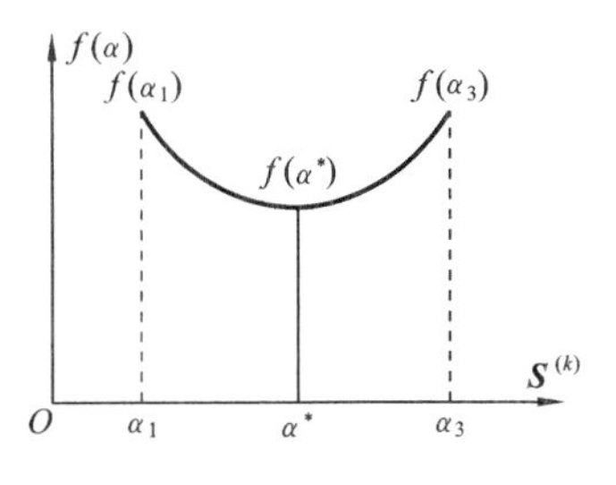

图 3-2　单谷区间

所确定的单谷区间应具有如下性质：如果在$[\alpha_1,\alpha_3]$区间内任取一点 α_2，$\alpha_1<\alpha_2<\alpha_3$ 或 $\alpha_3<\alpha_2<\alpha_1$，则必有

$$f(\alpha_1)>f(\alpha_2)<f(\alpha_3)$$

由此可知，单谷区间有一个共同特点：函数值的变化规律呈现“大→小→大”或“高→低→高”的趋势，在极小点的左侧，函数值呈严格下降趋势，在极小点的右侧，函数值呈严格上升趋势，这正是确定单谷区间的依据。

3.2.2 单谷区间的确定

外推法是确定单谷搜索区间的常用方法。因为整个寻优过程是用计算机完成的，所以这里结合程序框图来介绍，如图 3-3 所示。

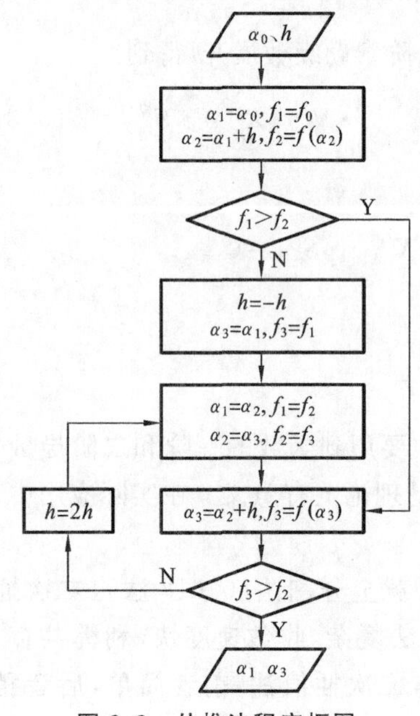

图 3-3 外推法程序框图

已知一元函数 $f(\alpha)$，假设在某搜索方向 $\boldsymbol{S}^{(k)}$ 上，从 α_0 出发，给定初始搜索步长为 h，确定单谷区间的步骤如下：

(1) 给定 α_0，h。

(2) 令 $\alpha_1=\alpha_0$，搜索一步得到 $\alpha_2=\alpha_1+h$。搜索区间的缩小是通过比较各点函数值的大小实现的，所以每一个迭代点都要对应一个函数值。计算 α_1 和 α_2 的函数值 $f(\alpha_1)$ 和 $f(\alpha_2)$，记 $f_1=f(\alpha_1)$，$f_2=f(\alpha_2)$。

(3) 比较 f_1 与 f_2。

若 $f_1>f_2$，说明函数值呈下降趋势，则继续以 α_2 为出发点，h 为步长，计算 $\alpha_3=\alpha_2+h$，搜索一步得到点 α_3，记 $f_3=f(\alpha_3)$（见图 3-4(a)）；若 $f_1<f_2$，说明函数值呈上升趋势，应改变搜索方向，令 $h=-h$，同时需将 α_1 和 α_2、f_1 和 f_2 的变量名互换以利于程序编制（见图 3-4(b)）；然后再以 α_2 为出发点，h 为步长，计算 $\alpha_3=\alpha_2+h$，搜索一步得到点 α_3，并记 $f_3=f(\alpha_3)$。

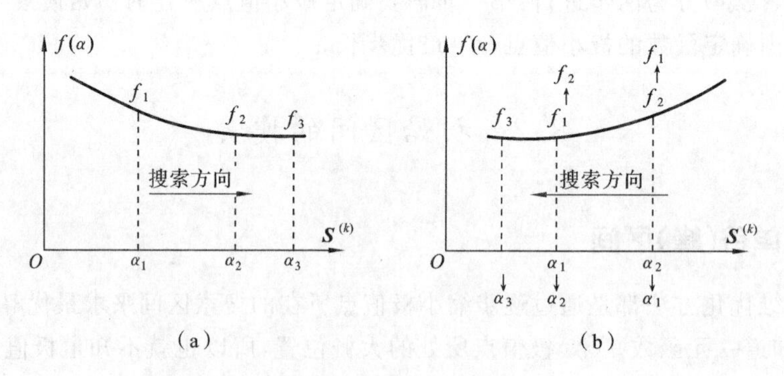

图 3-4 改变搜索方向

(4) 比较 f_2 与 f_3。

若 $f_3>f_2$，如图 3-5 所示，则区间 $[\alpha_1,\alpha_3]$ 具有单谷区间的“高→低→高”特征，输出单谷区间 $[\alpha_1,\alpha_3]$；否则，若 $f_3<f_2$，说明函数值仍是下降趋势，保持搜索方向不变；为了提高程序执行效率，将步长加倍 $h=2h$，同时需将变量进行替换，$\alpha_1=\alpha_2$，$f_1=f_2$，$\alpha_2=\alpha_3$，$f_2=f_3$，重新获取新点 α_3 并比较 f_3 与 f_2 的大小，如图 3-6 所示。变量替换是为了减少计算机程序的变量个数，便于编程，而且能够使最终得到的单谷区间用 $[\alpha_1,\alpha_3]$ 表示。

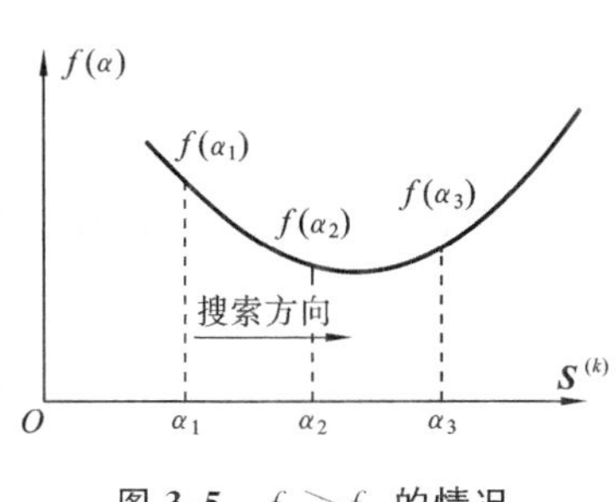

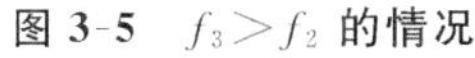

图 3-5 $f_3>f_2$ 的情况

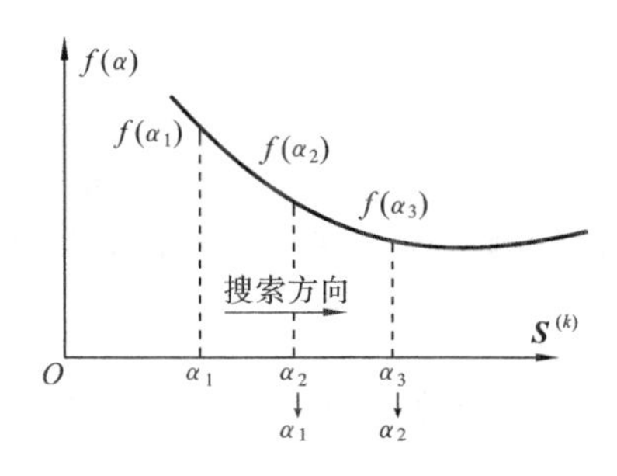

图 3-6 $f_3<f_2$ 的情况

(5) 上述搜索过程反复进行，直到出现函数值符合"高→低→高"的特征，即可确定所需的单谷区间$[\alpha_1,\alpha_3]$。

例 3-1 用外推法确定一元函数 $f(x)=3x^2-8x+9$ 的单谷区间。给定 $x_0=0,h=0.3$。

解 根据图 3-3 的程序框图，计算过程如下：

$$x_1=x_0=0,\quad f_1=f(x_1)=9$$

$$x_2=x_1+h=0.3,\quad f_2=f(x_2)=6.87$$

比较 f_2 与 f_1。由于 $f_1>f_2$，函数值呈下降趋势，需继续向前搜索

$$x_3=x_2+h=0.6,\quad f_3=f(x_3)=5.28$$

比较 f_3 与 f_2。由于 $f_2>f_3$，需继续搜索，取步长 $h=2h=0.6$，并作变量替换

$$x_1=x_2=0.3,\quad f_1=f_2=6.87$$

$$x_2=x_3=0.6,\quad f_2=f_3=5.28$$

搜索得到新点

$$x_3=x_2+h=1.2,\quad f_3=f(x_3)=3.72$$

比较 f_3 与 f_2。由于 $f_2>f_3$，继续搜索，再次加大步长，$h=2h=1.2$，变量替换

$$x_1=x_2=0.6,\quad f_1=f_2=5.28$$

$$x_2=x_3=1.2,\quad f_2=f_3=3.72$$

搜索得到新点

$$x_3=x_2+h=2.4,\quad f_3=f(x_3)=7.08$$

比较 f_3 与 f_2。由于 $f_1>f_2$，$f_2<f_3$，呈现单谷区间的"高→低→高"特征，故所求函数的单谷区间为$[\alpha_1,\alpha_3]=[0.6,2.4]$。

由外推法得到的单谷区间可能是$[\alpha_1,\alpha_3]$，也可能是$[\alpha_3,\alpha_1]$，但它们都含有唯一的极小值点，不影响一维搜索的最终结果。

3.3 黄金分割法

在实际的优化方法中，应用最为广泛的一维搜索方法是黄金分割法。黄金分割法是一种等比例的直接搜索方法，通过单谷区间的不断缩小，直至区间长度小于等于规定精度，从而得到最优解的数值近似解。因为每次缩小后的区间长度与原区长度之比为 0.618，故又将其称为 0.618 法。黄金分割是公元前六世纪古希腊数学家毕达哥拉斯所发现，后来古希腊美学家柏拉图将此称为黄金分割。

千百年来，它被广泛运用于几何学、建筑设计、绘画艺术、舞台艺术、音乐艺术、管理等方面，甚至也存在于自然界中。如在设计工艺品或日用品的宽和长时，常设计成宽与长的比近似为0.618，这样易引起美感；在拍照时，常把主要景物摄在接近于画面的黄金分割点处，会显得更加协调、悦目；舞台上报幕员报幕时总是站在近于舞台的黄金分割点处，这样音响效果就比较好，而且显得自然大方，等等。

3.3.1 区间消去法的基本原理

区间消去法的基本原理是逐步缩小搜索区间，直至搜索区间范围达到要求的精度范围为止。

假设目标函数为 $f(\boldsymbol{X}^{(k)}+\alpha_k\boldsymbol{S}^{(k)})=f(\alpha)$，单谷区间$[\alpha_1,\alpha_3]$为已知，区间长度为 $\alpha_3-\alpha_1=l$。现在的任务是求该区间内在给定搜索方向 $\boldsymbol{S}^{(k)}$ 上的极小值点 α^*。

首先，在$[\alpha_1,\alpha_3]$内对称地选取两个点 α_2 和 α_4，且满足

$$\alpha_2=\alpha_3-\lambda(\alpha_3-\alpha_1) \tag{3-5}$$

$$\alpha_4=\alpha_1+\lambda(\alpha_3-\alpha_1) \tag{3-6}$$

式中：$0<\lambda<1$ 为单谷区间的缩小系数。

计算点 α_2 和 α_4 的函数值，记 $f_2=f(\alpha_2)$，$f_4=f(\alpha_4)$，并比较 f_2 与 f_4 的大小，可能存在三种情况，如图3-7所示。

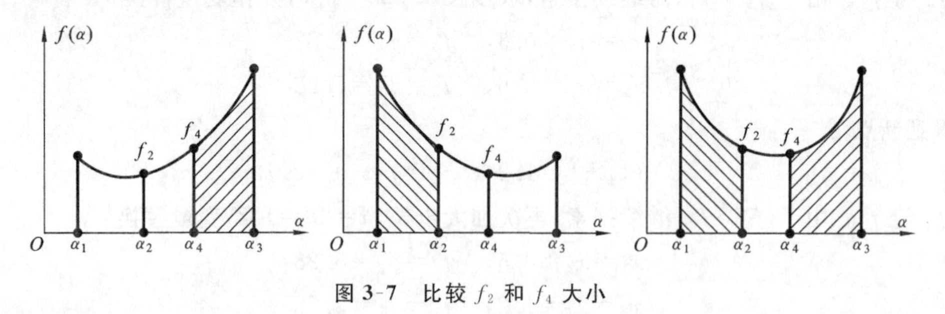

图3-7 比较 f_2 和 f_4 大小

(1) $f_2<f_4$：此时必有极小值点 $\alpha^*\in[\alpha_1,\alpha_4]$，应舍去区间$[\alpha_4,\alpha_3]$，保留的区间长度为 λl，缩小后的新区间为$[\alpha_1,\alpha_4]$；

(2) $f_2>f_4$：此时必有极小值点 $\alpha^*\in[\alpha_2,\alpha_3]$，应舍去区间$[\alpha_1,\alpha_2]$，保留的区间长度为 λl，缩小后的新区间为$[\alpha_2,\alpha_3]$；

(3) $f_2=f_4$：此时必有极小值点 $\alpha^*\in[\alpha_2,\alpha_4]$，可舍去区间$[\alpha_1,\alpha_2]$或$[\alpha_4,\alpha_3]$。为了规范优化程序，可将(3)与(1)或(2)合并。

经过 f_2 和 f_4 的比较取舍后，缩小后所得的新区间长度均为 λl，将区间端点重新命名为$[\alpha_1,\alpha_3]$，就可继续进行新一轮的区间缩小操作。在新区间内再按式(3-5)和式(3-6)取两个内点 α_2、α_4，并比较其函数值 f_2、f_4，就可将单谷区间再缩小一次，此次所得新区间长度应为 $\lambda^2 l$。如此循环，经 n 次缩小后，所得区间长度为 $\lambda^n l$。因 $0<\lambda<1$，用极限术语来描述为：对于任意的 ε，总存在 N，当 $n>N$ 时有 $\lambda^n l\leqslant\varepsilon$，即用此方法可将单谷区间缩小到任意小，单谷区间两端点足够靠近，则可以认为找到极小值点 α^*。这就是区间消去法的基本原理。

但上述区间缩小的过程也存在一定的问题。我们注意到，每计算两个内点 α_2 和 α_4 的函数值 f_2 和 f_4 后，才可将单谷区间缩小一次。这对于简单的工程优化问题是可以的，但对于复

杂的工程设计问题，就显得计算工作量非常大。我们是否可以提出一个臆想：能否每次只计算一个内点的函数值，就可将单谷区间缩小一次？这个回答是肯定的，但是需要合理地选定缩小系数 λ 的大小。

3.3.2　区间缩小系数 λ 的确定

假设原区间$[\alpha_1,\alpha_3]$的长度为 1，如图 3-8 所示。如果区间缩小时 $f_2<f_4$，则保留区间$[\alpha_1,\alpha_4]$的长度为 λ，区间缩小率为 λ。将缩短后的区间重新命名为$[\alpha'_1,\alpha'_3]$。

按黄金分割法的基本思想，如要将该区间进一步缩小，需按式(3-5)和式(3-6)再计算两个内点并比较其函数值。显然，变量重命名后，有

$$\alpha'_1=\alpha_1 \tag{3-7}$$

$$\alpha'_3=\alpha_4=\alpha_1+\lambda(\alpha_3-\alpha_1) \tag{3-8}$$

如图 3-8 所示，重新选取一个内点，有

$$\alpha'_4=\alpha'_1+\lambda(\alpha'_3-\alpha'_1) \tag{3-9}$$

将式(3-7)和式(3-8)代入式(3-9)，有

$$\alpha'_4=\alpha_1+\lambda(\alpha_1+\lambda(\alpha_3-\alpha_1)-\alpha_1)$$

整理后得到

$$\alpha'_4=\alpha_1+\lambda^2(\alpha_3-\alpha_1) \tag{3-10}$$

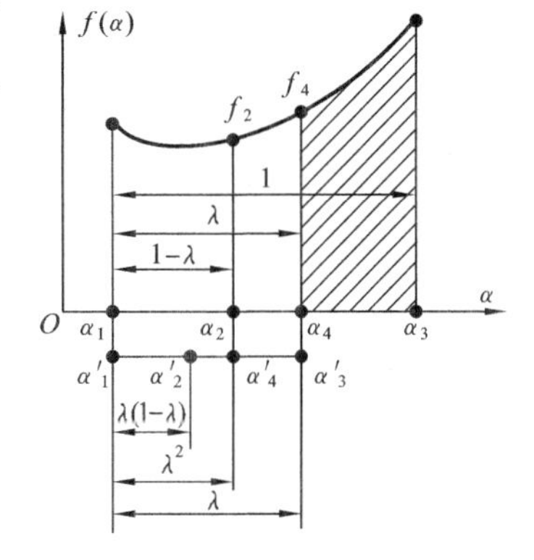

图 3-8　区间缩小与长度变化

在图 3-8 中，如果令 $\alpha'_4=\alpha_2$，而 $\alpha_2=\alpha_3-\lambda(\alpha_3-\alpha_1)$，则有下式成立

$$\alpha_3-\lambda(\alpha_3-\alpha_1)=\alpha_1+\lambda^2(\alpha_3-\alpha_1)$$

化简后得到

$$\lambda^2+\lambda-1=0$$

由于$(\alpha_3-\alpha_1)\neq0$，因此得到

$$\lambda=\frac{-1\pm\sqrt{5}}{2}$$

显然，负根 $\lambda=\dfrac{-1-\sqrt{5}}{2}$无意义，故取正根

$$\lambda=\frac{\sqrt{5}-1}{2}=0.618034\approx0.618$$

由图 3-8 中的区间缩小前后的长度对比，可以看到区间缩小过程中的区间长度变化，为保证相同的缩小比例，显然有

$$\lambda^2=1-\lambda$$

同样可得到区间缩小系数 $\lambda=0.618$。当然，如果在区间缩小时的函数值为 $f_2>f_4$，则保留区间$[\alpha_2,\alpha_3]$，也可得到同样的结果。

因此，只要使搜索区间的缩小系数 $\lambda=0.618$，就可使前一次的计算点及其函数值留作下一次使用，而每次只需计算一个新点及其函数值，就可将单谷区间缩小一次，大大减小了迭代过程的计算量。

3.3.3　计算程序框图

黄金分割法(0.618 法)的程序框图如图 3-9 所示。

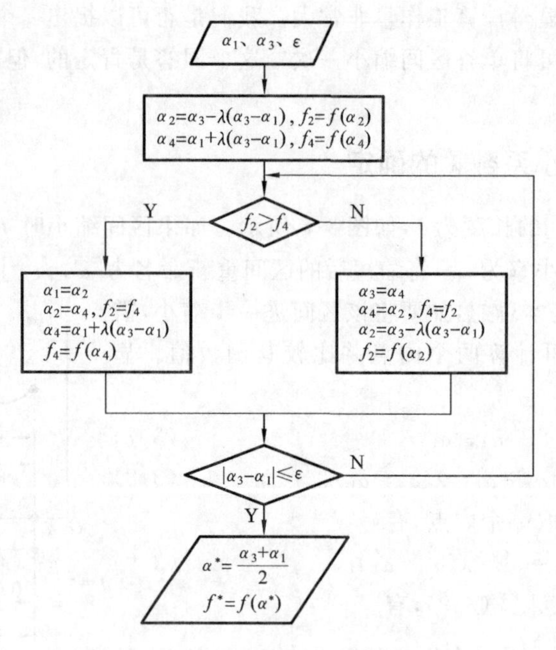

图 3-9　黄金分割法程序框图

程序框图在使用过程中需要注意的几个地方：

(1) 程序入口的单谷区间$[\alpha_1,\alpha_3]$由外推法来确定，即此框图的程序入口为外推法的出口；

(2) $\lambda=0.618$；

(3) ε 为收敛精度，根据工程问题的设计要求和设计目标而定；

(4) 满足收敛精度的极小值点取单谷区间的中点，即 $\alpha^*=\dfrac{\alpha_3+\alpha_1}{2}$。

例 3-2　用黄金分割法求函数 $f(x)=3x^2-8x+9$ 的极小点。给定单谷区间[0.6,2.4]，收敛精度 $\varepsilon=0.2$。

解　一维优化中的最优步长(设计参数)用 α 表示还是用 x 表示，不影响一维搜索结果。

根据给定的单谷区间[0.6,2.4]，取

$$x_1=0.6,\quad x_3=2.4$$

(1) 第一次缩小区间。

计算两个内点 x_2、x_4 及其函数值 f_2、f_4。

$$x_2=x_3-0.618(x_3-x_1)=2.4-0.618(2.4-0.6)=1.2876,\quad f_2=f(x_2)=3.6729$$

$$x_4=x_1+0.618(x_3-x_1)=0.6+0.618(2.4-0.6)=1.7124,\quad f_4=f(x_4)=4.0977$$

由于 $f_2<f_4$，故保留区间$[x_1,x_4]=[0.6,1.7124]$。作变量替换

$$x_3=x_4=1.7124$$

$$x_4=x_2=1.2876,\quad f_4=f_2=3.6729$$

第一次缩小区间为$[x_1,x_3]=[0.6,1.7124]$。因为$|x_3-x_1|=1.1124>\varepsilon$，所以应继续缩小区间。

(2) 第二次缩小区间。

选取内点 x_2

$$x_2=1.7124-0.618(1.7124-0.6)=1.0249,\quad f_2=f(x_2)=3.9520$$

由于 $f_2>f_4$，故保留区间$[x_2,x_3]=[1.0249,1.7124]$。作变量替换

$$x_1=x_2=1.0249$$

$$x_2=x_4=1.2876,\quad f_2=f_4=3.6729$$

第二次缩小区间为$[x_1,x_3]=[1.0249,1.7124]$。因为$|x_3-x_1|=0.6875>\varepsilon$，所以应继续缩小区间。

(3) 第三次缩小区间。

选取内点 x_4

$$x_4=1.0249+0.618(1.7124-1.0249)=1.4498,\quad f_4=f(x_4)=3.7074$$

由于 $f_2<f_4$，故保留区间$[x_1,x_4]=[1.0249,1.4498]$。作变量替换

$$x_3=x_4=1.4498$$

$$x_4=x_2=1.2876,\quad f_4=f_2=3.6729$$

第三次缩小区间为$[x_1,x_3]=[1.0249,1.4498]$。因为$|x_3-x_1|=0.4249>\varepsilon$，所以应继续缩小区间。

(4) 第四次缩小区间。

选取内点 x_2

$$x_2=1.4498-0.618(1.4498-1.0249)=1.1872,\quad f_2=f(x_2)=3.7307$$

由于 $f_2>f_4$，故保留区间$[x_2,x_3]=[1.1872,1.4498]$。作变量替换

$$x_1=x_2=1.1872$$

$$x_2=x_4=1.2876,\quad f_2=f_4=3.6729$$

第四次缩小区间为$[x_1,x_3]=[1.1872,1.4498]$。因为$|x_3-x_1|=0.2626>\varepsilon$，所以应继续缩小区间。

(5) 第五次缩小区间。

选取内点 x_4

$$x_4=1.1872+0.618(1.4498-1.1872)=1.3495,\quad f_4=f(x_4)=3.6675$$

由于 $f_2>f_4$，故保留区间$[x_2,x_3]=[1.2876,1.4498]$。作变量替换

$$x_1=x_2=1.2876$$

$$x_2=x_4=1.3495,\quad f_2=f_4=3.6675$$

第五次缩小区间为$[x_1,x_3]=[1.2876,1.4498]$。因为$|x_3-x_1|=0.16<\varepsilon$，满足迭代终止准则，说明缩小五次后的区间端点已经比较接近。这时可计算内点 x_4

$$x_4=1.2876+0.618(1.4498-1.2876)=1.3878,\quad f_4=f(x_4)=3.6756$$

由此可以看到，内点 x_2 和 x_4 的函数值 f_2 和 f_4 也是非常接近。因此，得到极小点和极小值为

$$x^*=\frac{x_3+x_1}{2}=\frac{1.2876+1.4498}{2}=1.3687,\quad f^*=f(x^*)=3.6704$$

3.4　二次插值法

插值法是用插值多项式来逼近原函数的一种寻优方法。所构造的插值多项式为二次插值多项式，就称为二次插值法，也可称为抛物线法；如果所构造的插值多项式为三次多项式，就称为三次插值法。插值法也是一种直接搜索方法。

二次插值法是利用选取的三个插值节点来构造一个二次插值多项式来逼近原函数的，同

时认为二次插值函数的极小值点就是原函数极小值点的逼近(近似)值。利用二次插值法求解原函数极小值点的过程可分为两部分讨论。

3.4.1 插值函数的构造

如图 3-10 所示,假设已知搜索区间为$[\alpha_1,\alpha_3]$,在该区间内任选一点 α_2,且 $\alpha_1<\alpha_2<\alpha_3$,三点对应的函数值分别记为 f_1、f_2、f_3。这样可在设计空间内得到三个节点 $p_1(\alpha_1,f_1)$、$p_2(\alpha_2,f_2)$和 $p_3(\alpha_3,f_3)$。

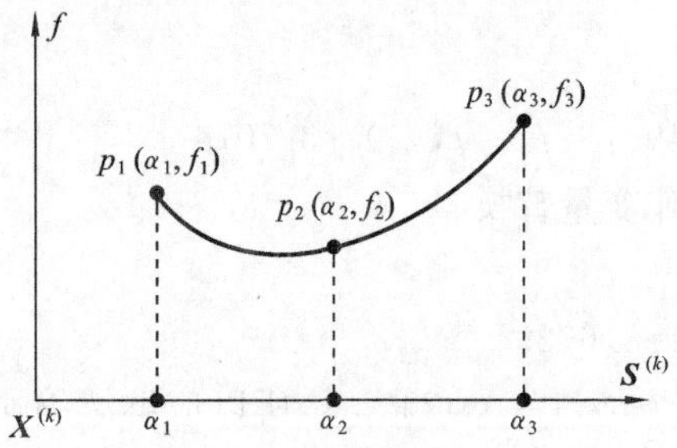

图 3-10　二次插值函数构造

根据插值原理可知,过三个插值节点 p_1、p_2、p_3 可构造一个二次插值多项式,表示为

$$p(\alpha)=a_0+a_1\cdot\alpha+a_2\cdot\alpha^2 \tag{3-11}$$

式中:a_0、a_1、a_2 为待定系数,可由插值条件求得

$$\begin{cases}p(\alpha_1)=a_0+a_1\cdot\alpha_1+a_2\cdot\alpha_1^2=f_1\\p(\alpha_2)=a_0+a_1\cdot\alpha_2+a_2\cdot\alpha_2^2=f_2\\p(\alpha_3)=a_0+a_1\cdot\alpha_3+a_2\cdot\alpha_3^2=f_3\end{cases} \tag{3-12}$$

式(3-12)方程组为三元一次方程组,三个方程,三个未知数。其中的 α_1、α_2、α_3 及 f_1、f_2、f_3 均为已知,解此方程组可求得系数 a_0、a_1 和 a_2。随着三个系数的确定,则二次插值多项式(3-11)就随之确定。在以后的分析中,只用到系数 a_1 和 a_2,故这里仅列出它们的解

$$a_1=\frac{(\alpha_1^2-\alpha_2^2)f_3+(\alpha_2^2-\alpha_3^2)f_1+(\alpha_3^2-\alpha_1^2)f_2}{(\alpha_1-\alpha_2)(\alpha_2-\alpha_3)(\alpha_3-\alpha_1)} \tag{3-13}$$

$$a_2=\frac{(\alpha_1-\alpha_2)f_3+(\alpha_2-\alpha_3)f_1+(\alpha_3-\alpha_1)f_2}{(\alpha_1-\alpha_2)(\alpha_2-\alpha_3)(\alpha_3-\alpha_1)} \tag{3-14}$$

原函数是一个任意函数(超越函数),对其进行解析运算可能是十分困难或复杂的,但在原函数基础上,通过三个插值节点所构造的二次函数是一个十分便于进行解析运算函数,对其求导,并令一阶导数等于 0,得

$$\frac{\mathrm{d}p}{\mathrm{d}\alpha}=a_1+2a_2\cdot\alpha=0$$

可求得二次插值函数的极值点为

$$\alpha_p^*=-\frac{a_1}{2a_2} \tag{3-15}$$

将式(3-13)和式(3-14)中的 a_1、a_2 代入 α_p^*,得

$$\alpha_p^*=\frac{1}{2}\frac{(\alpha_1^2-\alpha_2^2)f_3+(\alpha_2^2-\alpha_3^2)f_1+(\alpha_3^2-\alpha_1^2)f_2}{(\alpha_1-\alpha_2)f_3+(\alpha_2-\alpha_3)f_1+(\alpha_3-\alpha_1)f_2} \tag{3-16}$$

为了便于计算及表达,设定两个中间变量 c_1 和 c_2,有

$$c_1=(f_3-f_1)/(\alpha_3-\alpha_1)$$

$$c_2=[(f_2-f_1)/(\alpha_2-\alpha_1)-c_1]/(\alpha_2-\alpha_3)$$

则 α_p^* 可简化表达为

$$\alpha_p^*=0.5\left(\alpha_1+\alpha_3-\frac{c_1}{c_2}\right) \tag{3-17}$$

显然,α_p^* 是二次插值多项式 $p(\alpha)$的极小值点,而不是原函数 $f(\alpha)$的极小值点,但 $p(\alpha)$是 $f(\alpha)$的一个逼近函数,所以也可认为 α_p^* 是 $f(\alpha)$极小值点的一个逼近值或近似点。具体地说,如图 3-11 所示,就是在搜索区间$[\alpha_1,\alpha_3]$内,除 α_2 点外,又得到一个接近$f(\alpha)$的极小值点的点 $\alpha_4=\alpha_p^*$。

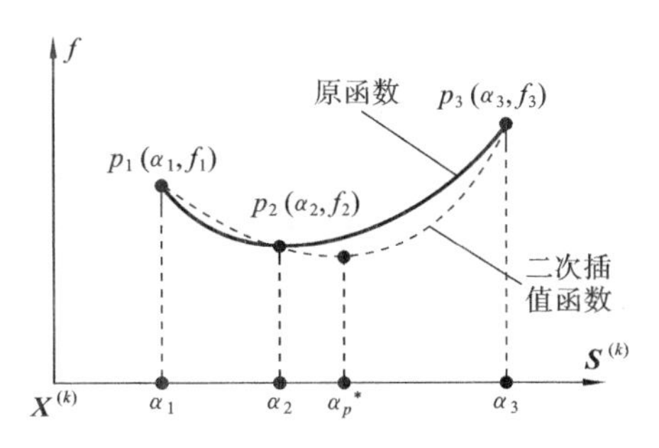

图 3-11 原函数与二次插值函数的逼近

根据直接法缩小搜索区间的原理，通过比较两个内点 α_2 和 α_p^* 的函数值，就可将搜索区间缩小一次。

3.4.2 搜索区间的缩小

假设在搜索区间$[\alpha_1,\alpha_3]$内，已知内点 α_2 及 $f_2=f(\alpha_2)$，取 $\alpha_4=\alpha_p^*$，并计算 $f_4=f(\alpha_4)$。通过比较 f_2 与 f_4，就可将搜索区间缩小一次，但缩小后的新的搜索区间是什么？即新的搜索区间的两端点为何点？这不是一个可以简单答复的问题，这要视 α_1、α_2、α_3、α_4 这四个点的具体分布情况而定。具体情况主要应考虑三点：

(1) 由外推法所确定的搜索区间可能是$[\alpha_1,\alpha_3]$，也可能是$[\alpha_3,\alpha_1]$，因此搜索区间的端点可能是 $\alpha_1>\alpha_3$ 或 $\alpha_3>\alpha_1$；

(2) 插值函数的极小值点 α_4 可能大于 α_2，也可能小于 α_2，因此内点可能是 $\alpha_2>\alpha_4$ 或 $\alpha_4>\alpha_2$；

(3) 两内点函数值可能是 $f_2>f_4$ 或 $f_4>f_2$。

综合考虑以上三点，可得到8种具体情况，如图 3-12 所示。

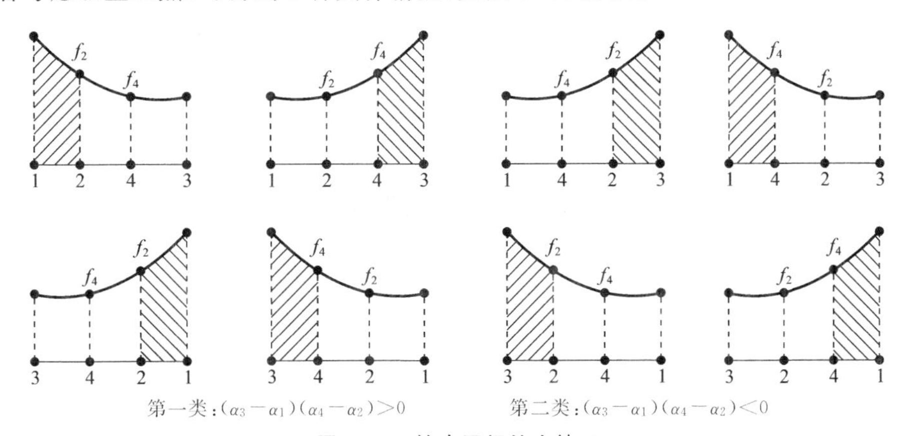

图 3-12 搜索区间缩小情况

可以看到，以上情况分布比较复杂，我们可以将缩小区间的过程分两步进行。

(1) 根据各点排序，将8种情况分为两大类。

第一类：$(\alpha_3-\alpha_1)(\alpha_4-\alpha_2)>0$，见图 3-12 左侧的四种情况；

第二类：$(\alpha_3-\alpha_1)(\alpha_4-\alpha_2)<0$，见图 3-12 右侧的四种情况。

(2) 根据两内点函数值 f_2 与 f_4 的大小，每一类情况又可分为两种，如图 3-12 所示。

第一类：① 若 $f_2>f_4$，舍去$[\alpha_1,\alpha_2]$，保留区间$[\alpha_2,\alpha_3]$，在新区间内进行变量替换，有

$$\alpha_1=\alpha_2,\quad f_1=f_2$$

$$\alpha_2=\alpha_4,\quad f_2=f_4$$

② 若 $f_4>f_2$，舍去$[\alpha_3,\alpha_4]$，保留区间$[\alpha_1,\alpha_2]$，在新区间内进行变量替换，有

$$\alpha_3=\alpha_4,\quad f_3=f_4$$

第二类：① 若 $f_2>f_4$，舍去$[\alpha_2,\alpha_3]$，保留区间$[\alpha_1,\alpha_2]$，在新区间内进行变量替换，有

$$\alpha_3=\alpha_2,\quad f_3=f_2$$

$$\alpha_2=\alpha_4,\quad f_2=f_4$$

② 若 $f_2<f_4$，舍去$[\alpha_1,\alpha_4]$，保留区间$[\alpha_4,\alpha_3]$，在新区间内进行变量替换，有

$$\alpha_1=\alpha_4,\quad f_1=f_4$$

变量替换是为了便于迭代运算。经过替换，缩小后的新区间仍为$[\alpha_1,\alpha_3]$或$[\alpha_3,\alpha_1]$，内点仍为 α_2，且它们的函数值均为已知。这样可以利用 α_1、α_2 和 α_3 这三个插值节点重新构造二次插值函数，再次将搜索区间缩小。反复这一过程，可将搜索区间缩小到任意小，直至满足精度要求为止。

3.4.3 计算程序框图

二次插值法的程序框图如图 3-13 所示。

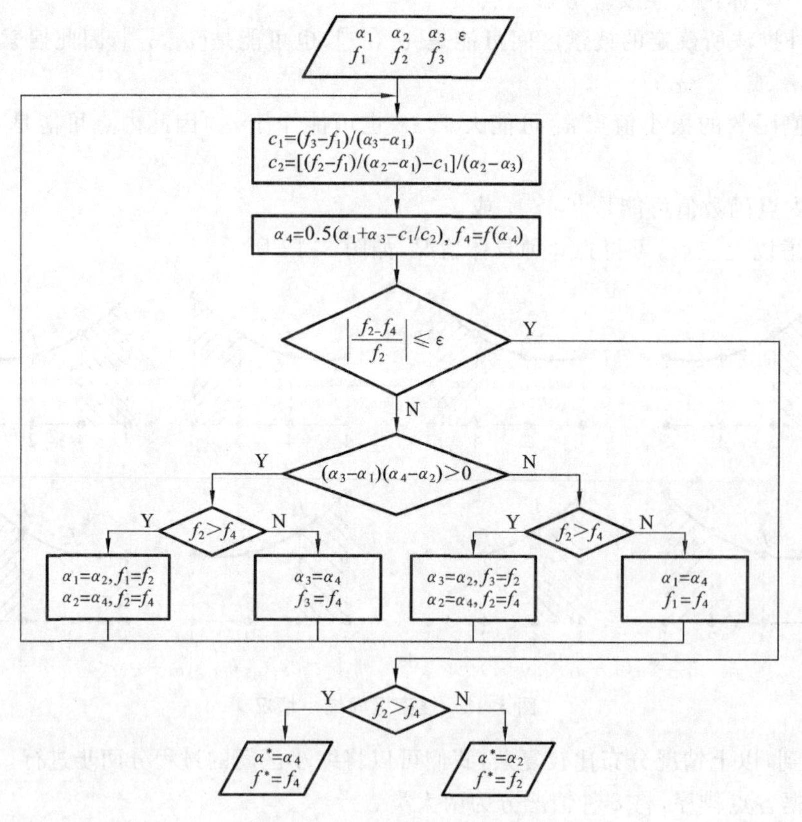

图 3-13 二次插值法程序框图

例 3-3 用二次插值法求函数 $f(x)=3x^2-8x+9$ 的极小点。给定单谷区间$[0.6,2.4]$，收敛精度 $\varepsilon=0.2$。

解 (1) 初始插值节点。

$$x_1=0.6,\quad f_1=f(x_1)=5.28$$
$$x_3=2.4,\quad f_3=f(x_3)=7.08$$

取区间内的中间点作为内点 x_2

$$x_2=\frac{x_3+x_1}{2}=1.5,\quad f_2=f(x_2)=3.75$$

(2) 第一次插值计算(计算二次插值函数的极小点)。

$$c_1=(f_3-f_1)/(x_3-x_1)=-11.664$$
$$c_2=[(f_2-f_1)/(x_2-x_1)-c_1]/(x_2-x_3)=-4.374$$
$$x_4=0.5(x_1+x_3-c_1/c_2)=1.3333,\quad f_4=f(x_4)=3.6667$$

(3) 第一次缩小区间。

由于 $\left|\frac{f_2-f_4}{f_2}\right|=0.0222>\varepsilon$,不满足精度要求,需要继续进行插值搜索计算。首先判断所属的类别,由于 $(x_3-x_1)(x_4-x_2)<0$,属于第二大类;$f_2>f_4$,故舍去区间 $[x_2,x_3]$,保留区间 $[x_1,x_2]$,在新区间内进行变量替换

$$x_3=x_2=1.5,\quad f_3=f_2=3.75$$
$$x_2=x_4=1.3333,\quad f_2=f_4=3.6667$$

故第一次缩小后的区间为 $[x_1,x_3]=[0.6,1.5]$,继续缩小区间。

(4) 第二次插值计算。

$$c_1=(f_3-f_1)/(x_3-x_1)=-0.88$$
$$c_2=[(f_2-f_1)/(x_2-x_1)-c_1]/(x_2-x_3)=-0.33$$
$$x_4=0.5(x_1+x_3-c_1/c_2)=1.3333,\quad f_4=f(x_4)=3.6667$$

(5) 第二次缩小区间。

由于 $\left|\frac{f_2-f_4}{f_2}\right|=0<\varepsilon$,已满足精度要求,一维搜索结束。因为 $f_2\geqslant f_4$,故极小点和极小值分别为

$$x^*=x_4=1.3333,\quad f^*=f_4=3.6667$$

由上例的搜索过程可知,对于二次函数用二次插值法进行一维搜索,在理论上只需进行一次搜索即可得到最优解,所以二次插值法的收敛速度比黄金分割法要快得多。对于非二次函数,随着区间的逐渐缩短,函数的二次性态逐步加强,收敛速度也是较快的。

例 3-4　用二次插值法求函数 $f(x)=x^4-4x^3-6x^2-16x+4$ 的极小点。给定单谷区间 $[-1,6]$,收敛精度 $\varepsilon=0.05$。

解　(1) 初始插值节点。

$$x_1=-1,\quad f_1=f(x_1)=19$$
$$x_3=6,\quad f_3=f(x_3)=124$$

取区间内的中间点作为内点 x_2

$$x_2=\frac{x_3+x_1}{2}=2.5,\quad f_2=f(x_2)=-96.938$$

(2) 第一次插值计算(计算二次插值函数的极小点)。

$$c_1=(f_3-f_1)/(x_3-x_1)=-4609.06$$
$$c_2=[(f_2-f_1)/(x_2-x_1)-c_1]/(x_2-x_3)=-1179.06$$
$$x_4=0.5(x_1+x_3-c_1/c_2)=1.955,\quad f_4=f(x_4)=-65.467$$

(3) 第一次缩小区间。

由于 $\left|\frac{f_2-f_4}{f_2}\right|>\varepsilon$，不满足精度要求，需要继续进行插值搜索计算。首先判断 $(x_3-x_1)(x_4-x_2)<0$，属于第二大类；由于 $f_2<f_4$，舍去区间$[x_1,x_4]$，保留区间$[x_4,x_3]$，在新区间内进行变量替换

$$x_1=x_4=1.955,\quad f_1=f_4=-65.467$$

故第一次缩小后的区间为$[x_1,x_3]=[1.955,6.0]$，继续缩小区间。

如此反复计算，迭代搜索过程如表 3-1 所示。经过 6 次迭代搜索以后，$\left|\frac{f_2-f_4}{f_2}\right|<\varepsilon$ 满足精度要求。所求的极小点和极小值分别为

$$x^*=3.950,\quad f^*=-155.897$$

表 3-1　非二次函数的二次插值法区间缩小

	x_1	x_3	x_2	$f(x_2)$	x_p^*	$f(x_p^*)$
初始搜索	−1	6	2.5	−96.938	1.955	−65.467
第 1 次搜索	1.955	6	2.5	−96.938	3.193	−134.539
第 2 次搜索	2.5	6	3.193	−134.539	3.495	−146.776
第 3 次搜索	3.193	6	3.495	−146.776	3.727	−153.104
第 4 次搜索	3.495	6	3.727	−153.104	3.841	−154.977
第 5 次搜索	3.727	6	3.841	−154.977	3.912	−155.685
第 6 次搜索	3.841	6	3.912	−155.685	3.950	−155.897

如果采用黄金分割法进行一维优化，则需进行 11 次缩小区间后，得到极小点和极小值

$$x^*=3.997,\quad f^*=-156.0$$

习　题

3-1　求一元函数 $f(x)=2x^3-5x+9$ 的极小点，要求：

(1) 取初始点 $x_0=0$，步长 $h=0.1$，用外推法确定其单谷区间；

(2) 用黄金分割法求其极小点，区间精度 $\varepsilon=0.01$；

(3) 用二次插值法求其极小点，区间精度 $\varepsilon=0.01$。

3-2　试分别用黄金分割法和二次插值法求解一元函数 $f(x)=x^4+6x^3-2x^2-7x+4$ 的最优解，初始区间为$[0,2]$，区间精度 $\varepsilon=0.01$。

3-3　用二次插值法求函数 $f(x)=x^2+e^{(-x)}$ 的最优解，初始区间为$[0,1]$，区间精度 $\varepsilon=0.001$。

第4章　无约束优化方法

4.1　多维无约束优化概述

多维无约束优化问题的一般数学模型为

$$\min f(\boldsymbol{X}) \quad \boldsymbol{X}=[x_1 \quad x_2 \quad \cdots \quad x_n]^{\mathrm{T}} \in \mathbf{R}^n \tag{4-1}$$

求解这类问题的方法,称为多维无约束优化方法。

多维无约束优化方法是优化方法中最重要和最基本的内容之一。因为它不仅可以直接用来求解无约束优化问题,而且实际工程设计问题中的大量约束优化问题,往往也是通过对约束条件的适当处理,转化为无约束优化问题来求解的。所以,无约束优化方法在工程优化设计中起着十分重要的作用。

根据多维无约束优化方法在确定搜索方向时所使用信息和方法的不同,可将其分为两大类:一类需要利用目标函数的一阶偏导数甚至二阶偏导数来构造搜索方向,称为间接法,如梯度法、共轭梯度法、牛顿法和变尺度法等。这类方法需要计算目标函数的偏导数,因此计算量大,但收敛速度较快。另一类仅用各迭代点的目标函数值的特征来构造搜索方向,称为直接法,如坐标轮换法、随机搜索法和共轭方向法等。这类方法只需要计算目标函数值,因而对于无法求导或求导困难的函数,该方法具有突出的优越性,但是其收敛速度较慢。

各种优化方法之间的主要差异在于搜索方向 $\boldsymbol{S}^{(k)}$ 的构造,这也是本章所要讨论的中心内容。

4.2　梯　度　法

目标函数的梯度方向是函数值增大最快的方向,而负梯度方向则是函数值下降最快的方向。因此,在求解目标函数极小值的优化设计过程中,人们很自然地想到采用负梯度方向作为搜索方向。

1. 基本原理

梯度法是求解多维无约束优化问题的解析法之一。由方向导数及梯度的概念可知,函数值下降最快的方向是梯度方向。因此,选择目标函数的梯度方向作为搜索方向,就可使优化迭代过程的计算效率大为提高。梯度法就是选取目标函数的负梯度方向作为迭代的搜索方向,该方法又称最速下降法。梯度法原理图如图 4-1 所示。

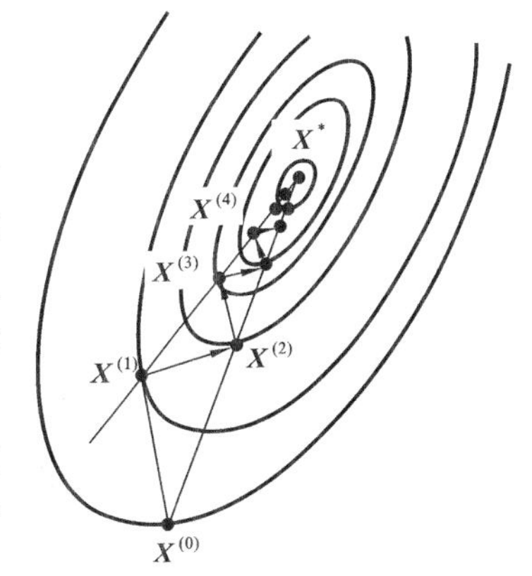

图 4-1　梯度法原理图

梯度法是一种古老的优化方法,由于要计算目标函数的梯度,故属于解析法,即间接求优法。如果梯度法的搜索方向记为

$$\boldsymbol{S}^{(k)}=-\nabla f(\boldsymbol{X}^{(k)})$$

或

$$S^{(k)}=-\nabla f(X^{(k)})/\|\nabla f(X^{(k)})\|$$

搜索方向确定后，可得到对应的迭代公式

$$X^{(k+1)}=X^{(k)}+\alpha_k S^{(k)} \tag{4-2}$$

$$X^{(k+1)}=X^{(k)}-\alpha_k \nabla f(X^{(k)}) \tag{4-3}$$

为使目标函数值沿搜索方向 $-\nabla f(X^{(k)})$ 能获得最大的下降值，其步长因子 α_k 应取一维搜索的最优步长

$$\min f(X^{(k)}+\alpha S^{(k)})=f(X^{(k)}+\alpha_k S^{(k)}) \tag{4-4}$$

2. 计算步骤

(1) 任选初始点 $X^{(0)}$，选定迭代精度 ε，并令迭代次数 $k=0$。

(2) 计算 $X^{(k)}$ 点的负梯度方向 $-\nabla f(X^{(k)})$ 及梯度的模 $\|-\nabla f(X^{(k)})\|$。

(3) 判断终止迭代条件 $\|-\nabla f(X^{(k)})\|\leqslant\varepsilon$：若满足，则终止迭代，输出最优解为 $X^*=X^{(k)}$，$f^*=f(X^*)$；否则转下一步。

(4) 寻求下一个迭代点 $X^{(k+1)}=X^{(k)}-\alpha_k \nabla f(X^{(k)})$，步长因子 α_k 为最优步长，由一维搜索 $\min f(X^{(k)}-\alpha \nabla f(X^{(k)}))$，求得最优步长 α_k；令 $k=k+1$，返回第(2)步重新迭代。

梯度法程序框图如图 4-2 所示。

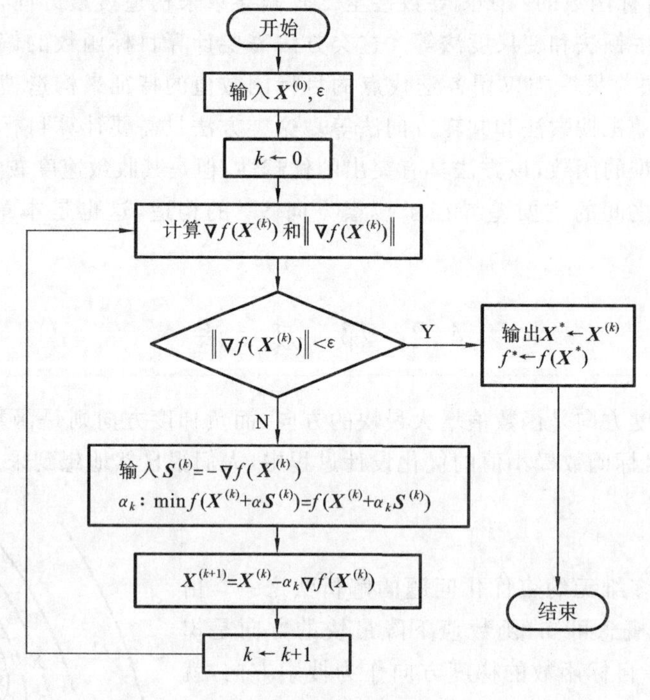

图 4-2　梯度法程序框图

例 4-1　用梯度法求目标函数

$$f(X)=x_1^2+25x_2^2$$

的极小点。已知初始点 $X^{(0)}=[2\quad 2]^{\mathrm{T}}$，迭代精度 $\varepsilon=0.005$。

解　计算 $X^{(0)}$ 点的梯度及其模

$$f(X^{(0)})=104,\quad \nabla f(X^{(0)})=\begin{bmatrix}2x_1\\50x_2\end{bmatrix}_{X^{(0)}}=\begin{bmatrix}4\\100\end{bmatrix},\quad \|\nabla f(X^{(0)})\|=100.0799$$

第一次迭代以 $\boldsymbol{X}^{(0)}$ 为起点，沿 $-\nabla f(\boldsymbol{X}^{(0)})$ 方向作一维搜索，求最优步长。

$$\boldsymbol{X}^{(1)}=\boldsymbol{X}^{(0)}-\alpha_0\nabla f(\boldsymbol{X}^{(0)})=\begin{bmatrix}2\\2\end{bmatrix}-\alpha_0\begin{bmatrix}4\\100\end{bmatrix}=\begin{bmatrix}2-4\alpha_0\\2-100\alpha_0\end{bmatrix}$$

利用解析法求解：

$$\min f(\boldsymbol{X}^{(1)})=\min f(\boldsymbol{X}^{(0)}-\alpha_0\nabla f(\boldsymbol{X}^{(0)}))=\min\{(2-4\alpha_0)^2+25(2-100\alpha_0)^2\}$$

$$\frac{\partial f(\boldsymbol{X}^{(1)})}{\partial\alpha_0}=-8(2-4\alpha_0)-5000(2-100\alpha_0)=0,\quad \alpha_0=0.02003$$

故

$$\boldsymbol{X}^{(1)}=\begin{bmatrix}2-4\alpha_0\\2-100\alpha_0\end{bmatrix}=\begin{bmatrix}1.9199\\-0.3072\times10^{-2}\end{bmatrix},\quad f(\boldsymbol{X}^{(1)})=3.6862$$

$$\nabla f(\boldsymbol{X}^{(1)})=\begin{bmatrix}3.8298\\-0.1536\end{bmatrix},\quad \|\nabla f(\boldsymbol{X}^{(1)})\|=3.8428>\varepsilon$$

表 4-1 所示为各次迭代过程的结果。

表 4-1　梯度法的各次迭代结果

k	$\boldsymbol{X}^{(k)}$	$f(\boldsymbol{X}^{(k)})$	$\nabla f(\boldsymbol{X}^{(k)})$	$\|\nabla f(\boldsymbol{X}^{(k)})\|$	α_k
0	$\begin{bmatrix}2\\2\end{bmatrix}$	104	$\begin{bmatrix}4\\100\end{bmatrix}$	100.0799	0.02003097
1	$\begin{bmatrix}1.919877\\-0.003072\end{bmatrix}$	3.686164	$\begin{bmatrix}3.839754\\-0.153589\end{bmatrix}$	3.8428	0.4815387
2	$\begin{bmatrix}0.07088695\\0.070887383\end{bmatrix}$	0.130650	$\begin{bmatrix}0.1417738\\3.544369\end{bmatrix}$	3.5500	0.0200307
3	$\begin{bmatrix}0.06804708\\-0.00010887\end{bmatrix}$	0.004630	$\begin{bmatrix}0.1360942\\-0.0054427\end{bmatrix}$	0.1362	0.4815385
4	$\begin{bmatrix}0.00251250\\0.00251250\end{bmatrix}$	0.000164	$\begin{bmatrix}0.00502501\\0.1256254\end{bmatrix}$	0.1257	0.0200307
5	$\begin{bmatrix}0.00241185\\-0.0000038\end{bmatrix}$	0.000006	$\begin{bmatrix}0.0048237\\-0.0001929\end{bmatrix}$	0.0049	

可以看到，迭代 5 次后

$$\|\nabla f(\boldsymbol{X}^{(5)})\|=0.0049<\varepsilon$$

满足迭代终止条件。因此，该问题的最优解为

$$\boldsymbol{X}^{*}=\boldsymbol{X}^{(5)}=\begin{bmatrix}0.0024\\-0.0000\end{bmatrix},\quad f^{*}=f(\boldsymbol{X}^{*})=6\times10^{-6}$$

3. 梯度法的特点

(1) 梯度法在迭代过程中是呈直角锯齿形路线搜索，曲折走向得到目标函数的极小点 $\boldsymbol{X}^{*}$，两次搜索方向依次为 $\boldsymbol{S}^{(k)}=-\nabla f(\boldsymbol{X}^{(k)})$、$\boldsymbol{S}^{(k+1)}=-\nabla f(\boldsymbol{X}^{(k+1)})$。根据梯度的性质可知 $\boldsymbol{S}^{(k+1)}$ 应是目标函数等值线在 $\boldsymbol{X}^{(k+1)}$ 点的法矢量，因此，$\boldsymbol{S}^{(k)}$、$\boldsymbol{S}^{(k+1)}$ 也为正交矢量(见图 4-3(a))。

(2) 远离极小点时，步长较大，函数值下降较快；而接近极小点时，函数值下降十分缓慢，收敛速度也极其缓慢。因此，对于较复杂的优化问题，梯度法不具有实用价值。

(3) 梯度法在迭代开始时函数值下降得较快，因而常在其他优化方法中作为初始迭代法。

(4) 对于目标函数等值线为同心圆簇的优化问题，由任意初始点出发，沿负梯度方向仅一次搜索即可达到全局极小点(见图 4-3(b))。

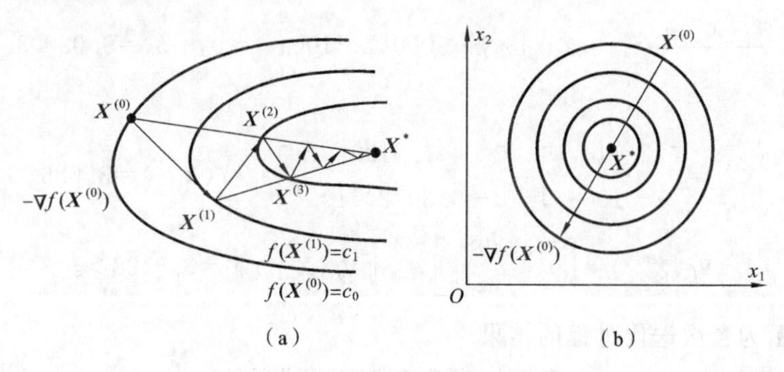

图 4-3 二维问题梯度法的迭代路线

4.3 牛 顿 法

1. 基本原理

牛顿法是梯度法的进一步发展，其基本思想是在求目标函数 $f(\boldsymbol{X})$的极小值时，设目标函数 $f(\boldsymbol{X})$具有二阶连续偏导数，将 $f(\boldsymbol{X})$在点 $\boldsymbol{X}^{(k)}$ 泰勒(Taylor)展开，取其二次近似函数式 $\varphi(\boldsymbol{X})$，然后求出二次函数 $\varphi(\boldsymbol{X})$的极小点并以极小点作为原目标函数的近似极小点。若此值不满足精度要求，则以此近似极小点作为下一次迭代的初始点，继续以上过程，一直迭代下去，直到所求出的近似极小点满足精度要求为止。

2. 牛顿法的迭代公式

将函数 $f(\boldsymbol{X})$在点 $\boldsymbol{X}^{(k)}$ 处展成泰勒二次近似式

$$f(\boldsymbol{X})\approx f(\boldsymbol{X}^{(k)})+[\nabla f(\boldsymbol{X}^{(k)})]^{\mathrm{T}}(\boldsymbol{X}-\boldsymbol{X}^{(k)})+\frac{1}{2}(\boldsymbol{X}-\boldsymbol{X}^{(k)})^{\mathrm{T}}H(\boldsymbol{X}^{(k)})(\boldsymbol{X}-\boldsymbol{X}^{(k)})$$

这里，$H(\boldsymbol{X}^{(k)})$是函数 $f(\boldsymbol{X}^{(k)})$的二阶偏导数矩阵，即 Hessian 矩阵。根据无约束优化极值存在的必要条件$\nabla f(\boldsymbol{X})=0$，有

$$\nabla f(\boldsymbol{X}^{(k)})+H(\boldsymbol{X}^{(k)})(\boldsymbol{X}-\boldsymbol{X}^{(k)})=0$$

$$-\nabla f(\boldsymbol{X}^{(k)})=H(\boldsymbol{X}^{(k)})(\boldsymbol{X}-\boldsymbol{X}^{(k)})$$

$$\boldsymbol{X}=\boldsymbol{X}^{(k)}-[H(\boldsymbol{X}^{(k)})]^{-1}\nabla f(\boldsymbol{X}^{(k)})$$

上式可写为迭代公式

$$\boldsymbol{X}^{(k+1)}=\boldsymbol{X}^{(k)}-[H(\boldsymbol{X}^{(k)})]^{-1}\nabla f(\boldsymbol{X}^{(k)}) \tag{4-5}$$

对于二次函数 $f(\boldsymbol{X})$，泰勒展开式不是近似的，而是精确的。由于 $H(\boldsymbol{X}^{(k)})$是一个常量(其中各元素均为常数)，因此若 $f(\boldsymbol{X})$是正定二次函数，只经一步就可以收敛到 $\boldsymbol{X}^*$，则 $\boldsymbol{X}^*$ 就是$f(\boldsymbol{X})$的极小点。二次函数与一维搜索公式 $\boldsymbol{X}^{(k+1)}=\boldsymbol{X}^{(k)}+\alpha_k\boldsymbol{X}^{(k)}$ 比较，$\boldsymbol{S}^{(k)}=-[H(\boldsymbol{X}^{(k)})]^{-1}\nabla f(\boldsymbol{X}^{(k)})$，$\alpha_k=1$，则说明从初始点出发一步就可达到最优点。

例 4-2 用牛顿法求目标函数

$$f(\boldsymbol{X})=x_1^2+25x_2^2$$

的极小点。已知初始点 $\boldsymbol{X}^{(0)}=[2\quad 2]^{\mathrm{T}}$，迭代精度 $\varepsilon=0.005$。

解

$$\nabla f(\boldsymbol{X}^{(0)})=\begin{bmatrix}2x_1\\50x_2\end{bmatrix}_{\boldsymbol{X}^{(0)}}=\begin{bmatrix}4\\100\end{bmatrix}$$

$$H(\boldsymbol{X}^{(0)})=\nabla^2 f(\boldsymbol{X}^{(0)})=\begin{bmatrix}2 & 0\\0 & 50\end{bmatrix}$$

$$[H(\boldsymbol{X}^{(0)})]^{-1}=\begin{bmatrix}1/2 & 0\\0 & 1/50\end{bmatrix}$$

$$\boldsymbol{X}^{(1)}=\boldsymbol{X}^{(0)}-[H(\boldsymbol{X}^{(0)})]^{-1}\nabla f(\boldsymbol{X}^{(0)})=\begin{bmatrix}0\\0\end{bmatrix}$$

而

$$\|\nabla f(\boldsymbol{X}^{(1)})\|=0.0<\varepsilon$$

满足迭代终止条件。因此，该问题的最优解为

$$\boldsymbol{X}^*=\boldsymbol{X}^{(1)}=\begin{bmatrix}0\\0\end{bmatrix},\quad f^*=f(\boldsymbol{X}^*)=0$$

可以看到，由于二次函数的泰勒展开式是精确的，所以从初始点出发，一步迭代就可达到最优点。

牛顿法具有以下特点：

（1）目标函数必须具有连续的一、二阶导数；

（2）目标函数的 Hessian 矩阵必须是正定且为非奇异的，否则无法求 Hessian 矩阵的逆阵；

（3）目标函数维数较高时，计算工作量大；

（4）牛顿法是一种具有二次收敛性的算法，对于二次函数迭代一次即可得最优点。

3. 阻尼牛顿法的迭代公式

由于牛顿法迭代公式中没有步长因子 α_k，因此牛顿法是一种定步长的迭代。这对非二次函数有时会出现函数值上升的情况。

例 4-3　用牛顿法求目标函数

$$f(\boldsymbol{X})=x_1^4-2x_1^2x_2+x_1^2+2x_2^2-2x_1x_2+\frac{9}{2}x_1-4x_2+4$$

的最优解。已知初始点为 $\boldsymbol{X}^{(0)}=[-0.2\quad 0.2]^{\mathrm{T}}$。

解

$$\nabla f(\boldsymbol{X}^{(0)})=\begin{bmatrix}4x_1^3-4x_1x_2+2x_1-2x_2+\dfrac{9}{2}\\-2x_1^2+4x_2-2x_1-4\end{bmatrix}_{\boldsymbol{X}^{(0)}}=\begin{bmatrix}3.828\\-2.88\end{bmatrix}$$

$$H(\boldsymbol{X}^{(0)})=\nabla^2 f(\boldsymbol{X}^{(0)})=\begin{bmatrix}12x_1^2-4x_2+2 & -4x_1-2\\-4x_1-2 & 4\end{bmatrix}_{\boldsymbol{X}^{(0)}}=\begin{bmatrix}1.68 & -1.2\\-1.2 & 4\end{bmatrix}$$

$$[H(\boldsymbol{X}^{(0)})]^{-1}=\frac{-H_0^*}{\|H_0\|}=\frac{1}{66}\begin{bmatrix}50 & 15\\15 & 21\end{bmatrix}$$

$$\boldsymbol{X}^{(1)}=\boldsymbol{X}^{(0)}-[H(\boldsymbol{X}^{(0)})]^{-1}\nabla f(\boldsymbol{X}^{(0)})=\begin{bmatrix}-2.455\\0.246\end{bmatrix}$$

$$f(\boldsymbol{X}^{(1)})=32.135>f(\boldsymbol{X}^{(0)})=2.485$$

可以看到，在新点 $\boldsymbol{X}^{(1)}$ 的目标函数值是上升的。如果再次取初始点为 $\boldsymbol{X}^{(0)}=[1,1]^{\mathrm{T}}$，其目标函

数值为

$$f(\boldsymbol{X}^{(0)})=4.5$$

计算得到新点 $\boldsymbol{X}^{(1)}=[2.5 \quad 4.25]^{\mathrm{T}}$。可以看到

$$f(\boldsymbol{X}^{(1)})=5.312>f(\boldsymbol{X}^{(0)})=4.5$$

由此可见,牛顿法不能保证在迭代过程中的函数值稳定下降,在某些情况下甚至可能造成迭代点发散,从而导致优化计算失败。当初始点选取接近目标函数的极小点时,有很快的收敛速度;但若初始点选取离极小点比较远,就难以保证收敛。也就是选取不同的初始点得到不同的函数极小点(有时会出现上升现象),造成这一现象的原因主要在于步长 $\alpha_k=1$(该算法对于初始点的选取有严格要求)。因此,牛顿法的应用受到限制。为克服上述弊病,对牛顿法加以改进,提出了"阻尼牛顿法"或"修正牛顿法"。其迭代公式为

$$\boldsymbol{X}^{(k+1)}=\boldsymbol{X}^{(k)}-\alpha_k[H(\boldsymbol{X}^{(k)})]^{-1}\nabla f(\boldsymbol{X}^{(k)}) \tag{4-6}$$

阻尼牛顿法或修正牛顿法的程序框图如图 4-4 所示。

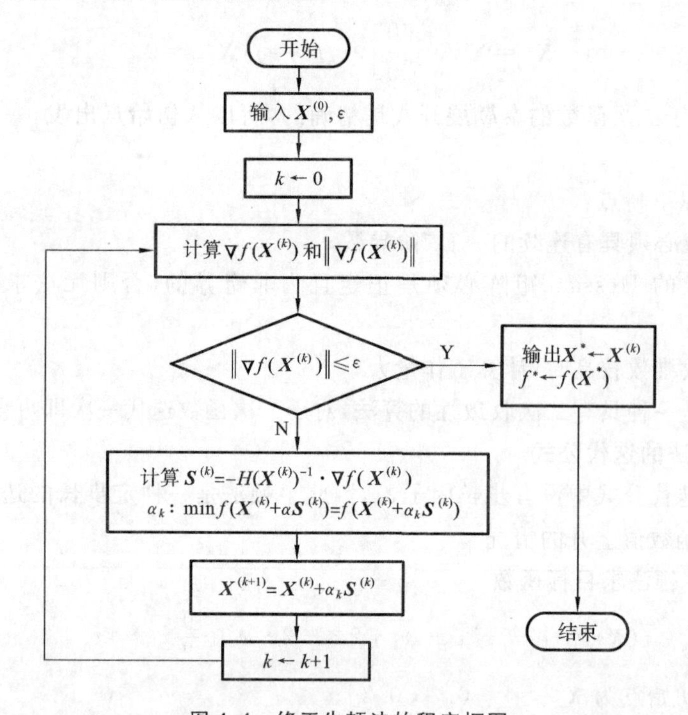

图 4-4 修正牛顿法的程序框图

4.4 共轭梯度法

1. 基本原理

共轭方向的定义:假设 $\boldsymbol{A}$ 为 n 阶实对称正定矩阵,$\boldsymbol{S}^{(1)}$、$\boldsymbol{S}^{(2)}$ 为 n 维空间 $\mathbf{R}^n$ 中的两个非零向量。如果 $\boldsymbol{S}^{(1)}$、$\boldsymbol{S}^{(2)}$ 满足

$$[\boldsymbol{S}^{(1)}]^{\mathrm{T}}\boldsymbol{A}\boldsymbol{S}^{(2)}=0$$

则称向量 $\boldsymbol{S}^{(1)}$、$\boldsymbol{S}^{(2)}$ 关于对称正定矩阵 $\boldsymbol{A}$ 是共轭的,或简称 $\boldsymbol{S}^{(1)}$ 与 $\boldsymbol{S}^{(2)}$ 关于 $\boldsymbol{A}$ 共轭。

在迭代过程中,从初始点 $\boldsymbol{X}^{(k)}$ 出发,沿该点负梯度方向 $\boldsymbol{S}^{(k)}$ 进行一维搜索得到 $\boldsymbol{X}^{(k+1)}$,然后从 $\boldsymbol{X}^{(k+1)}$ 出发,沿与上一次搜索方向 $\boldsymbol{S}^{(k)}$ 相共轭的方向 $\boldsymbol{S}^{(k+1)}$ 进行搜索,也就是说,搜索方向

$S^{(k+1)}$满足条件

$$[S^{(k)}]^{\mathrm{T}} A S^{(k+1)} = 0$$

根据共轭方向的原理,对于一个二维正定函数而言,只要沿着两共轭方向 $S^{(k)}$ 与 $S^{(k+1)}$ 分别进行一维搜索,就可以求得目标函数的极值点 X^* 。

2. 确定共轭梯度方向

假设新产生的方向为

$$S^{(k+1)} = -\nabla f(X^{(k+1)}) + \beta_k S^{(k)}$$

其中,β_k 为待定常数。可以看到,$S^{(k+1)}$ 是 $S^{(k)}$ 与 $-\nabla f(X^{(k+1)})$ 的线形组合。下面我们来确定满足共轭条件$[S^{(k)}]^{\mathrm{T}} A S^{(k+1)} = 0$ 的新方向 $S^{(k+1)}$,如图 4-5 所示。

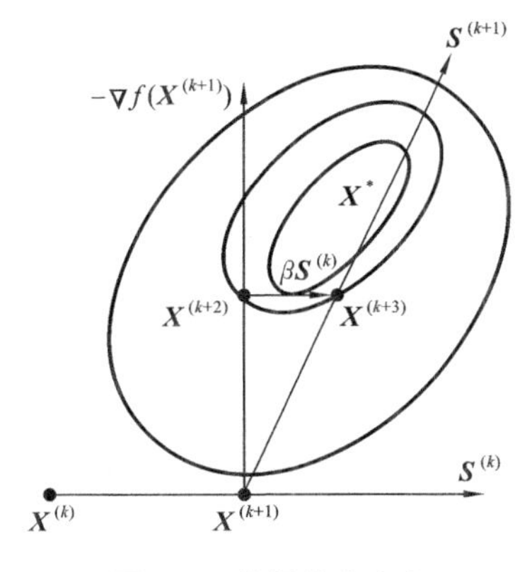

图 4-5　共轭梯度方向

对于一个 n 维的二次函数

$$f(X) = \frac{1}{2} X^{\mathrm{T}} A X + B^{\mathrm{T}} X + C$$

如果令

$$g = \nabla f(X)$$

则有

$$\nabla f(X) = g = AX + B \tag{4-7}$$

对于迭代点 $X^{(k)}$ 和 $X^{(k+1)}$,有

$$g^{(k)} = AX^{(k)} + B$$

$$g^{(k+1)} = AX^{(k+1)} + B$$

两式相减,得到

$$g^{(k+1)} - g^{(k)} = A(X^{(k+1)} - X^{(k)}) \tag{4-8}$$

将迭代公式 $X^{(k+1)} = X^{(k)} + \alpha_k S^{(k)}$ 代入式(4-8)得

$$g^{(k+1)} - g^{(k)} = \alpha_k A S^{(k)} \tag{4-9}$$

式(4-9)等号两边同乘以$[S^{(k+1)}]^{\mathrm{T}}$,得

$$[S^{(k+1)}]^{\mathrm{T}}(g^{(k+1)} - g^{(k)}) = \alpha_k [S^{(k+1)}]^{\mathrm{T}} A S^{(k)} \tag{4-10}$$

如果新方向 $S^{(k+1)}$ 与 $S^{(k)}$ 对 A 共轭,则有

$$[S^{(k+1)}]^{\mathrm{T}} A S^{(k)} = 0$$

所以

$$[S^{(k+1)}]^{\mathrm{T}}(g^{(k+1)} - g^{(k)}) = 0 \tag{4-11}$$

再将 $S^{(k+1)} = -\nabla f(X^{(k+1)}) + \beta_k S^{(k)} = -g^{(k+1)} + \beta_k S^{(k)}$ 代入式(4-11),可得

$$[-g^{(k+1)} + \beta_k S^{(k)}]^{\mathrm{T}}[g^{(k+1)} - g^{(k)}] = 0$$

展开得到

$$[-g^{(k+1)}]^{\mathrm{T}} g^{(k+1)} + [g^{(k+1)}]^{\mathrm{T}} g^{(k)} + \beta_k [S^{(k)}]^{\mathrm{T}} g^{(k+1)} - \beta_k [S^{(k)}]^{\mathrm{T}} g^{(k)} = 0 \tag{4-12}$$

这里

$$[g^{(k+1)}]^{\mathrm{T}} g^{(k)} = 0 \quad (X^{(k)}\text{和 }X^{(k+1)}\text{梯度互相垂直})$$

$$[S^{(k)}]^{\mathrm{T}} g^{(k+1)} = 0 \quad (S^{(k)}\text{沿负梯度方向})$$

$$[-g^{(k+1)}]^{\mathrm{T}} g^{(k+1)} - \beta_k [S^{(k)}]^{\mathrm{T}} g^{(k)} = 0$$

因此,得到待定系数

$$\beta_k = \frac{[g^{(k+1)}]^{\mathrm{T}} g^{(k+1)}}{[g^{(k)}]^{\mathrm{T}} g^{(k)}} = \frac{\| g^{(k+1)} \|^2}{\| g^{(k)} \|^2} \tag{4-13}$$

所以,共轭梯度法的共轭方向为

$$S^{(k+1)} = -g^{(k+1)} + \beta_k \cdot S^{(k)} \tag{4-14}$$

3. 迭代步骤(以二维为例)

① 取初始点 $X^{(0)}$，确定计算精度 ε；

② 计算点 $X^{(0)}$ 的梯度 $g^{(0)} = \nabla f(X^{(0)})$，从 $X^{(0)}$ 出发沿 $S^{(0)} = -g^{(0)}$ 方向一维搜索，得到点 $X^{(1)}$；

③ 计算 $g^{(1)}$ 和 β_0，确定共轭方向 $S^{(1)} = -g^{(1)} + \beta_0 S^{(0)}$；

④ 从点 $X^{(1)}$ 出发，沿 $S^{(1)}$ 方向一维搜索，就可以达到优化点 X^*。

共轭梯度法的程序框图如图 4-6 所示。

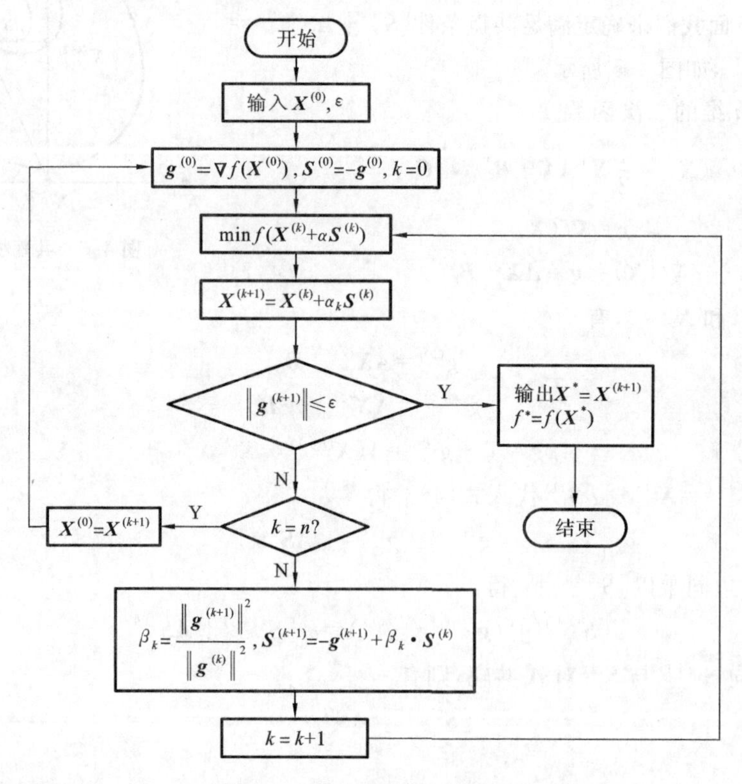

图 4-6 共轭梯度法程序框图

4. 共轭梯度法的特点

共轭梯度法是一种具有二次收敛的算法，是以正定二次函数的共轭方向理论为基础，需要计算目标函数梯度，公式简单，存储量少，具有最速下降的优点，而且在收敛的速度上比最速下降法(梯度法)快。

例 4-4 试用共轭梯度法求解二维目标函数

$$f(X) = x_1^2 + x_2^2 - x_1 x_2 - 10x_1 - 4x_2 + 60$$

的极小值，初始点 $X^{(0)} = [0,0]^T$，迭代精度 $\varepsilon = 10^{-4}$。

解 (1) 按照梯度法进行第 1 次迭代

$$\nabla f(X^{(0)}) = \begin{bmatrix} 2x_1 - x_2 - 10 \\ 2x_2 - x_1 - 4 \end{bmatrix}_{X^{(0)}} = \begin{bmatrix} -10 \\ -4 \end{bmatrix}, \quad \| \nabla f(X^{(0)}) \| = 10.7703$$

因此，初始搜索方向为

$$\boldsymbol{S}^{(0)}=-\nabla f(\boldsymbol{X}^{(0)})=\begin{bmatrix}10\\4\end{bmatrix}$$

迭代格式为

$$\boldsymbol{X}^{(1)}=\boldsymbol{X}^{(0)}+\alpha_0\boldsymbol{S}^{(0)}=\begin{bmatrix}0\\0\end{bmatrix}+\alpha_0\begin{bmatrix}10\\4\end{bmatrix}=\begin{bmatrix}10\alpha_0\\4\alpha_0\end{bmatrix}$$

$$f(\boldsymbol{X}^{(1)})=76(\alpha_0)^2-116\alpha_0+60$$

$$\frac{\mathrm{d}f(\boldsymbol{X}^{(1)})}{\mathrm{d}\alpha_0}=152\alpha_0-116=0$$

最优步长为

$$\alpha_0=0.7632$$

由此可得到新点及其函数值为

$$\boldsymbol{X}^{(1)}=\begin{bmatrix}7.6320\\3.0528\end{bmatrix},\quad f(\boldsymbol{X}^{(1)})=15.7368$$

(2) 计算新迭代点的梯度和共轭梯度方向，进行第 2 次搜索

$$\nabla f(\boldsymbol{X}^{(1)})=\begin{bmatrix}2x_1-x_2-10\\2x_2-x_1-4\end{bmatrix}_{\boldsymbol{X}^{(1)}}=\begin{bmatrix}2.2112\\-5.5264\end{bmatrix}$$

$$\frac{\|\nabla f(\boldsymbol{X}^{(1)})\|^2}{\|\nabla f(\boldsymbol{X}^{(0)})\|^2}=0.3054$$

因此，共轭方向为

$$\boldsymbol{S}^{(1)}=-\nabla f(\boldsymbol{X}^{(1)})+\frac{\|\nabla f(\boldsymbol{X}^{(1)})\|^2}{\|\nabla f(\boldsymbol{X}^{(0)})\|^2}\boldsymbol{S}^{(0)}=\begin{bmatrix}0.8428\\6.7480\end{bmatrix}$$

$$\boldsymbol{X}^{(2)}=\boldsymbol{X}^{(1)}+\alpha_1\boldsymbol{S}^{(1)}=\begin{bmatrix}7.6320\\3.0528\end{bmatrix}+\alpha_1\begin{bmatrix}0.8428\\6.7480\end{bmatrix}=\begin{bmatrix}7.6320+0.8428\alpha_1\\3.0528+6.7480\alpha_1\end{bmatrix}$$

$$f(\boldsymbol{X}^{(2)})=40.5586\alpha_1^2-35.4285\alpha_1+15.7368$$

$$\frac{\mathrm{d}f(\boldsymbol{X}^{(2)})}{\mathrm{d}\alpha_1}=81.1172\alpha_1-35.4285=0$$

$$\alpha_1=0.4368$$

根据迭代格式得到最优解为

$$\boldsymbol{X}^{(2)}=\begin{bmatrix}8.0001\\6.0000\end{bmatrix},\quad f(\boldsymbol{X}^{(2)})=8.0000$$

可见，共轭梯度法具有二次收敛性，对于二维函数只要经过两次迭代就可以达到极值点。

4.5　坐标轮换法

坐标轮换法是求解多维无约束优化问题的一种直接法，它不需要求函数的导数而直接搜索目标函数的最优解，该法又称降维法。

1. 基本原理

坐标轮换法是无约束多维函数的优化方法中最简单的一种，它将一个无约束 n 维优化问题转化为依次沿着相应的 n 个坐标轴方向的一维优化问题来求解。具体迭代过程如图 4-7 所示(图中上角标表示迭代的轮数，下角标代表该轮迭代点的序号。如 $\boldsymbol{X}_2^{(1)}$ 表示第一轮搜索的

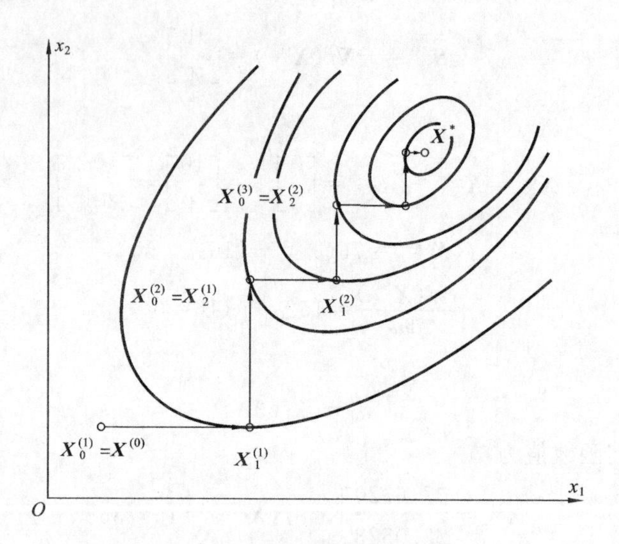

图 4-7　坐标轮换法原理图

第 2 个迭代点)。

2. n 维迭代过程

(1) 先将$(n-1)$个变量固定不动,只变化第一个变量 x_1,即由初始点出发,沿着第一个变量 x_1 的坐标轴方向 $e_1^{(1)}=[1\quad 0\quad 0\quad \cdots\quad 0]^T$ 进行一维搜索,得到该方向的最优点 $X_1^{(1)}$;

(2) 然后,再保持$(n-1)$个变量不变,只对第二变量 x_2 进行一维搜索,得到该方向上的最优点 $X_2^{(1)}$,此时的搜索方向为 $e_2^{(1)}=[0\quad 1\quad 0\quad \cdots\quad 0]^T$;

(3) 如此分别沿 $e_1^{(1)},e_2^{(1)},\cdots,e_n^{(1)}$ 方向(即各坐标轴方向)进行一维搜索,并且将前一次搜索得到的极小点作为本次一维搜索的起始点,如图 4-7 所示,依次进行一维搜索后,完成第一轮迭代;

(4) 若未收敛,则再以前一轮搜索的末点 $X_n^{(k)}$ 为起始点,进行下一轮的循环,如此一轮一轮迭代搜索,直到满足收敛准则,逼近最优点为止。

3. 迭代计算步骤

(1) 取初始点 $X^{(0)}=[x_1\quad x_2\quad \cdots\quad x_n]^T$,作为第一轮搜索的起点,迭代终止精度为 ε,置迭代的轮数 $k=1$,令 $X_0^{(k)}=X_0^{(1)}=X^{(0)}$,取 n 个坐标轴方向矢量为搜索方向

$$e_1^{(k)}=[1\quad 0\quad 0\quad \cdots\quad 0]^T$$
$$e_2^{(k)}=[0\quad 1\quad 0\quad \cdots\quad 0]^T$$
$$\vdots$$
$$e_n^{(k)}=[0\quad 0\quad 0\quad \cdots\quad 1]^T$$

(2) 根据出发点和搜索方向,沿第 i 个坐标轴方向分别进行一维搜索,得到最优迭代步长和本轮迭代的终点。一维搜索的迭代格式为

$$X_i^{(k)}=X_{i-1}^{(k)}+\alpha_i^{(k)}e_i^{(k)}\quad (i=1,2,\cdots,n) \tag{4-15}$$

式中:k 为迭代轮数的序号,取 $k=1,2,\cdots,i$ 为该轮中一维搜索的序号;$e_i^{(k)}$ 为第 k 轮迭代中的第 i 坐标轴方向;$\alpha_i^{(k)}$ 为第 k 轮迭代中沿第 i 坐标轴方向的最优步长。本轮搜索结束,得到本轮迭代的终点

$$X_n^{(k)}=[x_1^{(k)}\quad x_2^{(k)}\quad \cdots\quad x_n^{(k)}]^T \tag{4-16}$$

(3) 按点距准则 $|X_n^{(k)}-X_0^{(k)}|\leqslant\varepsilon$,判断是否终止迭代(注意:采用迭代准则是一轮迭代的

始点与终点之间的点距，而不是在某搜索方向上迭代点的点距)。若满足迭代终止准则，输出最优解 $X^*=X_n^{(k)}, f^*=f(X^*)$；否则，令 $k=k+1$，返回步骤(2)继续搜索。

坐标轮换法的程序框图如图 4-8 所示。

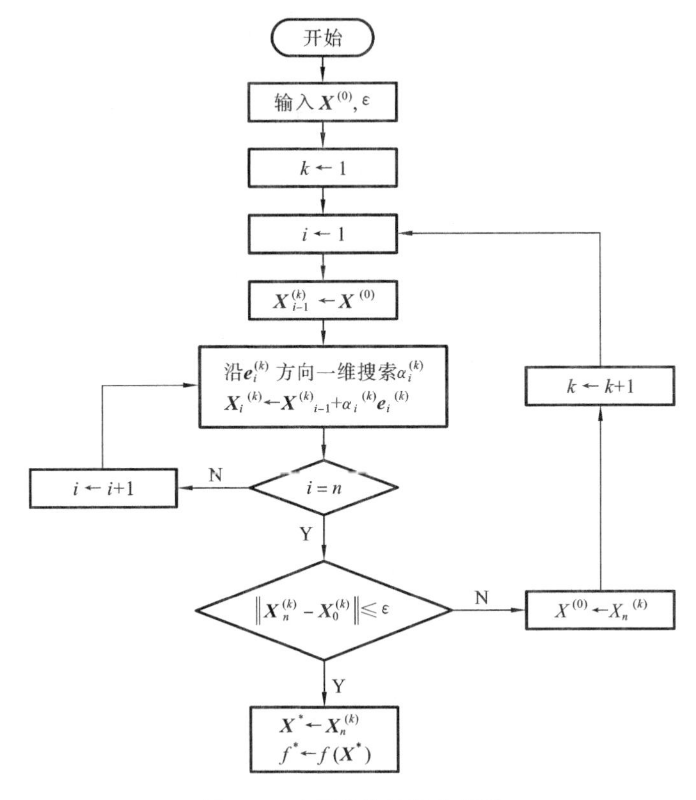

图 4-8　坐标轮换法程序框图

4. 坐标轮换法的特点

坐标轮换法简单易行，但由于只能沿几个坐标轴方向轮流搜索，因而效率低，特别是在维数较高($n>10$)或目标函数性态不好的情况下，收敛速度很慢。坐标轮换法的收敛效率在很大程度上取决于目标函数等值线的形状。如图 4-9(a)所示，目标函数等值线为椭圆簇，其长短轴与坐标轴平行或与圆簇等值线相同，收敛效率高，速度快；在图 4-9(b)中，当椭圆簇的长短轴与坐标轴斜交，迭代次数将大大增加，收敛速度很缓慢；在图 4-9(c)中，若目标函数等值

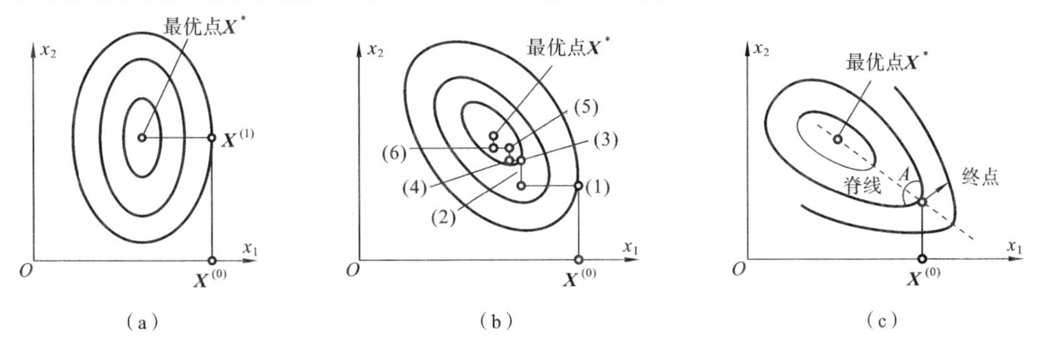

图 4-9　搜索过程的几种情况

(a) 搜索有效　(b) 搜索低效　(c) 搜索无效

线出现脊线时，沿着坐标轴方向搜索均不能使函数值有所下降，坐标轮换法将失效，这类函数对坐标轮换法来说是病态函数。

例 4-5 用坐标轮换法求目标函数

$$f(\boldsymbol{X})=x_1^2+x_2^2-x_1x_2-10x_1-4x_2+60$$

的无约束最优解。给定初始点 $\boldsymbol{X}^{(0)}=[0\quad 0]^{\mathrm{T}}$，精度要求 $\varepsilon=0.1$。

解 根据坐标轮换法步骤，第一轮的迭代计算取初始点

$$\boldsymbol{X}_0^{(1)}=\boldsymbol{X}^{(0)}=\begin{bmatrix}0\\0\end{bmatrix}$$

搜索方向

$$\boldsymbol{e}_1^{(1)}=\begin{bmatrix}1\\0\end{bmatrix},\quad \boldsymbol{e}_2^{(1)}=\begin{bmatrix}0\\1\end{bmatrix}$$

首先沿坐标方向 $\boldsymbol{e}_1^{(1)}$ 进行一维搜索

$$\boldsymbol{X}_1^{(1)}=\boldsymbol{X}_0^{(1)}+\alpha_1\boldsymbol{e}_1^{(1)}=\begin{bmatrix}0\\0\end{bmatrix}+\alpha_1\begin{bmatrix}1\\0\end{bmatrix}=\begin{bmatrix}\alpha_1\\0\end{bmatrix}$$

求解最优步长 α_1，即极小化

$$\min f(\boldsymbol{X}_1^{(1)})=\alpha_1^2-10\alpha_1+60$$

此问题可用一维优化方法求出 α_1，在这里用解析法求解，令一阶导数为零，可得

$$\alpha_1=5,\quad \boldsymbol{X}_1^{(1)}=\begin{bmatrix}5\\0\end{bmatrix}$$

再以 $\boldsymbol{X}_1^{(1)}$ 为初始点沿 $\boldsymbol{e}_2^{(1)}$ 方向进行一维搜索

$$\boldsymbol{X}_2^{(1)}=\boldsymbol{X}_1^{(1)}+\alpha_2\boldsymbol{e}_2^{(1)}=\begin{bmatrix}5\\0\end{bmatrix}+\alpha_2\begin{bmatrix}0\\1\end{bmatrix}=\begin{bmatrix}5\\\alpha_2\end{bmatrix}$$

求最优步长

$$\min f(\boldsymbol{X}_2^{(1)})=\alpha_2^2-9\alpha_2+35$$

$$\alpha_2=4.5,\quad \boldsymbol{X}_2^{(1)}=\begin{bmatrix}5\\4.5\end{bmatrix}$$

至此，第一轮迭代结束，得到终止点 $\boldsymbol{X}_2^{(1)}$。

对于第一轮迭代结果进行终止条件检验

$$\|\boldsymbol{X}_2^{(1)}-\boldsymbol{X}_0^{(1)}\|=\sqrt{5^2+4.5^2}=6.7>\varepsilon$$

可以看到，不满足迭代终止条件，需继续进行下一轮的迭代计算。取 $\boldsymbol{X}_0^{(2)}=\boldsymbol{X}_2^{(1)}$，各搜索方向不变。具体迭代过程及其数据如表 4-2 所示。

表 4-2 坐标轮换法各次迭代结果

k	$\boldsymbol{X}_0^{(k)}$	α_1	$\boldsymbol{X}_1^{(k)}$	α_2	$\boldsymbol{X}_2^{(k)}$	$\\|\boldsymbol{X}_2^{(k)}-\boldsymbol{X}_1^{(k)}\\|$
1	$[0\quad 0]^{\mathrm{T}}$	5	$[5\quad 0]^{\mathrm{T}}$	4.5	$[5\quad 4.5]^{\mathrm{T}}$	6.73
2	$[5\quad 4.5]^{\mathrm{T}}$	2.25	$[7.25\quad 4.5]^{\mathrm{T}}$	1.125	$[7.25\quad 5.025]^{\mathrm{T}}$	2.516
3	$[7.25\quad 5.025]^{\mathrm{T}}$	0.563	$[7.813\quad 5.625]^{\mathrm{T}}$	0.282	$[7.813\quad 5.907]^{\mathrm{T}}$	0.623
4	$[7.813\quad 5.907]^{\mathrm{T}}$	0.141	$[7.954\quad 5.917]^{\mathrm{T}}$	0.071	$[7.954\quad 5.978]^{\mathrm{T}}$	0.158
5	$[7.954\quad 5.978]^{\mathrm{T}}$	0.035	$[7.989\quad 5.978]^{\mathrm{T}}$	0.018	$[7.989\quad 5.996]^{\mathrm{T}}$	0.04

由表 4-2 可知，在第五轮迭代时有

$$\| \boldsymbol{X}_2^{(5)} - \boldsymbol{X}_0^{(5)} \| = 0.0394 < \varepsilon$$

满足迭代终止要求，故近似最优解为

$$\boldsymbol{X}^* = \boldsymbol{X}_2^{(5)} = \begin{bmatrix} 7.989 \\ 5.996 \end{bmatrix}, \quad f^* = f(\boldsymbol{X}^*) = 8.000093$$

4.6　共轭方向法和鲍威尔法

坐标轮换法比较简单，但不是一种很好的搜索策略。坐标轮换法的收敛速度慢，原因在于其搜索方向总是平行于坐标轴，不适应函数变化情况；尽管其具有逐步下降的特点，但往往路程迂回曲折，要变换多次搜索方向，才有可能求得无约束极值点，尤其在极值点附近，每次搜索的步长更小。由此，我们设想，能否基于坐标轮换法构造出一种更好的搜索方法，以便加快收敛速度呢？下面首先讨论共轭方向法。

4.6.1　共轭方向法

1. 共轭方向的产生

在如图 4-10(a)所示的迭代过程中，若把第二轮迭代的起始点 $\boldsymbol{X}_0^{(2)}$ 与终止点 $\boldsymbol{X}_2^{(2)}$ 连接起来，就形成一个新的搜索方向 $\boldsymbol{S}^{(2)} = \boldsymbol{X}_2^{(2)} - \boldsymbol{X}_0^{(2)}$。$\boldsymbol{S}^{(2)}$ 与 $\boldsymbol{e}_1^{(1)}$ 方向有何关系呢？

如图 4-10(b)所示，假设函数 $f(x_1, x_2)$ 的极值点 $\boldsymbol{X}^* = [x_1^* \quad x_2^*]^{\mathrm{T}}$ 附近的等值线是近似的同心椭圆簇，从两个不同的点出发，沿给定的两个平行方向 $\boldsymbol{S}^{(1)}$ 分别进行一次一维搜索，可得到两个极小点 $\boldsymbol{X}^{(1)}$ 和 $\boldsymbol{X}^{(2)}$，显然这两点是两条平行线方向与函数等值线（椭圆）的切点，连接这两切点可构成一个向量 $\boldsymbol{S}^{(2)}$，即 $\boldsymbol{S}^{(2)} = \boldsymbol{X}^{(2)} - \boldsymbol{X}^{(1)}$，则可以证明。

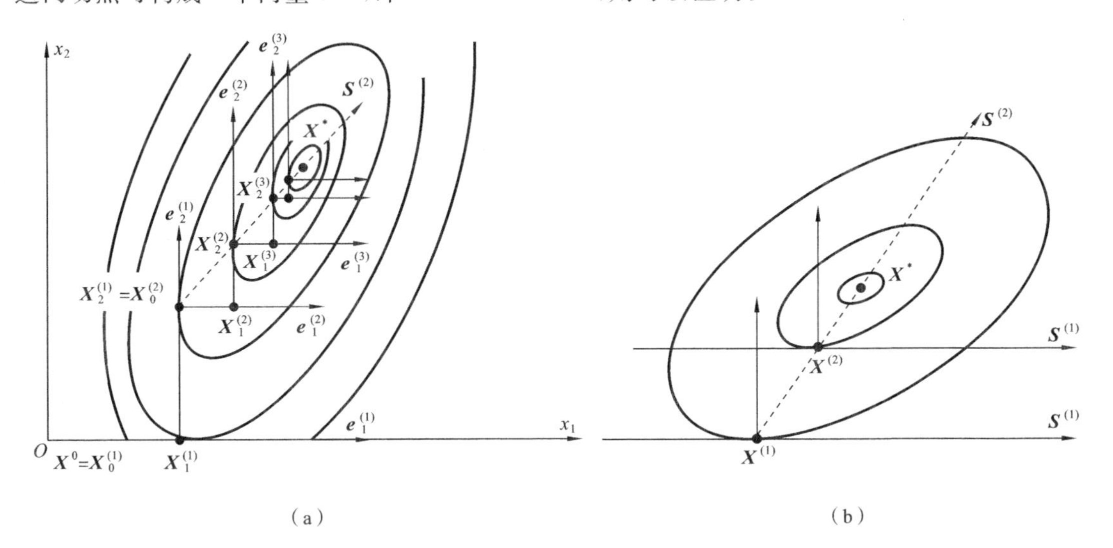

图 4-10　二维情况下的共轭方向

若函数 $f(x_1, x_2)$ 的 Hessian 矩阵为正定矩阵，则方向 $\boldsymbol{S}^{(1)}$ 与 $\boldsymbol{S}^{(2)}$ 必满足

$$[\boldsymbol{S}^{(1)}]^{\mathrm{T}} \boldsymbol{H} \boldsymbol{S}^{(2)} = \boldsymbol{0}$$

由前述共轭方向的定义可知，满足上述条件的方向 $\boldsymbol{S}^{(1)}$ 和 $\boldsymbol{S}^{(2)}$ 为共轭方向。

2. 共轭方向的性质

(1) 设 $\boldsymbol{A}$ 为 n 阶实对称正定矩阵，$\boldsymbol{S}^{(1)}, \boldsymbol{S}^{(2)}, \cdots, \boldsymbol{S}^{(n)}$ 为对 $\boldsymbol{A}$ 共轭的 n 个非零向量，则这 n 个

向量是线性无关的；

(2) 在 n 维空间中互相共轭的非零向量的个数不超过 n 个，即共轭向量的个数最多等于 n。单位坐标向量系是一组线性无关的共轭向量的最简单例子，且它们也是正交向量系；

(3) 设 $\boldsymbol{A}$ 为 n 阶实对称正定矩阵，$\boldsymbol{S}^{(i)}(i=1,2,\cdots,n)$ 是关于 $\boldsymbol{A}$ 的 n 个互相共轭的非零向量。对于正定二次函数 $f(\boldsymbol{X})$ 的极小化寻优问题，从任意初始点出发，依次沿 $\boldsymbol{S}^{(i)}$ 方向经 n 次一维搜索，即可收敛到极小点 $\boldsymbol{X}^*$。这种性质表明这种迭代方法具有二次收敛性。

因此，对于二元二次正定函数，$\boldsymbol{S}^{(1)}$、$\boldsymbol{S}^{(2)}$ 为共轭方向，若 $\boldsymbol{X}^{(1)}$ 为初始点，分别沿这两个方向作一维搜索即可得到极小点。

明确了共轭方向的概念，我们再来证明 $[\boldsymbol{S}^{(1)}]^{\mathrm{T}}\boldsymbol{A}\boldsymbol{S}^{(2)}=0$。设二维函数在极值点 $\boldsymbol{X}^*$ 附近的二次泰勒近似展开式为

$$f(\boldsymbol{X})=f(\boldsymbol{X}^*)+[\nabla f(\boldsymbol{X}^*)]^{\mathrm{T}}(\boldsymbol{X}-\boldsymbol{X}^*)+\frac{1}{2}(\boldsymbol{X}-\boldsymbol{X}^*)^{\mathrm{T}}\nabla^2 f(\boldsymbol{X}^*)(\boldsymbol{X}-\boldsymbol{X}^*) \tag{4-17}$$

由此可求得函数的一阶导数

$$\nabla f(\boldsymbol{X})=\nabla f(\boldsymbol{X}^*)+\nabla^2 f(\boldsymbol{X}^*)(\boldsymbol{X}-\boldsymbol{X}^*)$$

故有

$$\begin{cases}\nabla f(\boldsymbol{X}^{(1)})=\nabla f(\boldsymbol{X}^*)+\nabla^2 f(\boldsymbol{X}^*)(\boldsymbol{X}^{(1)}-\boldsymbol{X}^*)\\ \nabla f(\boldsymbol{X}^{(2)})=\nabla f(\boldsymbol{X}^*)+\nabla^2 f(\boldsymbol{X}^*)(\boldsymbol{X}^{(2)}-\boldsymbol{X}^*)\end{cases} \tag{4-18}$$

由于两平行方向 $\boldsymbol{S}^{(1)}$ 为等值线的切线，其切点分别为 $\boldsymbol{X}^{(1)}$ 和 $\boldsymbol{X}^{(2)}$，故方向 $\boldsymbol{S}^{(1)}$ 应垂直于 $\boldsymbol{X}^{(1)}$、$\boldsymbol{X}^{(2)}$ 所处的梯度方向。即有 $\boldsymbol{X}^{(1)}$、$\boldsymbol{X}^{(2)}$ 为目标函数 $f(\boldsymbol{X})$ 在 $\boldsymbol{S}^{(1)}$ 方向的极小点，所以在 $\boldsymbol{X}^{(1)}$、$\boldsymbol{X}^{(2)}$ 两点目标函数的梯度 $\nabla f(\boldsymbol{X}^{(1)})$ 与 $\nabla f(\boldsymbol{X}^{(2)})$ 都必与矢量 $\boldsymbol{S}^{(1)}$ 正交。即

$$[\boldsymbol{S}^{(1)}]^{\mathrm{T}}\nabla f(\boldsymbol{X}^{(1)})=[\boldsymbol{S}^{(1)}]^{\mathrm{T}}[\nabla f(\boldsymbol{X}^*)+\nabla^2 f(\boldsymbol{X}^*)\cdot(\boldsymbol{X}^{(1)}-\boldsymbol{X}^*)]=0 \tag{4-19}$$

$$[\boldsymbol{S}^{(1)}]^{\mathrm{T}}\nabla f(\boldsymbol{X}^{(2)})=[\boldsymbol{S}^{(1)}]^{\mathrm{T}}[\nabla f(\boldsymbol{X}^*)+\nabla^2 f(\boldsymbol{X}^*)\cdot(\boldsymbol{X}^{(2)}-\boldsymbol{X}^*)]=0 \tag{4-20}$$

两式相减得

$$[\boldsymbol{S}^{(1)}]^{\mathrm{T}}[\nabla f(\boldsymbol{X}^{(2)})-\nabla f(\boldsymbol{X}^{(1)})]=[\boldsymbol{S}^{(1)}]^{\mathrm{T}}\nabla^2 f(\boldsymbol{X}^*)(\boldsymbol{X}^{(2)}-\boldsymbol{X}^{(1)})=0 \tag{4-21}$$

而 $\boldsymbol{S}^{(2)}=\boldsymbol{X}^{(2)}-\boldsymbol{X}^{(1)}$，故由式(4-21)可得

$$[\boldsymbol{S}^{(1)}]^{\mathrm{T}}\nabla^2 f(\boldsymbol{X}^*)(\boldsymbol{X}^{(2)}-\boldsymbol{X}^{(1)})=[\boldsymbol{S}^{(1)}]^{\mathrm{T}}\nabla^2 f(\boldsymbol{X}^*)\boldsymbol{S}^{(2)}=0$$

由于 $H(\boldsymbol{X})=\nabla^2 f(\boldsymbol{X})$，故

$$[\boldsymbol{S}^{(1)}]^{\mathrm{T}}H(\boldsymbol{X}^*)(\boldsymbol{X}^{(2)}-\boldsymbol{X}^{(1)})=[\boldsymbol{S}^{(1)}]^{\mathrm{T}}H(\boldsymbol{X}^*)\boldsymbol{S}^{(2)}=0 \tag{4-22}$$

上述证明过程可推演到 n 维函数，即在 n 维空间中可以同时构成 n 个关于 $\boldsymbol{H}$ 的共轭方向 $\boldsymbol{S}^{(1)},\boldsymbol{S}^{(2)},\cdots,\boldsymbol{S}^{(n)}$。对于对称正定二次 n 维函数，从任意初始点 $\boldsymbol{X}^{(0)}$ 出发，沿着这个线性无关的方向组进行一维搜索，就得到目标函数的极小点 $\boldsymbol{X}^*$。因此，共轭方向法具有有限步收敛的特性，通常称具有这种性质的方法为二次收敛法。但对于非二维目标函数，经过有限步共轭方向的一维搜索，则不一定就能达到极小点。在这种情况下，可取其二次泰勒近似式加以讨论。

3. 共轭方向法的基本原理

在共轭方向法的迭代过程中，首先采用坐标轮换法来进行第一轮迭代，而且每轮迭代的最末一个极小点和初始点相连构成一个新方向 $\boldsymbol{S}_{n+1}^{(k)}$，并以此新方向作为下一轮迭代方向组的最末一个方向，同时去掉上一轮的第一个搜索方向 $\boldsymbol{S}_1^{(k)}$，得到下一轮迭代的方向。如此进行下去，直到求得问题的极小点。

4. 算法步骤

以二维问题来说明共轭方向算法的步骤。

（1）令搜索迭代循环的轮数 $k=1$，确定初始点 $\boldsymbol{X}_0^{(k)}$，将初始搜索方向组取为坐标轴方向

$$\boldsymbol{S}_1^{(k)}=[1\quad 0]^{\mathrm{T}},\quad \boldsymbol{S}_2^{(k)}=[0\quad 1]^{\mathrm{T}}$$

（2）从 $\boldsymbol{X}_0^{(k)}$ 出发，依次沿 $\boldsymbol{S}_1^{(k)}$ 和 $\boldsymbol{S}_2^{(k)}$ 进行一维搜索，分别得到相应的极小点 $\boldsymbol{X}_1^{(k)}$、$\boldsymbol{X}_2^{(k)}$；

（3）构造新方向

$$\boldsymbol{S}_3^{(k)}=\boldsymbol{X}_2^{(k)}-\boldsymbol{X}_0^{(k)}$$

沿 $\boldsymbol{S}_3^{(k)}$ 进行一维搜索，得到第 k 轮循环的极小点 $\boldsymbol{X}_3^{(k)}$；

（4）取下一轮循环的初始点

$$\boldsymbol{X}_0^{(k+1)}=\boldsymbol{X}_3^{(k)}$$

同时去掉原来的第一方向 $\boldsymbol{S}_1^{(k)}$，构造新的搜索方向组

$$\boldsymbol{S}_1^{(k+1)}=\boldsymbol{S}_2^{(k)},\quad \boldsymbol{S}_2^{(k+1)}=\boldsymbol{S}_3^{(k)}$$

令 $k=k+1$，转到步骤(2)继续搜索，循环步骤(2)至(4)，直到满足收敛条件 $\|\boldsymbol{X}_2^{(k)}-\boldsymbol{X}_0^{(k)}\|\leqslant\varepsilon$ 时，迭代计算结束。

共轭方向法的程序框图如图 4-11 所示。

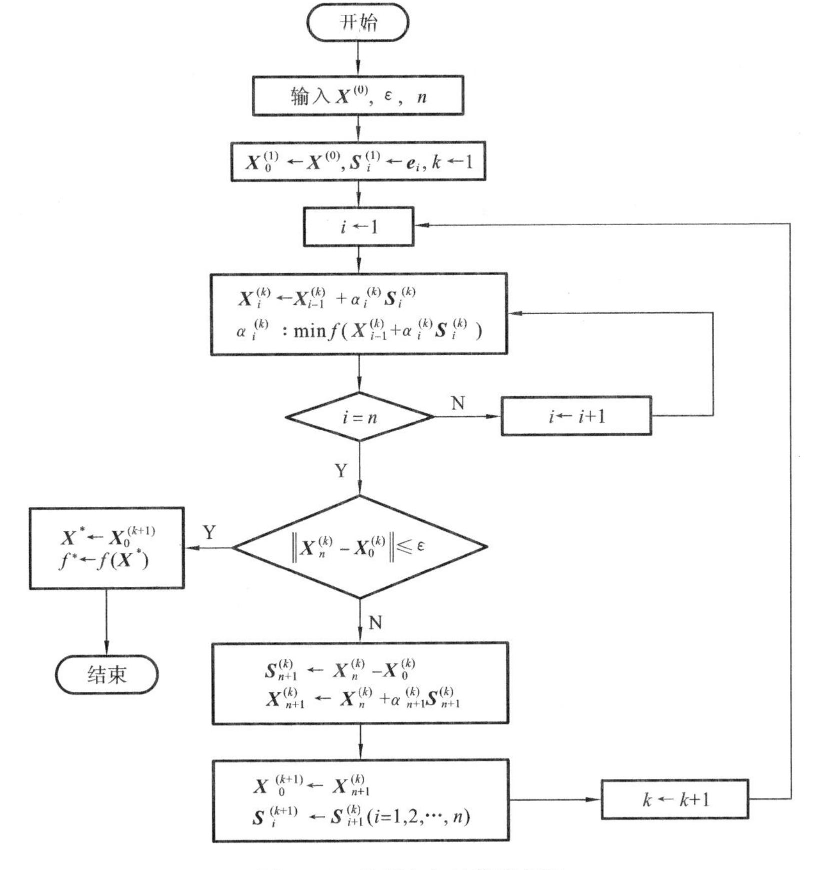

图 4-11　共轭方向法程序框图

4.6.2　鲍威尔法

1. 基本原理

共轭方向法在迭代过程中，要求各搜索方向组的向量 $\boldsymbol{S}_i^{(k)}$（$i=1,2,\cdots,n$）线性无关，但经

过 n 轮迭代后，新产生的方向组极有可能会出现线性相关或近似线性相关的情况，从而搜索过程在降维的空间中进行而导致寻优失败。在进行某一轮搜索时，如果由于在第一个分量这个特定的方向搜索没有进展，即此次搜索步长接近于零，则可能形成两个搜索方向基本共线，在新一轮的搜索中，迭代方向组就成为线性相关，从而导致计算不能收敛到真正的极小点而失败。这种现象称为“退化”。为此，鲍威尔在 1964 年提出了对共轭方向法的改进方法——鲍威尔法(Powell 法)。

如图 4-12 所示的 n 维优化第 k 轮迭代过程。鲍威尔法在每一轮获得新方向 $\boldsymbol{S}_{n+1}^{(k)}$ 之后，在组成新方向组时不是简单地去掉前一轮的第一个方向 $\boldsymbol{S}_1^{(k)}$，而是有选择地去掉其中某一个方向 $\boldsymbol{S}_m^{(k)}$ $(1\leqslant m\leqslant n)$，以避免新方向组中的各方向出现线性相关的情形，从而保证新方向组比前一方向组具有更好的共轭性质。为此，鲍威尔提出了是否用新方向 $\boldsymbol{S}_{n+1}^{(k)}$ 替换原方向组中的某一方向来组成新搜索方向组的判别条件(Powell 判别式)。

$$\begin{cases} F_3<F_1 \\ (F_1+F_3-2F_2)(F_1-F_2-\Delta_m^{(k)})^2<\dfrac{1}{2}\Delta_m^{(k)}(F_1-F_3)^2 \end{cases} \tag{4-23}$$

式中：$F_1=f(\boldsymbol{X}_0^{(k)})$ 为第 k 轮迭代中起始点 $\boldsymbol{X}_0^{(k)}$ 的函数值；$F_2=f(\boldsymbol{X}_n^{(k)})$ 为第 k 轮方向组一维搜索终点 $\boldsymbol{X}_n^{(k)}$ 的函数值；$F_3=f(\boldsymbol{X}_{n+1}^{(k)})=f(2\boldsymbol{X}_n^{(k)}-\boldsymbol{X}_0^{(k)})$ 为第 k 轮方向组中 $\boldsymbol{X}_0^{(k)}$ 对 $\boldsymbol{X}_n^{(k)}$ 的反射点 $\boldsymbol{X}_{n+1}^{(k)}$ 的函数值，即

$$\boldsymbol{X}_{n+1}^{(k)}=2\boldsymbol{X}_n^{(k)}-\boldsymbol{X}_0^{(k)} \tag{4-24}$$

$\Delta_m^{(k)}$ 为第 k 轮方向组中沿各方向一维搜索得到的各函数值下降最大的方向，其对应搜索方向 $\boldsymbol{S}_m^{(k)}$，如图 4-12 所示。

$$\Delta_m^{(k)}=f(\boldsymbol{X}_{m-1}^{(k)})-f(\boldsymbol{X}_m^{(k)})=\max[f(\boldsymbol{X}_{i-1}^{(k)})-f(\boldsymbol{X}_i^{(k)})]\quad (i=1,2,\cdots,n) \tag{4-25}$$

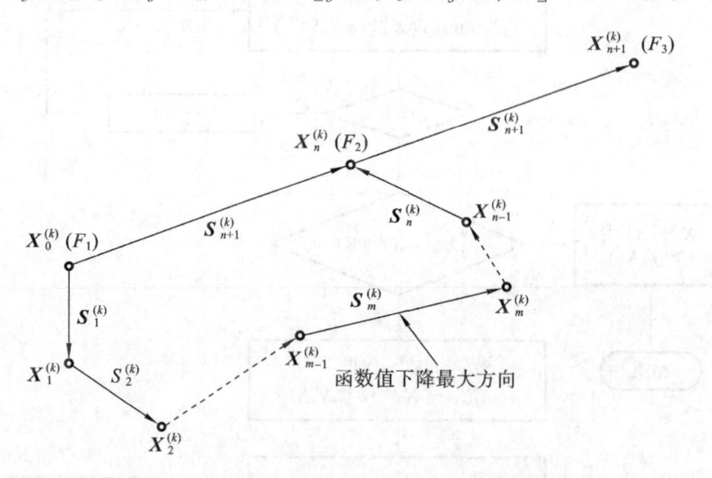

图 4-12　鲍威尔法的迭代过程(空间投影图)

假设第 k 轮迭代函数值下降最大时所对应的方向为 $\boldsymbol{S}_m^{(k)}$，若同时满足 Powell 判别式，则在第 $k+1$ 轮循环中选用新方向 $\boldsymbol{S}_{n+1}^{(k)}$，并将 $\boldsymbol{S}_{n+1}^{(k)}$ 补入第 $k+1$ 轮循环的基本方向组的最后，同时去掉原方向 $\boldsymbol{S}_m^{(k)}$，即以 $\boldsymbol{S}_1^{(k)},\boldsymbol{S}_2^{(k)},\cdots,\boldsymbol{S}_{m-1}^{(k)},\boldsymbol{S}_{m+1}^{(k)},\cdots,\boldsymbol{S}_n^{(k)},\boldsymbol{S}_{n+1}^{(k)}$ 构成第 $k+1$ 轮循环的基本方向组 $\boldsymbol{S}_i^{(k+1)}$ $(i=1,2,\cdots,n)$，同时由 $\boldsymbol{X}_n^{(k)}$ 出发沿第 k 轮搜索的初始点和终点连线方向 $\boldsymbol{S}_{n+1}^{(k)}$ 进行一维搜索，求出该方向的极小点 $\boldsymbol{X}^*$，并以 $\boldsymbol{X}^*$ 作为第 $k+1$ 轮迭代的初始点；否则，若不满足 Powell 判别式，则第 $k+1$ 轮循环仍用原来的 n 个搜索方向($\boldsymbol{S}_1^{(k)},\boldsymbol{S}_2^{(k)},\cdots,\boldsymbol{S}_n^{(k)}$)。初始点 $\boldsymbol{X}_0^{(k+1)}$ 则应选

取 $\boldsymbol{X}_n^{(k)}$、$\boldsymbol{X}_{n+1}^{(k)}$ 两点中函数值较小者，即

$$\begin{cases} F_2 \leqslant F_3 & \boldsymbol{X}_0^{(k+1)} = \boldsymbol{X}_n^{(k)} \\ F_2 > F_3 & \boldsymbol{X}_0^{(k+1)} = \boldsymbol{X}_{n+1}^{(k)} \end{cases} \tag{4-26}$$

2. 鲍威尔法的特点

(1) 在每一轮迭代完成并产生新的共轭方向 $\boldsymbol{S}_1^{(k)}, \boldsymbol{S}_2^{(k)}, \cdots, \boldsymbol{S}_n^{(k)}, \boldsymbol{S}_{n+1}^{(k)}$ 后，先对共轭方向的优劣进行判别，检验它是否与其他方向线性相关或接近线性相关。

(2) 若不满足 Powell 判别式，则不用 $\boldsymbol{S}_{n+1}^{(k)}$ 作为下一搜索的基本方向组，仍然选用上一轮搜索的基本方向组，以保证能够选取 n 个线性无关的方向。

(3) 若共轭方向满足 Powell 判别式，则可用 $\boldsymbol{S}_{n+1}^{(k)}$ 替换前一轮迭代中使函数值下降最快的一个方向，而不一定替换上一轮搜索基本方向组的第 1 个方向，以加快搜索的收敛速度。

3. 鲍威尔法的迭代步骤

(1) 给定初始点 $\boldsymbol{X}^{(0)}$ 和允许误差 ε_1 或 ε_2。

(2) 取 n 个坐标轴的单位向量 $\boldsymbol{e}_i (i=1,2,\cdots,n)$ 为搜索方向 $\boldsymbol{S}_i^{(k)} = \boldsymbol{e}_i$；置 $k=1$（k 为迭代轮数），$\boldsymbol{X}_0^{(k)} = \boldsymbol{X}^{(0)}$。

(3) 从 $\boldsymbol{X}_0^{(k)}$ 出发，依次沿 $\boldsymbol{S}_i^{(k)} (i=1,2,\cdots,n)$ 进行一轮 n 次一维搜索

$$\boldsymbol{X}_i^{(k)} = \boldsymbol{X}_{i-1}^{(k)} + \alpha_i^{(k)} \boldsymbol{S}_i^{(k)}$$

得到 n 个极小点 $\boldsymbol{X}_i^{(k)}$。

(4) 计算各相邻极小点目标函数值的差值，并找出其中的最大值及其对应的方向

$$\Delta_m^{(k)} = \max[f(\boldsymbol{X}_{i-1}^{(k)}) - f(\boldsymbol{X}_i^{(k)})], \quad \boldsymbol{S}_m^{(k)} = \boldsymbol{X}_m^{(k)} - \boldsymbol{X}_{m-1}^{(k)}$$

(5) 计算反射点

$$\boldsymbol{X}_{n+1}^{(k)} = 2\boldsymbol{X}_n^{(k)} - \boldsymbol{X}_0^{(k)}, \quad \boldsymbol{S}_{n+1}^{(k)} = \boldsymbol{X}_n^{(k)} - \boldsymbol{X}_0^{(k)}$$

计算

$$F_1 = f(\boldsymbol{X}_0^{(k)}), \quad F_2 = f(\boldsymbol{X}_n^{(k)}), \quad F_3 = f(\boldsymbol{X}_{n+1}^{(k)})$$

并判断是否满足 Powell 判别式。

① 若满足 Powell 判别式，则由 $\boldsymbol{X}_n^{(k)}$ 出发，沿方向 $\boldsymbol{S}_{n+1}^{(k)}$ 进行一维搜索，求出该方向的极小点 $\boldsymbol{X}^*$，并以该点作为第 $k+1$ 轮迭代的出发点，即令 $\boldsymbol{X}_0^{(k+1)} = \boldsymbol{X}^*$。然后，去掉方向 $\boldsymbol{S}_m^{(k)}$，而将方向 $\boldsymbol{S}_{n+1}^{(k)}$ 作为第 $k+1$ 轮迭代的最末一个方向，即第 $k+1$ 轮的搜索方向为

$$\boldsymbol{S}_1^{(k+1)} = \boldsymbol{S}_1^{(k)}, \boldsymbol{S}_2^{(k+1)} = \boldsymbol{S}_2^{(k)}, \cdots, \boldsymbol{S}_{m-1}^{(k+1)} = \boldsymbol{S}_{m-1}^{(k)}, \boldsymbol{S}_m^{(k+1)} = \boldsymbol{S}_{m+1}^{(k)}, \cdots, \boldsymbol{S}_{n-1}^{(k+1)} = \boldsymbol{S}_n^{(k)}, \boldsymbol{S}_n^{(k+1)} = \boldsymbol{S}_{n+1}^{(k)}$$

② 若不满足 Powell 判别式，则进入第 $k+1$ 轮迭代时，仍用第 k 轮迭代的方向 $\boldsymbol{S}_i^{(k+1)} = \boldsymbol{S}_i^{(k)}$，迭代初始点选取为

$$\begin{cases} F_2 \leqslant F_3 & \boldsymbol{X}_0^{(k+1)} = \boldsymbol{X}_n^{(k)} \\ F_2 > F_3 & \boldsymbol{X}_0^{(k+1)} = \boldsymbol{X}_{n+1}^{(k)} \end{cases}$$

(6) 检验是否满足迭代终止条件

若满足

$$|(f(\boldsymbol{X}_0^{(k+1)}) - f(\boldsymbol{X}_0^{(k)}))/f(\boldsymbol{X}_0^{(k+1)})| \leqslant \varepsilon_2$$

或

$$\| \boldsymbol{X}_0^{(k+1)} - \boldsymbol{X}_0^{(k)} \| \leqslant \varepsilon_1$$

则可以终止迭代，$\boldsymbol{X}_0^{(k+1)}$ 即为最优点，输出结果

$$\boldsymbol{X}^* = \boldsymbol{X}_0^{(k+1)}, \quad f(\boldsymbol{X}^*) = f(\boldsymbol{X}_0^{(k+1)})$$

否则，返回步骤(3)，进行下一轮的迭代。

鲍威尔法的程序框图如图 4-13 所示。

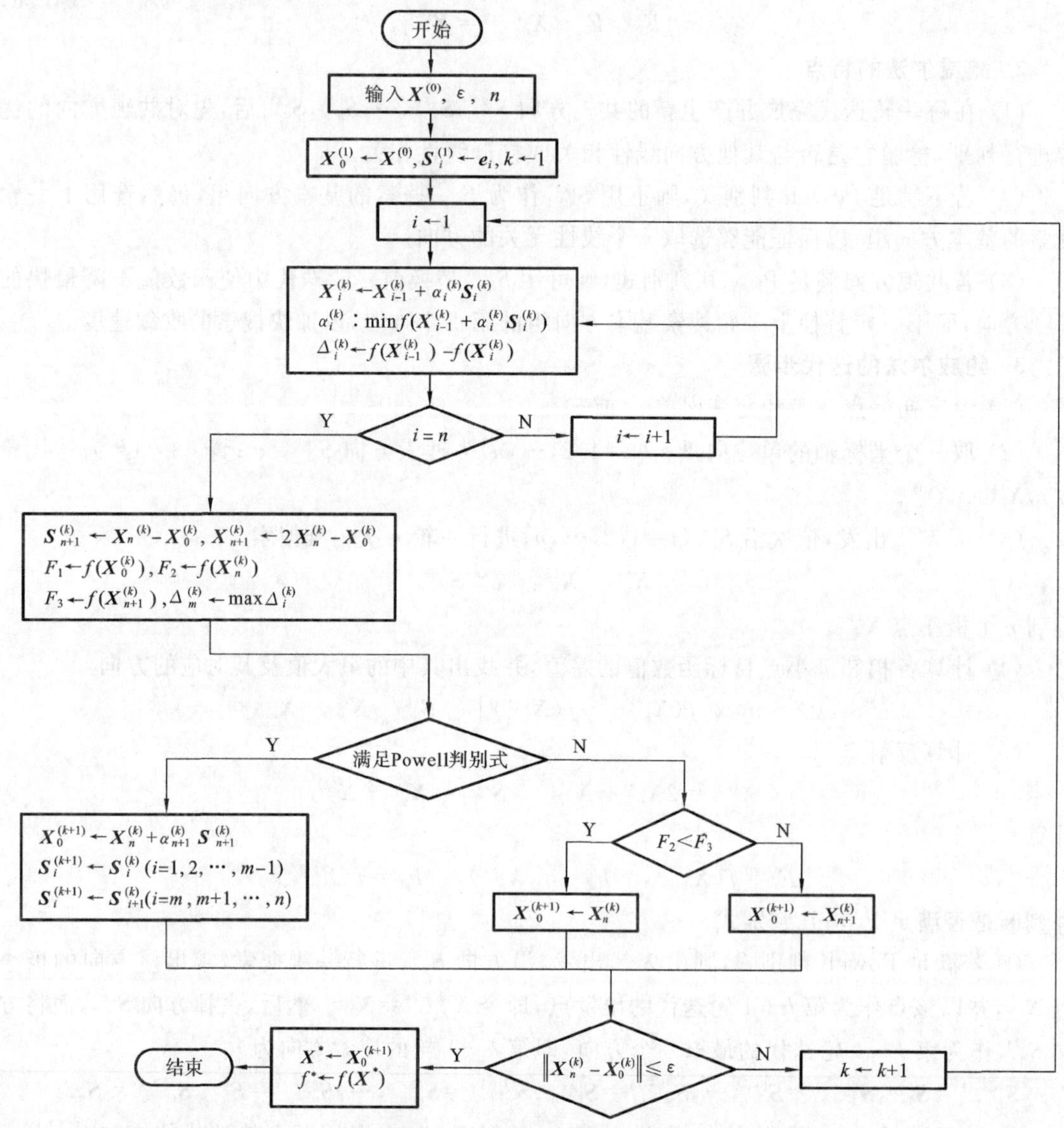

图 4-13　鲍威尔法程序框图

例 4-6　试用鲍威尔法求解无约束优化问题

$$f(\boldsymbol{X}) = 10(x_1 + x_2 - 5)^2 + (x_1 - x_2)^2$$

的最优解，已知初始点 $\boldsymbol{X}_0^{(1)} = [0 \quad 0]^{\mathrm{T}}$，收敛精度 $\varepsilon = 0.001$。

解　(1) 第一轮迭代。

① 选择搜索方向

$$\boldsymbol{S}_1^{(1)} = \begin{bmatrix} 1 \\ 0 \end{bmatrix}, \quad \boldsymbol{S}_2^{(1)} = \begin{bmatrix} 0 \\ 1 \end{bmatrix}$$

② 沿 $\boldsymbol{S}_1^{(1)}$ 方向一维搜索

$$\boldsymbol{X}_1^{(1)} = \boldsymbol{X}_0^{(1)} + \alpha_1^{(1)} \boldsymbol{S}_1^{(1)} = \begin{bmatrix} \alpha_1^{(1)} \\ 0 \end{bmatrix}$$

$$\min f(\boldsymbol{X}_1^{(1)})=\min f(\boldsymbol{X}_0^{(1)}+\alpha_1^{(1)}\boldsymbol{S}_1^{(1)})=\min[10(\alpha_1^{(1)}-5)^2+\alpha_1^{(1)2}]=f(\alpha_1^{(1)})$$

$$\frac{\partial f(\boldsymbol{X}_1^{(1)})}{\partial\alpha_1^{(1)}}=22\alpha_1^{(1)}-100=0,\quad \alpha_1^{(1)}=4.5455$$

$$\boldsymbol{X}_1^{(1)}=\boldsymbol{X}_0^{(1)}+\alpha_1^{(1)}\boldsymbol{S}_1^{(1)}=\begin{bmatrix}4.5455\\0\end{bmatrix}$$

③ 然后，从 $\boldsymbol{X}_1^{(1)}$ 出发沿 $\boldsymbol{S}_2^{(1)}$ 方向进行一维搜索，可得

$$\boldsymbol{X}_2^{(1)}=\boldsymbol{X}_1^{(1)}+\alpha_2^{(1)}\boldsymbol{S}_2^{(1)}=\begin{bmatrix}4.5455\\0\end{bmatrix}^{\mathrm{T}}+\begin{bmatrix}0\\\alpha_2^{(1)}\end{bmatrix}=\begin{bmatrix}4.5455\\\alpha_2^{(1)}\end{bmatrix}$$

$$\min f(\boldsymbol{X}_2^{(1)})=\min f(\boldsymbol{X}_1^{(1)}+\alpha_2^{(1)}\boldsymbol{S}_2^{(1)})=\min[10(\alpha_2^{(1)}-0.4545)^2+(4.5455-\alpha_2^{(1)})^2]$$

$$\frac{\partial f(\boldsymbol{X}_2^{(1)})}{\partial\alpha_2^{(1)}}=20(\alpha_2^{(1)}-0.4545)-2(4.5455-\alpha_2^{(1)})=0$$

$$\alpha_2^{(1)}=0.8264$$

$$\boldsymbol{X}_2^{(1)}=\boldsymbol{X}_1^{(1)}+\alpha_2^{(1)}\boldsymbol{S}_2^{(1)}=\begin{bmatrix}4.5455\\0.8264\end{bmatrix}$$

④ 计算函数最大值及其相应的方向

$$f_0=f(\boldsymbol{X}_0^{(1)})=250,\quad f_1=f(\boldsymbol{X}_1^{(1)})=22.727,\quad f_2=f(\boldsymbol{X}_2^{(1)})=15.214$$

$$\Delta_1=f_0-f_1=227.273,\quad \Delta_2=f_1-f_2=7.513$$

函数值下降量最大者为　$\Delta_m^{(1)}=\Delta_1=227.273$

⑤ 计算反射点

$$\boldsymbol{X}_3^{(1)}=2\boldsymbol{X}_2^{(1)}-\boldsymbol{X}_0^{(1)}=\begin{bmatrix}9.091\\1.6528\end{bmatrix}$$

$$F_1=f(\boldsymbol{X}_0^{(1)})=250,\quad F_2=f(\boldsymbol{X}_2^{(1)})=15.214,\quad F_3=f(\boldsymbol{X}_3^{(1)})=385.2392$$

由于 $F_3>F_1$，不满足鲍威尔判别式，因此第二轮迭代仍沿用原搜索方向组。

(2) 第二轮迭代。

由于 $F_2<F_3$，故取

$$\boldsymbol{X}_0^{(2)}=\boldsymbol{X}_2^{(1)}=\begin{bmatrix}4.5455\\0.8264\end{bmatrix}$$

① 沿 $\boldsymbol{S}_1^{(2)}=\boldsymbol{S}_1^{(1)}$ 方向进行一维搜索

$$\boldsymbol{X}_1^{(2)}=\boldsymbol{X}_0^{(2)}+\alpha_1^{(2)}\boldsymbol{S}_1^{(2)}=\begin{bmatrix}4.5455\\0.8264\end{bmatrix}+\alpha_1^{(2)}\begin{bmatrix}1\\0\end{bmatrix}=\begin{bmatrix}4.5455+\alpha_1^{(2)}\\0.8264\end{bmatrix}$$

$$f(\boldsymbol{X})=10(4.5455+\alpha_1^{(2)}+0.8264-5)^2+(4.5455+\alpha_1^{(2)}-0.8264)^2$$

$$\frac{\partial f(\boldsymbol{X})}{\partial\alpha_1^{(2)}}=0,\quad \alpha_1^{(2)}=-0.6762$$

$$\boldsymbol{X}_1^{(2)}=\begin{bmatrix}3.8693\\0.8264\end{bmatrix}$$

② 从 $\boldsymbol{X}_1^{(2)}$ 出发，沿 $\boldsymbol{S}_2^{(2)}=\boldsymbol{S}_2^{(1)}$ 方向进行一维搜索得极小点

$$\boldsymbol{X}_2^{(2)}=\begin{bmatrix}3.8693\\1.3797\end{bmatrix}$$

③ 计算函数值

$$f_0=f(\boldsymbol{X}_0^{(2)})=15.214$$

$$f_1=f(\boldsymbol{X}_1^{(2)})=10.185,\quad f_2=f(\boldsymbol{X}_2^{(2)})=6.818$$

$$\Delta_1=f_0-f_1=5.029,\quad \Delta_2=f_1-f_2=3.367$$

$$\Delta_m^{(2)}=\Delta_1,\quad \boldsymbol{S}_m^{(2)}=\boldsymbol{S}_1^{(2)}$$

④ 计算反射点及验证判定条件

$$\boldsymbol{X}_3^{(2)}=2\boldsymbol{X}_2^{(2)}-\boldsymbol{X}_0^{(2)}=\begin{bmatrix}3.1931\\1.9330\end{bmatrix}$$

$$F_1=f(\boldsymbol{X}_0^{(2)})=15.2148,\quad F_2=f(\boldsymbol{X}_2^{(2)})=6.818,\quad F_3=f(\boldsymbol{X}_3^{(2)})=1.7496$$

检验是否符合鲍威尔判别式

$$F_3<F_1$$

$$(F_1+F_3-2F_2)(F_1-F_2-\Delta_m^{(2)})^2=37.7024$$

$$0.5\Delta_m^{(2)}(F_1-F_3)^2=456.1453$$

则$(F_1+F_3-2F_2)(F_1-F_2-\Delta_m^{(2)})^2<\frac{1}{2}\Delta_m^{(2)}(F_1-F_3)^2$，满足鲍威尔判别式，应该采用新方向

$$\boldsymbol{S}_3^{(2)}=\boldsymbol{X}_2^{(2)}-\boldsymbol{X}_0^{(2)}=\begin{bmatrix}-0.6762\\0.5533\end{bmatrix}$$

去掉对应$\Delta_m^{(2)}$的方向$\boldsymbol{S}_1^{(2)}$，则下一轮的初始点取为$\boldsymbol{S}_3^{(2)}$方向上的极小点$\boldsymbol{X}_3^{(2)}$，沿$\boldsymbol{S}_3^{(2)}$方向进行一维搜索

$$\boldsymbol{X}_3^{(2)}=\boldsymbol{X}_2^{(2)}+\alpha_3^{(2)}\boldsymbol{S}_3^{(2)}$$

通过计算得

$$\alpha_3^{(2)}=2.02499,\quad \boldsymbol{X}_3^{(2)}=\begin{bmatrix}2.5\\2.5001\end{bmatrix}$$

(3) 第三轮迭代。

$$\boldsymbol{X}_0^{(3)}=\boldsymbol{X}_3^{(2)}=\begin{bmatrix}2.5\\2.5001\end{bmatrix}$$

$$\boldsymbol{S}_1^{(3)}=\boldsymbol{S}_2^{(2)}=\begin{bmatrix}0\\1\end{bmatrix}$$

$$\boldsymbol{S}_2^{(3)}=\boldsymbol{S}_3^{(2)}=\begin{bmatrix}-0.6762\\0.5533\end{bmatrix}$$

沿$\boldsymbol{S}_1^{(3)}$方向搜索

$$\boldsymbol{X}_1^{(3)}=\boldsymbol{X}_0^{(3)}+\alpha_1^{(3)}\boldsymbol{S}_1^{(3)}=\begin{bmatrix}2.5\\2.5001\end{bmatrix}+\alpha_1^{(3)}\begin{bmatrix}0\\1\end{bmatrix}=\begin{bmatrix}2.5\\2.5001+\alpha_1^{(3)}\end{bmatrix}$$

$$f(\boldsymbol{X})=10(2.5+2.5001+\alpha_1^{(3)}-5)^2+(2.5-2.5001+\alpha_1^{(3)})^2$$

$$\frac{\partial f(\boldsymbol{X})}{\partial\alpha_1^{(3)}}=0,\quad \alpha_1^{(3)}=0.00008\approx 0,\quad \boldsymbol{X}_1^{(3)}=\begin{bmatrix}2.5\\2.5001\end{bmatrix}$$

沿$\boldsymbol{S}_2^{(3)}$方向搜索

$$\boldsymbol{X}_2^{(3)}=\boldsymbol{X}_1^{(3)}+\alpha_2^{(3)}\boldsymbol{S}_2^{(3)}=\begin{bmatrix}2.5\\2.5001\end{bmatrix}+\alpha_2^{(3)}\begin{bmatrix}-0.6762\\0.5533\end{bmatrix}=\begin{bmatrix}2.5-0.6762\alpha_2^{(3)}\\2.5001+0.5533\alpha_2^{(3)}\end{bmatrix}$$

$$f(\boldsymbol{X})=10(2.5-0.6762\alpha_2^{(3)}+2.5001+0.5533\alpha_2^{(3)}-5)^2$$

$$+(2.5-0.6762\alpha_2^{(3)}-2.5001-0.5533\alpha_2^{(3)})^2$$

由 $\frac{\partial f(\boldsymbol{X})}{\partial \alpha_2^{(3)}}=0$ 可得 $\alpha_2^{(3)}\approx 0$。所以，$\boldsymbol{X}_0^{(3)}$ 为最优解，即

$$\boldsymbol{X}^*=\boldsymbol{X}_0^{(3)}=\begin{bmatrix}2.5\\2.5001\end{bmatrix},\quad f(\boldsymbol{X}^*)=0.0$$

4.7　变尺度法

变尺度法是 Davidon 于 1959 年提出，后又由 Fletcher 和 Powell 加以发展和完善，故又称 DFP 变尺度法。变尺度法是在梯度法和牛顿法的基础上发展起来的，它克服了梯度法收敛慢、牛顿法计算量大的缺点，是求解无约束问题最有效的算法之一，在工程优化设计中得到了广泛的应用。

1. 基本原理

梯度法和牛顿法的迭代公式分别为

$$\boldsymbol{X}^{(k+1)}=\boldsymbol{X}^{(k)}-\alpha_k\nabla f(\boldsymbol{X}^{(k)})$$

$$\boldsymbol{X}^{(k+1)}-\boldsymbol{X}^{(k)}-\alpha_k[H(\boldsymbol{X}^{(k)})]^{-1}\nabla f(\boldsymbol{X}^{(k)})$$

分析这两种迭代公式可知，梯度法的搜索方向为 $-\nabla f(\boldsymbol{X}^{(k)})$，只需计算目标函数的一阶偏导数，计算工作量小，当迭代点远离最优点时目标函数值下降很快，但在迭代点接近最优点时收敛速度很慢，甚至可能迭代失败；牛顿法的搜索方向为 $-[H(\boldsymbol{X}^{(k)})]^{-1}\nabla f(\boldsymbol{X}^{(k)})$，需要计算目标函数的一阶偏导数、二阶偏导数及其逆矩阵，计算工作量很大，但牛顿法具有二次收敛性，当迭代点接近最优点时收敛速度很快。基于此，变尺度法综合了这两种优化方法的优劣，在迭代过程中先用梯度法，后用牛顿法，既保证了整个迭代过程的收敛速度，又避开了牛顿法的 Hessian 矩阵及其逆矩阵的烦琐计算，计算量大为减少。

变尺度法借用了牛顿法的迭代公式，不同的是在迭代过程中并不直接计算 $[H(\boldsymbol{X}^{(k)})]^{-1}$，而是用一个对称正定矩阵 $\boldsymbol{G}(\boldsymbol{X}^{(k)})$ 近似地代替（或称逼近）$[H(\boldsymbol{X}^{(k)})]^{-1}$，使算法更为有效，$\boldsymbol{G}(\boldsymbol{X}^{(k)})$ 在迭代过程中随着迭代点的位置变化而不断变化，最后逼近 $[H(\boldsymbol{X}^{(k)})]^{-1}$。由此可见，变尺度法的关键在于变尺度矩阵 $\boldsymbol{G}(\boldsymbol{X}^{(k)})$ 的确定。

2. 迭代计算公式

构造的矩阵 $\boldsymbol{G}(\boldsymbol{X}^{(k)})$ 在迭代过程中是变化的，称为变尺度矩阵。令

$$\boldsymbol{S}^{(k)}=-\boldsymbol{G}(\boldsymbol{X}^{(k)})\nabla f(\boldsymbol{X}^{(k)})$$

则迭代计算公式为

$$\boldsymbol{X}^{(k+1)}=\boldsymbol{X}^{(k)}+\alpha_k\boldsymbol{S}^{(k)}=\boldsymbol{X}^{(k)}-\alpha_k\boldsymbol{G}(\boldsymbol{X}^{(k)})\nabla f(\boldsymbol{X}^{(k)}) \tag{4-27}$$

若在初始点 $\boldsymbol{X}^{(0)}$ 取 $\boldsymbol{G}(\boldsymbol{X}^{(0)})=\boldsymbol{I}$（单位矩阵），则迭代计算公式可写为

$$\boldsymbol{X}^{(k+1)}=\boldsymbol{X}^{(k)}-\alpha_k\nabla f(\boldsymbol{X}^{(k)}) \tag{4-28}$$

相当于梯度法的迭代公式，搜索方向为负梯度方向。以后随着迭代过程的进行，不断修正构造的矩阵 $\boldsymbol{G}(\boldsymbol{X}^{(k)})$，使它在整个迭代过程中逐步地逼近目标函数在极小点处的 Hessian 矩阵的逆矩阵 $[H(\boldsymbol{X}^{(k)})]^{-1}$。当 $\boldsymbol{G}(\boldsymbol{X}^{(k)})=[H(\boldsymbol{X}^{(k)})]^{-1}$ 时，变尺度法的迭代公式就称为阻尼牛顿法的迭代格式，即当迭代点逼近最优点时，搜索方向就趋于牛顿方向。

构造的变尺度矩阵应具有简单的迭代形式，能利用本次的迭代信息以固定的格式构造下一次迭代的变尺度矩阵 $\boldsymbol{G}(\boldsymbol{X}^{(k+1)})$。变尺度矩阵的递推公式为

$$\boldsymbol{G}(\boldsymbol{X}^{(k+1)})=\boldsymbol{G}(\boldsymbol{X}^{(k)})+\boldsymbol{E}^{(k)} \tag{4-29}$$

式中：$\boldsymbol{E}^{(k)}$ 为第 k 次迭代的修正矩阵

$$\boldsymbol{E}^{(k)}=\alpha_k\frac{\boldsymbol{S}^{(k)}[\boldsymbol{S}^{(k)}]^{\mathrm{T}}}{[\boldsymbol{S}^{(k)}]^{\mathrm{T}}\Delta\boldsymbol{g}^{(k)}}-\frac{\boldsymbol{G}^{(k)}\Delta\boldsymbol{g}^{(k)}[\Delta\boldsymbol{g}^{(k)}]^{\mathrm{T}}\boldsymbol{G}^{(k)}}{[\Delta\boldsymbol{g}^{(k)}]^{\mathrm{T}}\boldsymbol{G}^{(k)}\Delta\boldsymbol{g}^{(k)}}=\frac{\Delta\boldsymbol{X}^{(k)}[\Delta\boldsymbol{X}^{(k)}]^{\mathrm{T}}}{[\Delta\boldsymbol{X}^{(k)}]^{\mathrm{T}}\Delta\boldsymbol{g}^{(k)}}-\frac{\boldsymbol{G}^{(k)}\Delta\boldsymbol{g}^{(k)}[\Delta\boldsymbol{g}^{(k)}]^{\mathrm{T}}\boldsymbol{G}^{(k)}}{[\Delta\boldsymbol{g}^{(k)}]^{\mathrm{T}}\boldsymbol{G}^{(k)}\Delta\boldsymbol{g}^{(k)}} \tag{4-30}$$

其中，$\Delta\boldsymbol{X}^{(k)}=\boldsymbol{X}^{(k+1)}-\boldsymbol{X}^{(k)}$ 为两迭代点位移矢量差；$\Delta\boldsymbol{g}^{(k)}=\boldsymbol{g}^{(k+1)}-\boldsymbol{g}^{(k)}=\nabla f(\boldsymbol{X}^{(k+1)})-\nabla f(\boldsymbol{X}^{(k)})$ 为梯度矢量差。

3. 计算迭代步骤

(1) 给定初始点 $\boldsymbol{X}^{(0)}$，迭代精度 ε，维数 n。

(2) 置 $0\Rightarrow k$，单位矩阵 $\boldsymbol{I}\Rightarrow\boldsymbol{G}^{(0)}$，计算 $\nabla f(\boldsymbol{X}^{(0)})\Rightarrow\boldsymbol{g}^{(0)}$。

(3) 计算搜索方向 $-\boldsymbol{G}^{(k)}\boldsymbol{g}^{(k)}\Rightarrow\boldsymbol{S}^{(k)}$。

(4) 进行一维搜索，求 α_k 后得迭代计算点 $\boldsymbol{X}^{(k)}+\alpha_k\boldsymbol{S}^{(k)}\Rightarrow\boldsymbol{X}^{(k+1)}$。

(5) 检验是否满足迭代终止条件：$\|\nabla f(\boldsymbol{X}^{(k+1)})\|\leqslant\varepsilon$。若满足，则终止迭代，输出最优解 $\boldsymbol{X}^{(k+1)}\Rightarrow\boldsymbol{X}^*$，$f(\boldsymbol{X}^{(k+1)})\Rightarrow f(\boldsymbol{X}^*)$；否则，进行下一步。

(6) 检查迭代次数 $k=n$：若等于 $\boldsymbol{X}^{(k+1)}\Rightarrow\boldsymbol{X}^{(0)}$，则转步骤(2)；若 $k<n$，则转(7)。

(7) 计算

$$\nabla f(\boldsymbol{X}^{(k+1)})=\boldsymbol{g}^{(k+1)},\quad \boldsymbol{g}^{(k+1)}-\boldsymbol{g}^{(k)}\Rightarrow\Delta\boldsymbol{g}^{(k)}$$

$$\boldsymbol{X}^{(k+1)}-\boldsymbol{X}^{(k)}\Rightarrow\Delta\boldsymbol{X}^{(k)}$$

计算 $\boldsymbol{E}^{(k)}$

$$\boldsymbol{G}^{(k)}+\boldsymbol{E}^{(k)}\Rightarrow\boldsymbol{G}^{(k+1)}$$

然后，置 $k+1=k$，转到步骤(3)。

变尺度法程序框图如图 4-14 所示。

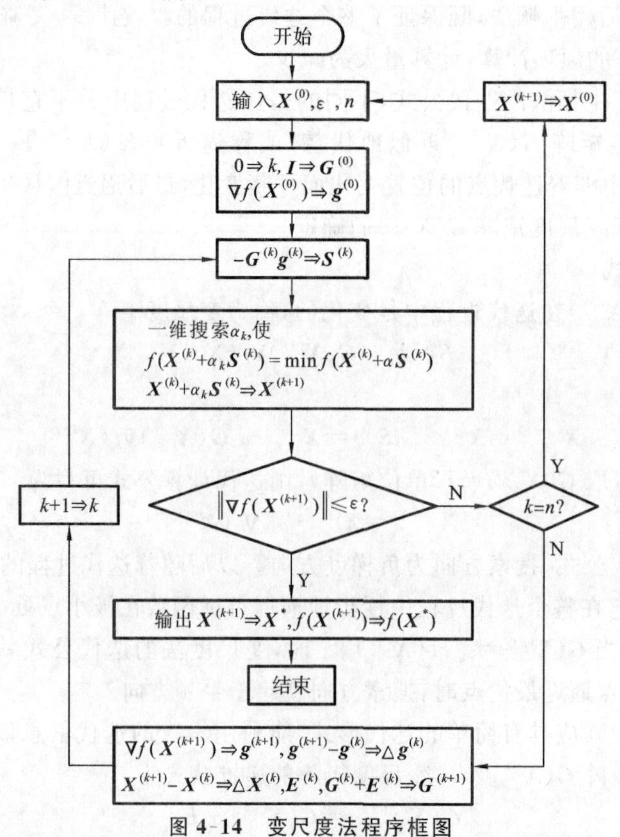

图 4-14 变尺度法程序框图

例 4-7　试用变尺度法求解下列无约束优化问题

$$f(\boldsymbol{X})=4(x_1-5)^2+(x_2-6)^2$$

的极小点和极小值。取初始点 $\boldsymbol{X}^{(0)}=[8,9]^{\mathrm{T}}$，梯度精度 $\varepsilon=0.01$。

解　(1) 第一次迭代。

初始点 $\boldsymbol{X}^{(0)}=[8,9]^{\mathrm{T}}$，则

$$f(\boldsymbol{X}^{(0)})=45,\quad \boldsymbol{G}^{(0)}=\boldsymbol{I}=\begin{bmatrix}1&0\\0&1\end{bmatrix}$$

根据目标函数的梯度函数，可得 $\boldsymbol{X}^{(0)}$ 点的导数值

$$\boldsymbol{g}^{(0)}=\nabla f(\boldsymbol{X}^{(0)})=\begin{bmatrix}8(x_1-5)\\2(x_2-6)\end{bmatrix}_{\boldsymbol{X}^{(0)}}=\begin{bmatrix}24\\6\end{bmatrix}$$

求 $\boldsymbol{S}^{(0)}$ 搜索方向 $\boldsymbol{S}^{(0)}=-\boldsymbol{G}^{(0)}\nabla f(\boldsymbol{X}^{(0)})$ 及新的迭代点 $\boldsymbol{X}^{(1)}$。

$$\boldsymbol{S}^{(0)}=-\boldsymbol{G}^{(0)}\boldsymbol{g}^{(0)}=-\begin{bmatrix}1&0\\0&1\end{bmatrix}\begin{bmatrix}24\\6\end{bmatrix}=\begin{bmatrix}-24\\-6\end{bmatrix}$$

$$\boldsymbol{X}^{(1)}=\boldsymbol{X}^{(0)}+\alpha_0\boldsymbol{S}^{(0)}=\begin{bmatrix}8\\9\end{bmatrix}+\alpha_0\begin{bmatrix}-24\\-6\end{bmatrix}=\begin{bmatrix}8-24\alpha_0\\9-6\alpha_0\end{bmatrix}$$

用一维搜索方法求解最优步长 α_0，本题采用解析法求 α_0。

$$f(\boldsymbol{X}^{(1)})=4[(8-24\alpha_0)-5]^2+[(9-6\alpha_0)-6]^2$$

由极值条件 $\dfrac{\mathrm{d}f(\boldsymbol{X}^{(1)})}{\mathrm{d}\alpha_0}=0$，得

$$4680\alpha_0-612=0\Rightarrow\alpha_0=0.1307$$

因此

$$\boldsymbol{X}^{(1)}=[4.8615\quad 8.2154]^{\mathrm{T}},\quad f(\boldsymbol{X}^{(1)})=4.9846$$

计算 $\boldsymbol{X}^{(1)}$ 点的函数梯度，并检验迭代终止条件

$$\boldsymbol{g}^{(1)}=\nabla f(\boldsymbol{X}^{(1)})=\begin{bmatrix}8(4.8615-5)\\2(8.2154-6)\end{bmatrix}=\begin{bmatrix}-1.1078\\4.4308\end{bmatrix}$$

$$\|\nabla f(\boldsymbol{X}^{(1)})\|=\sqrt{(-1.1078)^2+(4.4308)^2}=4.5672>\varepsilon$$

不满足迭代终止准则，需要继续迭代。

(2) 第二次迭代。

$$\Delta\boldsymbol{g}^{(0)}=\boldsymbol{g}^{(1)}-\boldsymbol{g}^{(0)}=\begin{bmatrix}-25.1078\\-1.5692\end{bmatrix}$$

$$\Delta\boldsymbol{X}^{(0)}=\boldsymbol{X}^{(1)}-\boldsymbol{X}^{(0)}=\begin{bmatrix}-3.1385\\-0.7846\end{bmatrix}$$

按 DFP 公式计算近似矩阵 $\boldsymbol{G}^{(1)}$（变尺度法）

$$\boldsymbol{G}^{(1)}=\boldsymbol{G}^{(0)}+\frac{\Delta\boldsymbol{X}^{(0)}[\Delta\boldsymbol{X}^{(0)}]^{\mathrm{T}}}{[\Delta\boldsymbol{X}^{(0)}]^{\mathrm{T}}\Delta\boldsymbol{g}^{(0)}}-\frac{\boldsymbol{G}^{(0)}\Delta\boldsymbol{g}^{(0)}[\Delta\boldsymbol{g}^{(0)}]^{\mathrm{T}}\boldsymbol{G}^{(0)}}{[\Delta\boldsymbol{g}^{(0)}]^{\mathrm{T}}\boldsymbol{G}^{(0)}\Delta\boldsymbol{g}^{(0)}}=\begin{bmatrix}0.1270&-0.0315\\-0.0315&1.0038\end{bmatrix}$$

求搜索方向 $\boldsymbol{S}^{(1)}$ 以及新的迭代点 $\boldsymbol{X}^{(2)}$

$$\boldsymbol{S}^{(1)}=-\boldsymbol{G}^{(1)}\boldsymbol{g}^{(1)}=-\boldsymbol{G}^{(1)}\nabla f(\boldsymbol{X}^{(1)})=\begin{bmatrix}0.2802\\-4.4825\end{bmatrix}$$

沿 $\boldsymbol{S}^{(1)}$ 方向进行一维搜索，解析法求得

$$\alpha_1=0.4942$$

因此
$$\boldsymbol{X}^{(2)}=\boldsymbol{X}^{(1)}+\alpha_1\boldsymbol{S}^{(1)}=\begin{bmatrix}4.99997\\6.00015\end{bmatrix}$$

检验迭代终止条件

$$\nabla f(\boldsymbol{X}^{(2)})=\begin{bmatrix}0.00016\\0.00028\end{bmatrix},\quad \|\nabla f(\boldsymbol{X}^{(2)})\|=0.00032<\varepsilon$$

显然,满足精度要求,迭代结束,输出最优解为

$$\boldsymbol{X}^*=\boldsymbol{X}^{(2)}=\begin{bmatrix}4.99997\\6.00015\end{bmatrix},\quad f(\boldsymbol{X}^*)=f(\boldsymbol{X}^{(2)})=2.1\times10^{-8}$$

4. 变尺度法的特点

(1) 变尺度法迭代的第一步实质为梯度法。在迭代开始时,一般是 $\boldsymbol{G}^0=\boldsymbol{I}$(单位矩阵),此时变尺度法的迭代公式就是梯度法的迭代公式。

(2) 当变尺度矩阵逼近$[H(\boldsymbol{X}^{(k)})]^{-1}$时,变尺度法的迭代公式就逼近牛顿法的迭代公式。

由此可见,变尺度法的最初几步迭代与梯度法类似,函数值下降较快;而在最后的几步迭代,与牛顿法相近,可较快地收敛为极小点。变尺度法充分利用了梯度法和牛顿法两者的优点;同时,它避免了计算 Hessian 矩阵及其逆阵,从而克服了牛顿法计算量大的缺点,但是具有较快的收敛速度。

已有文献证明,对于二次函数 $f(\boldsymbol{X})$,DFP 变尺度法所构成的搜索方向 $\boldsymbol{S}^{(0)},\boldsymbol{S}^{(1)},\cdots,\boldsymbol{S}^{(n-1)}$ 为一组关于 Hessian 矩阵的共轭方向,所以 DFP 变尺度法属于共轭方向法,具有二次收敛性。在任意情况下,这种方法对于二次目标函数都将在有限步内搜索到目标函数的最优点,而且最后的构造矩阵必等于 Hessian 矩阵。

习　题

4-1　用梯度法求解下列无约束问题的最优解:

(1) $\min f(\boldsymbol{X})=2x_1^2+x_2^2$,已知初始点 $\boldsymbol{X}^{(0)}=[1\quad 1]^{\mathrm{T}}$,收敛精度 $\varepsilon=0.01$;

(2) $\min f(\boldsymbol{X})=(x_1-2)^2+2(x_1-2x_2)^2$,已知初始点 $\boldsymbol{X}^{(0)}=[1\quad 3]^{\mathrm{T}}$,收敛精度 $\varepsilon=0.01$;

(3) $\min f(\boldsymbol{X})=3(x_1-2)^2+4(x_2-3)^2$,已知初始点 $\boldsymbol{X}^{(0)}=[4\quad 3]^{\mathrm{T}}$,收敛精度 $\varepsilon=0.01$。

4-2　用牛顿法求解下列无约束问题:

(1) $\min f(\boldsymbol{X})=2x_1^2+x_2^2+2x_1x_2+x_1-x_2+2$,给定初始点 $\boldsymbol{X}^{(0)}=[0\quad 0]^{\mathrm{T}}$,收敛精度 $\varepsilon=0.01$;

(2) $\min f(\boldsymbol{X})=(6+x_1+x_2)^2+(2-3x_1-3x_2-x_1x_2)^2$,给定初始点 $\boldsymbol{X}^{(0)}=[-4\quad 6]^{\mathrm{T}}$,收敛精度 $\varepsilon=0.01$;

(3) $\min f(\boldsymbol{X})=x_1^2+2x_2^2-2x_1x_2-4x_1$,给定初始点 $\boldsymbol{X}^{(0)}=[1\quad 1]^{\mathrm{T}}$,收敛精度 $\varepsilon=0.01$。

4-3　用坐标轮换法求解以下无约束问题:

(1) $\min f(\boldsymbol{X})=x_1^2+16x_2^2+10x_1x_2$,给定初始点 $\boldsymbol{X}^{(0)}=[4\quad 3]^{\mathrm{T}}$,迭代精度 $\varepsilon=0.01$;

(2) $\min f(\boldsymbol{X})=3x_1^2+2x_2^2+x_3^2$,给定初始点 $\boldsymbol{X}^{(0)}=[1\quad 2\quad 3]^{\mathrm{T}}$,迭代精度 $\varepsilon=0.01$。

4-4　用共轭梯度法求解无约束优化问题:

(1) $\min f(\boldsymbol{X})=x_1^2+2x_2^2+2x_1x_2-x_1+x_2$,给定初始点 $\boldsymbol{X}^{(0)}=[0\quad 0]^{\mathrm{T}}$,收敛精度 $\varepsilon=0.01$;

(2) $\min f(\boldsymbol{X})=(1-x_1)^2+2(x_1-x_2^2)^2$,取初始点 $\boldsymbol{X}^{(0)}=[0\quad 0]^{\mathrm{T}}$,迭代三次即可;

(3) $\min f(\boldsymbol{X})=(x_1+10x_2)^2+5(x_3-x_4)^2+(x_2-2x_3)^4+10(x_1-x_4)^4$，给定初始点 $\boldsymbol{X}^{(0)}=[3\quad -1\quad 0\quad 1]^{\mathrm{T}}$，收敛精度 $\varepsilon=0.01$（注：最优解为：$\boldsymbol{X}^*=[0\quad 0\quad 0\quad 0]^{\mathrm{T}}$，$f^*=0$）。

4-5　试用 Powell 法求解无约束问题

$$\min f(\boldsymbol{X})=1.5x_1^2+0.5x_2^2-x_1x_2-2x_1$$

给定初始点 $\boldsymbol{X}^{(0)}=[-2\quad 4]^{\mathrm{T}}$，收敛精度 $\varepsilon=0.01$。

4-6　假设无约束优化问题

$$\min f(\boldsymbol{X})=x_1^2+3x_2^2-x_1x_2$$

(1) 试用 Powell 法求解，给定初始点 $\boldsymbol{X}^{(0)}=[1\quad 2]^{\mathrm{T}}$，收敛精度 $\varepsilon=0.01$。

(2) 若采用共轭方向法（不考虑 Powell 判别式）则得不到最优解，试说明其原因。

4-7　用 DEP 变尺度法求解下列问题的极小点：

(1) $\min f(\boldsymbol{X})=x_1^2+3x_2^2+5x_1x_2+3x_1+x_2$，给定初始点 $\boldsymbol{X}^{(0)}=[3\quad 2]^{\mathrm{T}}$，收敛精度 $\varepsilon=0.01$；

(2) $\min f(\boldsymbol{X})=x_1^2+x_2^2+x_1x_2$，给定初始点 $\boldsymbol{X}^{(0)}=[3\quad 2]^{\mathrm{T}}$，收敛精度 $\varepsilon=0.01$；

(3) $\min f(\boldsymbol{X})=x_1^2+2x_2^2-2x_1x_2-4x_1$，取初始点 $\boldsymbol{X}^{(0)}=[1\quad 1]^{\mathrm{T}}$，收敛精度 $\varepsilon=0.01$。

第5章 约束优化方法

机械优化设计的工程实际问题绝大部分都是属于约束优化问题。约束优化问题的数学模型为

$$\begin{cases} \min f(\boldsymbol{X}) \quad \boldsymbol{X}=[x_1 \quad x_2 \quad \cdots \quad x_n] \in \mathbf{R}^n \\ \text{s.t.} \ \boldsymbol{g}_u(\boldsymbol{X}) \leqslant 0 \quad (u=1,2,\cdots,m) \\ \qquad h_v(\boldsymbol{X})=0 \quad (v=1,2,\cdots,p<n) \end{cases} \tag{5-1}$$

即寻求一组设计变量 $\boldsymbol{X}^*=[x_1 \quad x_2 \quad \cdots \quad x_n]^{\mathrm{T}}$，在满足不等式约束 $g_u(\boldsymbol{X}) \leqslant 0$ 和等式约束 $h_v(\boldsymbol{X})=0$ 的条件下，使目标函数值趋于最优，达到最小值 $f(\boldsymbol{X}^*)$。求解这类包含有约束条件的优化问题的方法称为约束优化方法。

根据求解约束优化问题所用的指导思想不同，可将约束优化方法分为直接法和间接法两大类。直接法是在 n 维欧氏空间的可行域内进行直接迭代寻优，它的每一个迭代点都落在可行域内，即优化过程中的每一个迭代点都是可行的设计方案。该方法适用于求解只含有不等式约束的优化问题，包括可行方向法、随机方向法和复合形法等。间接法是通过对式(5-1)的数学模型进行处理，将约束优化问题转化为一系列的无约束优化问题，然后采用无约束优化方法求解得到的最优解作为该约束问题的最优解。该方法可解决同时含有等式和不等式约束条件的约束优化问题，是最常用的约束优化方法之一。这类方法包括惩罚函数法、二次规划法和拉格朗日乘子法等。

5.1 可行方向法

5.1.1 可行方向法的基本思想

可行方向法是求解不等式约束优化问题的一种直接解法。它的数学模型为

$$\begin{cases} \min f(\boldsymbol{X}) \quad \boldsymbol{X}=[x_1 \quad x_2 \quad \cdots \quad x_n] \in \mathbf{R}^n \\ \text{s.t.} \ \boldsymbol{g}_u(\boldsymbol{X}) \leqslant 0 \quad (u=1,2,\cdots,m) \end{cases} \tag{5-2}$$

其基本思想是：从可行点 $\boldsymbol{X}^{(k)}$ 出发，沿可行下降方向 $\boldsymbol{S}^{(k)}$ 进行搜索，求出使得目标函数值下降的新的可行点。可行下降方向是指迭代点沿该方向作微小移动后，所得到的新点仍是可行点，且目标函数值有所减小。从可行域内的任意初始点出发，只要始终沿着可行下降方向进行一维搜索，并且不越出可行域，就能保证迭代点逐步逼近约束优化问题的最优点。

依据此基本思想，可行方向法的关键问题是选择可行下降方向 $\boldsymbol{S}^{(k)}$ 以及沿 $\boldsymbol{S}^{(k)}$ 方向移动的最优步长 α_k。搜索方向选择方法的不同就形成不同的可行方向法。常用方法有 Zoutendijk 可行方向法、Frank-Wolfe 方法、简约梯度法和 Rosen 梯度投影法等。

5.1.2 可行下降方向的选择

根据第2章约束优化问题的极值条件可知，可行下降方向区域内存在无数个可行下降方向，其中使目标函数值取得最大下降量的方向称为最优可行下降方向。很显然，当点 $\boldsymbol{X}^{(k)}$ 处于

可行域内时，目标函数的负梯度方向就是最优可行下降方向。当点 $\boldsymbol{X}^{(k)}$ 处于几个起作用约束的交点或线上时，有

$$g_u(\boldsymbol{X}^{(k)})=0 \quad (u\in I_k)$$
$$g_u(\boldsymbol{X}^{(k)})<0 \quad (u\notin I_k)$$

式中：I_k 为点 $\boldsymbol{X}^{(k)}$ 起作用约束的下标集合。这时，根据可行下降方向所需满足的条件

$$\begin{cases}-\nabla f(\boldsymbol{X})\cdot\boldsymbol{S}>0\\ \nabla g(\boldsymbol{X})\cdot\boldsymbol{S}<0\end{cases}$$

只能确定可行下降方向的范围，而无法直接确定出最优可行下降方向。我们可以通过方向导数的求解得到最优可行下降方向。

目标函数 $f(\boldsymbol{X})$ 在点 $\boldsymbol{X}^{(k)}$ 的方向导数为

$$\frac{\partial f(\boldsymbol{X}^{(k)})}{\partial\boldsymbol{S}}=[\nabla f(\boldsymbol{X}^{(k)})]^{\mathrm{T}}\boldsymbol{S}$$

而梯度 $\nabla f(\boldsymbol{X}^{(k)})$ 在 $\boldsymbol{X}^{(k)}$ 点是常数向量，所以上式是关于 $\boldsymbol{S}$ 的线性函数，利用线性规划的方法即可求解得到最优可行下降方向 $\boldsymbol{S}$。

$$\begin{cases}\min[\nabla f(\boldsymbol{X}^{(k)})]^{\mathrm{T}}\boldsymbol{S}\\ \text{s. t.}\quad [\nabla g_u(\boldsymbol{X}^{(k)})]^{\mathrm{T}}\boldsymbol{S}\leqslant 0 \quad (u\in I_k)\\ \qquad\quad [\nabla f(\boldsymbol{X}^{(k)})]^{\mathrm{T}}\boldsymbol{S}\leqslant 0\\ \qquad\quad |s_i|\leqslant 1 \quad (i=1,2,\cdots,n)\end{cases} \tag{5-3}$$

式中：$\boldsymbol{S}=[s_1 \quad s_2 \quad \cdots \quad s_n]^{\mathrm{T}}$。

5.1.3 约束一维搜索的最优步长

最优可行下降方向 $\boldsymbol{S}^{(k)}$ 确定后，根据迭代公式

$$\boldsymbol{X}^{(k+1)}=\boldsymbol{X}^{(k)}+\alpha_k\boldsymbol{S}^{(k)}$$

可计算得到新的迭代点 $\boldsymbol{X}^{(k+1)}$。这时最优步长 α_k 的确定不仅要保证点 $\boldsymbol{X}^{(k+1)}$ 为可行点，而且目标函数必须具有最大下降量。这里，约束一维搜索的最优步长确定过程与无约束一维搜索有所不同，前者需要对产生的每一个探测点都进行可行性判断，如违反了某一个或几个约束条件，就必须重新调整步长因子，以使新的探测点落在最近的一个约束曲面上或约束曲面的一个容许的区间 δ 内。可参考两种方法来确定约束一维搜索的最优步长。

(1) 首先沿可行下降方向 $\boldsymbol{S}^{(k)}$ 进行一维最优化搜索，得到最优步长 α^* 和新点 $\boldsymbol{X}^*$。

① 若新点 $\boldsymbol{X}^*$ 为可行点，则本次迭代的最优步长 $\alpha_k=\alpha^*$。

② 若新点 $\boldsymbol{X}^*$ 为不可行点，则应改变步长，迫使新点 $\boldsymbol{X}^*$ 返回到约束边界上来；使新点 $\boldsymbol{X}^*$ 恰好位于约束边界上的步长 α_m 即为本次迭代的最优步长，$\alpha_k=\alpha_m$。

(2) 可通过求解下列一维搜索问题确定约束最优步长 α^*：

$$\begin{cases}\min\ f(\boldsymbol{X}^{(k)}+\alpha_k\boldsymbol{S}^{(k)})\\ \text{s. t.}\quad g_u(\boldsymbol{X}^{(k)}+\alpha_k\boldsymbol{S}^{(k)})\leqslant 0\\ \qquad\quad h_v(\boldsymbol{X}^{(k)}+\alpha_k\boldsymbol{S}^{(k)})=0\\ \qquad\quad \alpha_k\geqslant 0\end{cases} \tag{5-4}$$

5.1.4 算法步骤与程序框图

由数值迭代公式可知，在可行下降方向和约束一维搜索的最优步长确定以后，迭代过程即

可持续下去。可行方向法的算法步骤如下。

(1) 在可行域内确定一初始内点 $\boldsymbol{X}^{(0)}$，给定收敛精度 $\varepsilon>0$，置迭代次数 $k=0$。

(2) 确定点 $\boldsymbol{X}^{(k)}$ 的起作用约束集合 I_k。

(3) 若 I_k 为空集，且点 $\boldsymbol{X}^{(k)}$ 在可行域内时，如果 $\|\nabla f(\boldsymbol{X}^{(k)})\|\leqslant\varepsilon$，则输出最优点 $\boldsymbol{X}^*=\boldsymbol{X}^{(k)}$，最优值 $f(\boldsymbol{X}^*)=f(\boldsymbol{X}^{(k)})$，终止程序；否则，令 $\boldsymbol{S}^{(k)}=-\nabla f(\boldsymbol{X}^{(k)})$，转步骤(6)。

若 I_k 为非空集时，转步骤(4)。

(4) 若点 $\boldsymbol{X}^{(k)}$ 满足 K-T 条件，则输出最优点 $\boldsymbol{X}^*=\boldsymbol{X}^{(k)}$，最优值 $f(\boldsymbol{X}^*)=f(\boldsymbol{X}^{(k)})$，终止程序；否则，转步骤(5)。

(5) 求解线性规划问题

$$\begin{cases}\min[\nabla f(\boldsymbol{X}^{(k)})]^{\mathrm{T}}\boldsymbol{S}\\ \text{s.t.}\quad [\nabla \boldsymbol{g}_u(\boldsymbol{X}^{(k)})]^{\mathrm{T}}\cdot\boldsymbol{S}\leqslant 0\quad (u\in I_k)\\ \qquad [\nabla f(\boldsymbol{X}^{(k)})]^{\mathrm{T}}\cdot\boldsymbol{S}\leqslant 0\\ \qquad |s_i|\leqslant 1\quad (i=1,2,\cdots,n)\end{cases}$$

确定可行下降方向 $\boldsymbol{S}^{(k)}$。

(6) 沿 $\boldsymbol{S}^{(k)}$ 进行一维搜索确定约束最优步长 α_k，从而得到新迭代点 $\boldsymbol{X}^{(k+1)}$。令 $k=k+1$，转步骤(2)。

可行方向法的程序框图如图 5-1 所示。

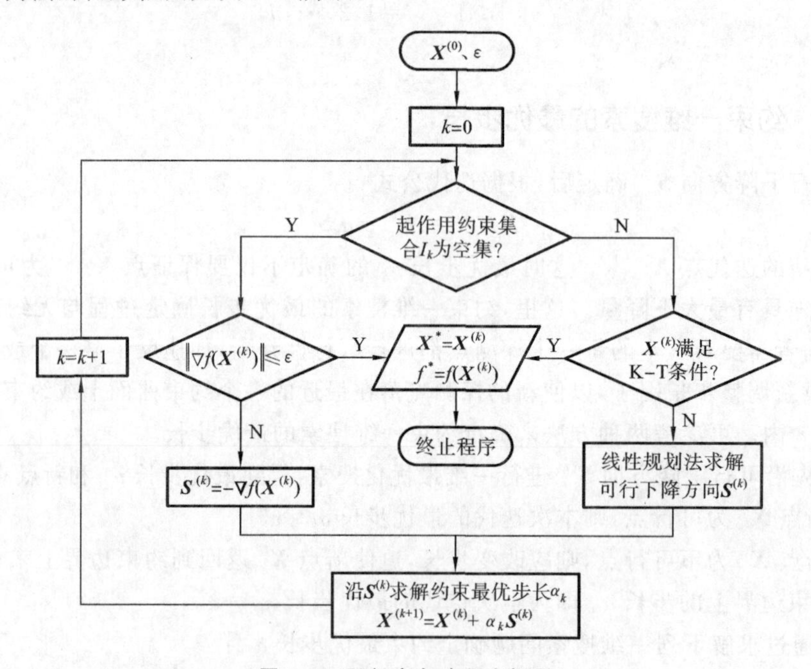

图 5-1 可行方向法程序框图

例 5-1 用可行方向法求解约束优化问题

$$\begin{cases}\min f(\boldsymbol{X})=x_1^2+x_2^2-2x_1-4x_2+6\\ \text{s.t.}\quad g_1(\boldsymbol{X})=2x_1-x_2-1\leqslant 0\\ \qquad g_2(\boldsymbol{X})=x_1+x_2-2\leqslant 0\\ \qquad g_3(\boldsymbol{X})=-x_1\leqslant 0\\ \qquad g_4(\boldsymbol{X})=-x_2\leqslant 0\end{cases}$$

解　(1) 第一次迭代。

取初始点 $\boldsymbol{X}^{(0)}=[0\quad 0]^{\mathrm{T}}$,计算 $f(\boldsymbol{X}^{(0)})=6$。在点 $\boldsymbol{X}^{(0)}$ 处,$g_3(\boldsymbol{X})$ 和 $g_4(\boldsymbol{X})$ 为起作用约束,故 $I_k=\{3,4\}$。

$$\nabla f(\boldsymbol{X}^{(0)})=\begin{bmatrix}2x_1-2\\2x_2-4\end{bmatrix}_{\boldsymbol{X}=\boldsymbol{X}^{(0)}}=\begin{bmatrix}-2\\-4\end{bmatrix}$$

$$\nabla g_3(\boldsymbol{X}^{(0)})=\begin{bmatrix}-1\\0\end{bmatrix}$$

$$\nabla g_4(\boldsymbol{X}^{(0)})=\begin{bmatrix}0\\-1\end{bmatrix}$$

为了在可行下降方向扇形区域内寻找最优方向,需求一个以 $\boldsymbol{S}^{(0)}=[s_1\quad s_2]^{\mathrm{T}}$ 为设计变量的线性规划问题,其数学模型为

$$\begin{cases}\min\ [\nabla f(\boldsymbol{X}^{(0)})]^{\mathrm{T}}\boldsymbol{S}^{(0)}=-2s_1-4s_2\\ \text{s. t.}\ [\nabla g_3(\boldsymbol{X}^{(0)})]^{\mathrm{T}}\cdot\boldsymbol{S}^{(0)}=-s_1\leqslant 0\\ \qquad [\nabla g_4(\boldsymbol{X}^{(0)})]^{\mathrm{T}}\cdot\boldsymbol{S}^{(0)}=-s_2\leqslant 0\\ \qquad [\nabla f(\boldsymbol{X}^{(0)})]^{\mathrm{T}}\cdot\boldsymbol{S}^{(0)}=-2s_1-4s_2\leqslant 0\\ \qquad |s_i|\leqslant 1\quad (i=1,2)\end{cases}$$

由图解法解得第一次迭代最优可行下降方向:$\boldsymbol{S}^{(0)}=[1\quad 1]^{\mathrm{T}}$。

沿方向 $\boldsymbol{S}^{(0)}=[1\quad 1]^{\mathrm{T}}$ 进行约束一维搜索,有

$$\boldsymbol{X}^{(1)}=\boldsymbol{X}^{(0)}+\alpha_0\boldsymbol{S}^{(0)}=\begin{bmatrix}0\\0\end{bmatrix}+\alpha_0\begin{bmatrix}1\\1\end{bmatrix}=\begin{bmatrix}\alpha_0\\\alpha_0\end{bmatrix}$$

求解 $\min f(\boldsymbol{X}^{(1)})=2\alpha_0^2-6\alpha_0+6$,得无约束一维搜索最佳步长 $\alpha_0=1.5$,从而得到新迭代点 $\boldsymbol{X}^{(1)}=[1.5\quad 1.5]^{\mathrm{T}}$。很明显,点 $\boldsymbol{X}^{(1)}$ 不满足约束条件,是非可行点,故需重新改变步长使新点返回到约束边界上来。经过计算后,得到最优步长 $\alpha_0=\alpha_m=1$。

因此,第一次迭代得到的新点为 $\boldsymbol{X}^{(1)}=[1\quad 1]^{\mathrm{T}}$。

(2) 第二次迭代。

$$\nabla f(\boldsymbol{X}^{(1)})=\begin{bmatrix}2x_1-2\\2x_2-4\end{bmatrix}_{\boldsymbol{X}=\boldsymbol{X}^{(1)}}=\begin{bmatrix}0\\-2\end{bmatrix}$$

可以判断,$g_1(\boldsymbol{X})$ 和 $g_2(\boldsymbol{X})$ 为起作用约束,故 $I_k=\{1,2\}$。

$$\nabla g_1(\boldsymbol{X}^{(1)})=\begin{bmatrix}2\\-1\end{bmatrix}$$

$$\nabla g_2(\boldsymbol{X}^{(1)})=\begin{bmatrix}1\\1\end{bmatrix}$$

为了在可行下降方向扇形区域内寻找最优方向,需求一个以 $\boldsymbol{S}^{(1)}=[s_1\quad s_2]^{\mathrm{T}}$ 为设计变量的线性规划问题,其数学模型为

$$\begin{cases}\min\ [\nabla f(\boldsymbol{X}^{(1)})]^{\mathrm{T}}\boldsymbol{S}^{(1)}=-2s_2\\ \text{s. t.}\ [\nabla g_1(\boldsymbol{X}^{(1)})]^{\mathrm{T}}\cdot\boldsymbol{S}^{(1)}=2s_1-s_2\leqslant 0\\ \qquad [\nabla g_2(\boldsymbol{X}^{(1)})]^{\mathrm{T}}\cdot\boldsymbol{S}^{(1)}=s_1+s_2\leqslant 0\\ \qquad [\nabla f(\boldsymbol{X}^{(1)})]^{\mathrm{T}}\cdot\boldsymbol{S}^{(1)}=-2s_2\leqslant 0\\ \qquad |s_i|\leqslant 1\quad (i=1,2)\end{cases}$$

由图解法解得第二次迭代最优可行下降方向 $S^{(1)}=[-1\ 1]^T$。然后，沿方向 $S^{(1)}=[-1\ \ 1]^T$ 进行约束一维搜索，有

$$X^{(2)}=X^{(1)}+\alpha_1 S^{(1)}=\begin{bmatrix}1\\1\end{bmatrix}+a_1\begin{bmatrix}-1\\1\end{bmatrix}=\begin{bmatrix}1-\alpha_1\\1+\alpha_1\end{bmatrix}$$

求解 $\min f(X^{(2)})=2\alpha_1^2-2\alpha_1+2$，得无约束一维搜索最佳步长 $\alpha_1=0.5$，从而得到新迭代点 $X^{(2)}=[0.5\quad 1.5]^T$，该点是可行点。

继续迭代，有 $S^{(2)}=[0\quad 0]^T$，即找不到可行下降方向。故最优解为

$$X^*=X^{(2)}=\begin{bmatrix}0.5\\1.5\end{bmatrix},\quad f(X^*)=\frac{3}{2}$$

5.2 随机方向法

5.2.1 随机方向法的基本思想

随机方向法是求解小型约束最优化问题的一种较为流行的直接解法。它与坐标轮换法类同，其主要差别在于不采用依次沿坐标轴方向进行搜索的规范化模式，而是沿着利用随机数产生的随机方向进行搜索。其基本思想可用图 5-2 所示的二维优化问题进行说明。

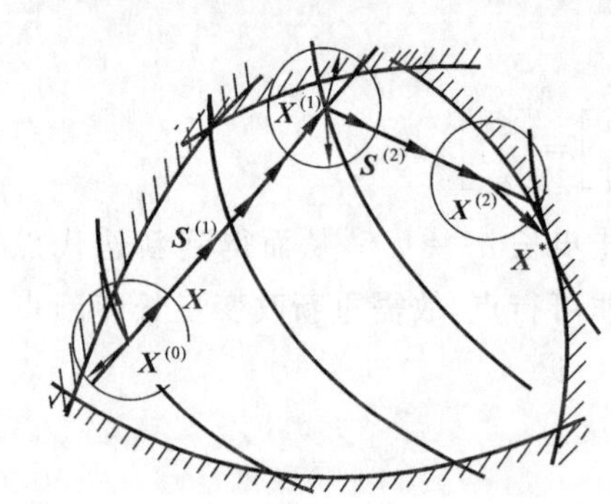

图 5-2 随机方向法基本思想

在可行域内任意选择一个初始点 $X^{(0)}$，利用随机数构成随机方向 $S^{(1)}$，按给定的初始步长 α_0 沿 $S^{(1)}$ 方向进行搜索取得试探点 $X=X^{(0)}+\alpha_0 S^{(1)}$，检查点 X 的适用性和可行性。若满足约束条件且函数值下降，X 作为新的起点 $(X^{(0)}\Leftarrow X)$，继续按上述迭代公式在 $S^{(1)}$ 方向取得新点。重复上述步骤，迭代点可沿如图 5-2 所示的 $S^{(1)}$ 方向逐步前进。直至达到某迭代点不能同时满足适用性和可行性条件时停止，退回到前一点作为该方向搜索中的最终成功点，记作 $X^{(1)}$。然后，将 $X^{(1)}$ 作为新的始点 $(X^{(0)}\Leftarrow X^{(1)})$，再产生另一随机方向 $S^{(2)}$，重复以上过程，得到沿 $S^{(2)}$ 方向的最终成功点 $X^{(2)}$。如此循环，点列 $X^{(1)},X^{(2)},\cdots,X^{(n)}$ 必将逼近于约束最优点 X^*。

由二维优化问题的随机搜索过程可以看到，随机方向法的关键问题是确定初始点 $X^{(0)}$、搜索方向 $S^{(k)}$ 和步长 α_k。在这种算法中，搜索方向 $S^{(k)}$ 和步长因子 α_k 都要根据目标函数的下降性和约束条件的可行性进行随机调整，即每一次迭代所计算出来的新点的目标函数值必须是减小的，而且必须是可行点，这样才能随着迭代过程的进行，保证迭代点逐步向约束最小点逼近，最终收敛于约束最优解。

5.2.2 可行初始点的选择

随机方向法的初始点 $X^{(0)}$ 必须是一个可行点。当约束条件比较简单时，可以人为确定；当约束条件比较复杂时，人为选择这样一个能满足全部约束条件的点是十分困难的，这时可采用随机选择的方法，利用计算机产生的随机数来选择一个可行初始点 $X^{(0)}$。

首先需估计设计变量 X 各分量的上限值 b_i 和下限值 a_i

$$a_i \leqslant x_i \leqslant b_i \quad (i=1,2,\cdots,n) \tag{5-5}$$

这样，所产生的随机点的各分量为

$$x_i^{(0)} = a_i + r_i(b_i - a_i) \quad (i=1,2,\cdots,n) \tag{5-6}$$

式中：r_i 为区间[0,1]内服从均匀分布的 n 个随机数。不同的编程语言（如C语言、B语言等）有不同的随机数函数可供调用。

这样产生的随机点 $\boldsymbol{X}^{(0)} = [x_1^{(0)} \quad x_2^{(0)} \quad \cdots \quad x_n^{(0)}]^{\mathrm{T}}$ 虽能满足边界条件，但不一定能满足所有约束条件，因此还需经过可行性的验证。若该随机点是可行点，则可作为初始点 $\boldsymbol{X}^{(0)}$；若为非可行点，则需重新产生伪随机数和随机点，直到产生一个可行的初始点为止。

5.2.3　随机方向的产生

随机方向法中，搜索方向的产生是从 N 个点的随机方向中选取一个最优的方向作为可行搜索方向。首先假设在区间[−1,1]内产生伪随机数 $r_i^{(j)}$（$i=1,2,\cdots,n$ 为设计变量的维数，$j=1,2,\cdots,N$ 为在 $\boldsymbol{X}^{(0)}$ 周围的以搜索步长为半径的圆上所取的试验点数。过一点构成 N 个 n 维随机方向单位向量

$$\boldsymbol{e}^{(j)} = \frac{1}{\sqrt{\sum_{i=1}^{n} r_i^{(j)^2}}} [r_1^{(j)} \quad r_2^{(j)} \quad \cdots \quad r_n^{(j)}]^{\mathrm{T}} \tag{5-7}$$

式中：$r_1^{(j)}, r_2^{(j)}, \cdots, r_n^{(j)}$ 为形成第 j 个随机单位向量在区间[−1,1]内的 n 个随机数。由于随机数 $r_i^{(j)}$ 在区间[−1,1]内产生，所以构成的随机方向矢量 $\boldsymbol{e}^{(j)}$ 一定是在 n 维超球面空间里均匀分布且模等于1的单位矢量。

取得 N 个 n 维随机单位向量后，即可按下式产生 N 个随机点 $\boldsymbol{X}^{(j)}$

$$\boldsymbol{X}^{(j)} = \boldsymbol{X}^{(0)} + \alpha_0 \boldsymbol{e}^{(j)} \quad (j=1,2,\cdots,N) \tag{5-8}$$

式中：α_0 称为试验步长，可取0.1、0.01等值。然后，检验这些试验点是否可行，并计算其目标函数值，取出其中目标函数值最小的点，记作 $\boldsymbol{X}^{(L)}$，即

$$f(\boldsymbol{X}^{(L)}) = \min\{f(\boldsymbol{X}^{(j)})\} \quad (j=1,2,\cdots,N) \tag{5-9}$$

若 $\boldsymbol{X}^{(L)}$ 为可行点，且 $f(\boldsymbol{X}^{(L)}) < f(\boldsymbol{X}^{(0)})$，则取搜索方向为

$$\boldsymbol{S} = \boldsymbol{X}^{(L)} - \boldsymbol{X}^{(0)} \tag{5-10}$$

5.2.4　搜索步长的确定

随机方向法中的试验步长（或初始给定步长）的选取要适当。试验步长太小，搜索方向的确定将会受到目标函数的局部性质的影响；如果试验步长太大，同样数量的试验点分布在大的圆周上，降低了密度，可能会将最优方向漏掉，影响搜索过程的收敛速度。

随机方向法迭代过程中搜索步长的确定通常有两种方法。

1. 定步长法

在搜索方向 $\boldsymbol{S}$ 上，步长按照规定长度等差递增，只要新点的目标函数值下降且可行，就在原基础上增加一个定步长一直向前搜索，直至违背了目标函数值下降性或新点的可行性条件时为止，把迭代点由初始点移至新点。

2. 变步长法

在搜索方向 $\boldsymbol{S}$ 上，步长按照一定的比例系数等比递增或递减。例如以1.3倍递增，每次向前的移动步长为前一次的1.3倍。这样可以有效减小计算量，提高搜索效率。

5.2.5 算法步骤与程序框图

在初始点 $\boldsymbol{X}^{(0)}$、搜索方向 $\boldsymbol{S}^{(k)}$ 和步长 α_k 确定以后，随机方向法的迭代搜索过程即可持续下去。随机方向法的算法步骤如下。

(1) 选取一个可行初始点 $\boldsymbol{X}^{(0)}$，给定收敛精度 $\varepsilon>0$，给定合适的试验步长 α_0，置 $k=0$。并检验初始点 $\boldsymbol{X}^{(0)}$ 是否满足可行性条件，若满足则进行下一步；否则，重新选取 $\boldsymbol{X}^{(0)}$。

(2) 产生 N 个随机单位向量 $\boldsymbol{e}^{(j)}(j=1,2,\cdots,N)$。

(3) 在以点 $\boldsymbol{X}^{(0)}$ 为中心，以 α_0 为半径的超球面上产生 N 个随机试验点 $\boldsymbol{X}^{(j)}$。

(4) 在 N 个随机点中，选出极小值点 $\boldsymbol{X}^{(L)}$，产生搜索方向 $\boldsymbol{S}=\boldsymbol{X}^{(L)}-\boldsymbol{X}^{(0)}$

(5) 从点 $\boldsymbol{X}^{(0)}$ 出发，沿 $\boldsymbol{S}$ 方向以加速步长 $1.3\alpha_0$ 进行搜索，得到新点 $\boldsymbol{X}=\boldsymbol{X}^{(0)}+\alpha_0\boldsymbol{S}$。

(6) 若新点 $\boldsymbol{X}$ 满足目标函数值下降和约束条件可行性要求，则继续以 $1.3\alpha_0$ 为步长向前搜索，转步骤(7)；否则，取步长 $\alpha_0=0.7\alpha_0$，转步骤(7)。

(7) 直至目标函数值不再下降而又未破坏约束条件为止，然后，将搜索所得的末点作为下轮搜索的初始点，$\boldsymbol{X}^{(0)}\Leftarrow\boldsymbol{X}$，重复步骤(2)和步骤(3)。

(8) 当满足收敛准则 $\|f(\boldsymbol{X})-f(\boldsymbol{X}^{(0)})\|\leqslant\varepsilon$ 时，则结束程序，输出计算结果。

图 5-3 所示为随机方向法的程序框图。

例 5-2 用随机方向法求解约束优化问题

$$\begin{cases}\min f(\boldsymbol{X})=x_1^2+x_2^2\\ \text{s.t. } 2x_1+x_2-12\geqslant 0\\ \qquad 0\leqslant x_1\leqslant 8\\ \qquad 0\leqslant x_2\leqslant 8\end{cases}$$

解 取可行初始点 $\boldsymbol{X}^{(0)}=[5\quad 5]^{\mathrm{T}}$，计算 $f(\boldsymbol{X}^{(0)})=50$。

(1) 第一次迭代。

① 确定第一个随机方向 $\boldsymbol{S}^{(1)}$。

在区间[0,1]内生成两个伪随机数

$$\xi_1=0.9,\quad \xi_2=0.2$$

将 ξ_1 和 ξ_2 转化为区间[−1,1]内的随机数

$$r_1^{(1)}=2\xi_1-1=0.8$$

$$r_2^{(1)}=2\xi_2-1=-0.6$$

确定第一个随机方向

$$\boldsymbol{S}^{(1)}=\frac{1}{\sqrt{r_1^2+r_2^2}}\begin{bmatrix}r_1\\ r_2\end{bmatrix}=\begin{bmatrix}0.8\\ -0.6\end{bmatrix}$$

② 确定第一个迭代点 $\boldsymbol{X}^{(1)}$。

根据迭代公式，有

$$\boldsymbol{X}^{(1)}=\boldsymbol{X}^{(0)}+\alpha_0\boldsymbol{S}^{(1)}=\begin{bmatrix}5+0.8\alpha_0\\ 5-0.6\alpha_0\end{bmatrix}$$

一维搜索求解后得到最优步长 $\alpha_0=-1$，故

$$\boldsymbol{X}^{(1)}=\begin{bmatrix}4.2\\ 5.6\end{bmatrix}$$

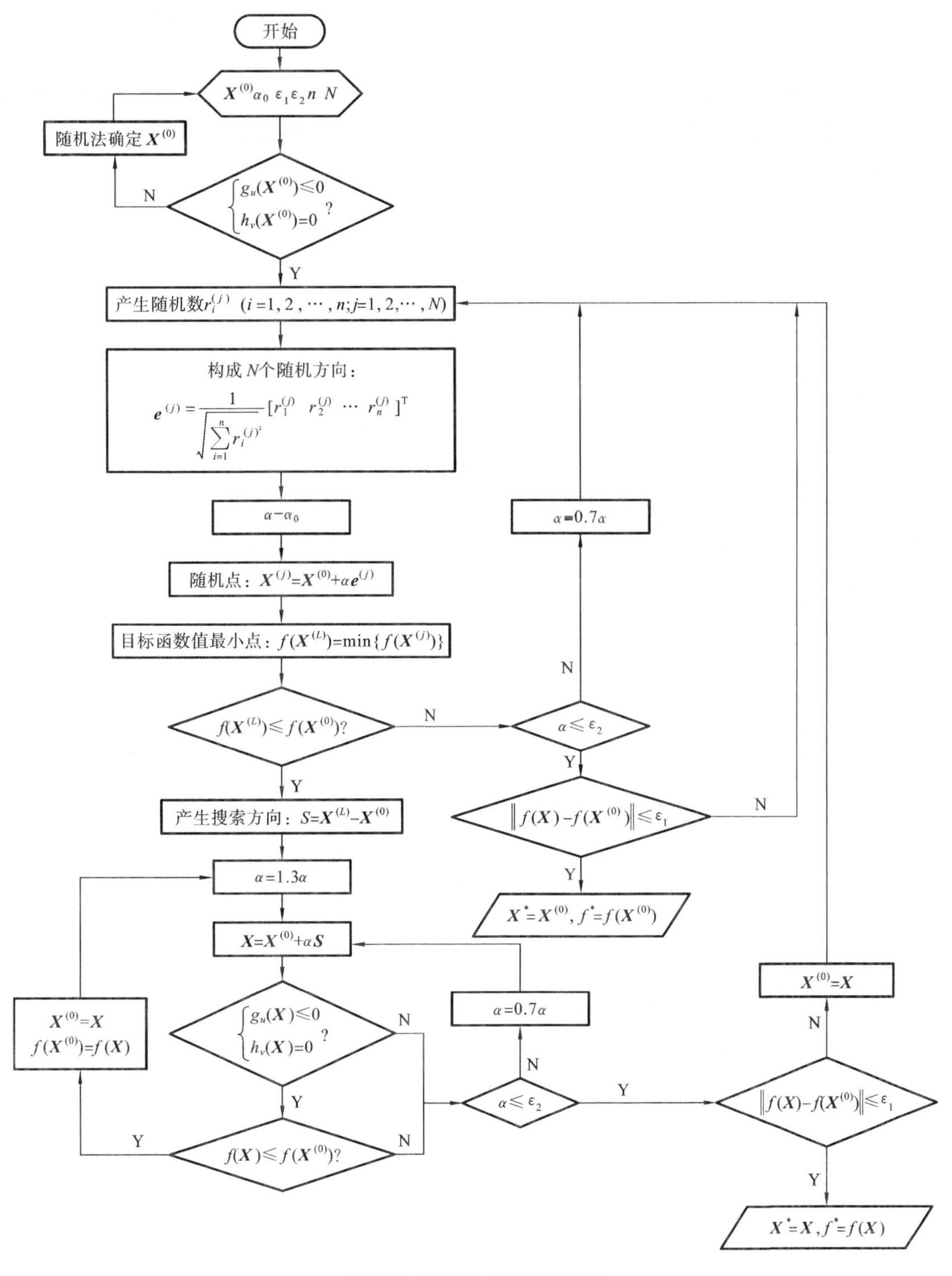

图 5-3　随机方向法程序框图

③ 检验 $X^{(1)}$ 是否满足约束条件。

$X^{(1)}$ 满足各约束条件，因此是可行点，并且 $f(X^{(1)})=49<f(X^{(0)})=50$，满足函数值减小的条件。

(2) 第二次迭代。

以 $\boldsymbol{X}^{(1)}$ 为初始点，继续使用 $\boldsymbol{S}^{(1)}$ 方向直到不满足可行性和适用性条件，再重新生成随机搜索方向 $\boldsymbol{S}^{(2)}$。如此反复进行，即可得到该约束优化问题的最优解。

随机方向法对目标函数无性态要求，收敛快（当随机方向限定数足够大时），不受维数影响，维数越高越能体现其优越性。但对于严重非线性函数，只能得近似解；当随机方向限定数不够大时，解的近似程度大；对于非凸函数，有可能收敛于局部解。

5.3 复合形法

5.3.1 复合形法的基本思想

复合形法来源于单纯形法，是单纯形法在约束优化问题中的发展。所谓复合形是指在 n 维设计空间的可行域内由 $k(n+1\leqslant k\leqslant 2n)$ 个顶点所构成的多面体。复合形法的基本思想是：在可行域内构造一个具有 k 个顶点的初始复合形，通过比较复合形各顶点目标函数值的大小，找到目标函数值最大的顶点（称为坏点），然后以坏点之外的其余各点的中心为映射中心，求出坏点的映射点，并以此映射点替换坏点重新构成具有 k 个顶点的新复合形。复合形的形状每改变一次，就向最优点移动和收缩一步，直至复合形各顶点与其形心逼近至满足迭代精度为止。最后复合形中目标函数值最小的顶点或中心点可作为该优化问题的最优解。

由此可见，复合形法的关键问题是初始复合形的构造和调优过程。

5.3.2 初始复合形法的构造

由于复合形法是一种在可行域内直接寻优的方法，因此要求初始复合形必须位于可行域内，即其所有的 $k(n+1\leqslant k\leqslant 2n)$ 个顶点都是可行点。k 个可行点的产生可采用如下方法。

1. 人为给定 k 个可行点

由设计者预先选定 k 个可行的设计方案（对应于设计空间中 k 个点），即人工构造一个好的初始复合形。由于要求 k 个顶点都是可行点，当设计变量多，约束条件复杂时，这样做是十分困难的。

2. 随机产生 k 个可行点

1）产生 k 个随机点

根据随机数产生的标准函数，可以在[0,1]区间内产生均匀分布的随机数 $\xi_i(i=1,2,\cdots,n)$。利用该随机数可产生变量 x_i 在给定界限 $a_i\leqslant x_i\leqslant b_i$ 内的随机数

$$x_i^j=a_i+\xi_i(b_i-a_i)\quad(i=1,2,\cdots,n;j=2,3,\cdots,k\geqslant n+1)\tag{5-11}$$

因每产生一个随机点，需要 n 个随机数，因此，产生 k 个随机点共需要连续发生 $k\times n$ 个随机数。

2）将非可行点调入可行域

用上述方法产生的 k 个随机点，并不一定都是可行的。但是，只要它们中间有一个点在可行域内，就可以将非可行点逐一调入可行域。

将产生的 k 个随机点进行可行性判断后重新排列，将可行点依次排在前面，如有 q 个顶点 $\boldsymbol{X}^{(1)},\boldsymbol{X}^{(2)},\cdots,\boldsymbol{X}^{(q)}$ 是可行点，其他 $k-q$ 个为非可行点。

先求出 q 个可行顶点的中心

$$\boldsymbol{X}^{(s)} = \frac{1}{q}\sum_{j=1}^{q}\boldsymbol{X}^{(j)} \tag{5-12}$$

然后将第 $q+1$ 点朝着点 $\boldsymbol{X}^{(s)}$ 的方向移动，按下式产生新点，记为 $\boldsymbol{X}'^{(q+1)}$，即

$$\boldsymbol{X}'^{(q+1)} = \boldsymbol{X}^{(s)} + 0.5(\boldsymbol{X}^{(q+1)} - \boldsymbol{X}^{(s)}) = 0.5(\boldsymbol{X}^{(q+1)} + \boldsymbol{X}^{(s)})$$

新点 $\boldsymbol{X}'^{(q+1)}$ 实际就是 $\boldsymbol{X}^{(s)}$ 与原 $\boldsymbol{X}^{(q+1)}$ 两点连线的中点，如图 5-4 所示。若新点 $\boldsymbol{X}'^{(q+1)}$ 仍为非可行点，按上式再次产生 $\boldsymbol{X}'^{(q+1)}$，使它更向 $\boldsymbol{X}^{(s)}$ 靠拢，最终使其成为可行点。

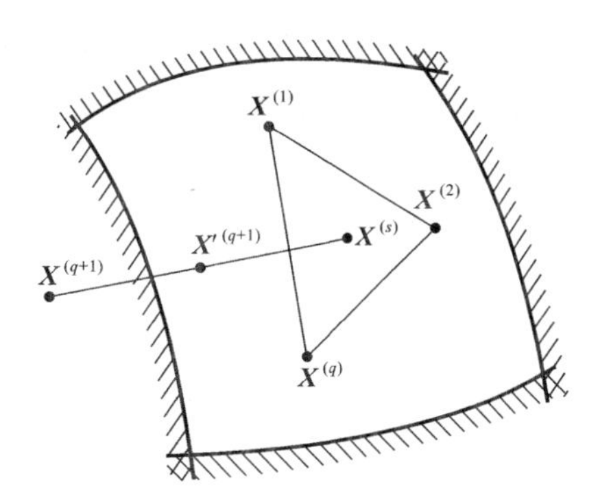

图 5-4　非可行点调入可行域

按照这个方法，采用式（5-13）就能使 $\boldsymbol{X}^{(q+1)}$，$\boldsymbol{X}^{(q+2)}$，$\boldsymbol{X}^{(q+3)}$，…，$\boldsymbol{X}^{(k)}$ 都变为可行点，这 k 个顶点就构成了初始复合形。

$$\boldsymbol{X}'^{(j)} = \boldsymbol{X}^{(s)} + 0.5(\boldsymbol{X}^{(j)} - \boldsymbol{X}^{(s)}) = 0.5(\boldsymbol{X}^{(j)} + \boldsymbol{X}^{(s)}) \quad (j=q+1,\cdots,k) \tag{5-13}$$

5.3.3　复合形法的搜索策略及过程

以图 5-5 所示的二维约束优化问题为例来说明复合形法的搜索策略及过程。

（1）构造初始复合形：在设计空间的可行域 $\mathscr{D}$ 内选取 $k(n+1\leqslant k\leqslant 2n)$ 个点作为初始复合形的顶点（如图 5-5 中的 $\boldsymbol{X}^{(1)}$、$\boldsymbol{X}^{(2)}$、$\boldsymbol{X}^{(3)}$、$\boldsymbol{X}^{(4)}$ 四个点，此时 $k=2n=4$）。

（2）计算各顶点的函数值 $f(\boldsymbol{X}^{(j)})$，$j=1,2,\cdots,k$，并选出好点 $\boldsymbol{X}^{(L)}$ 和坏点 $\boldsymbol{X}^{(H)}$。

$$\boldsymbol{X}^{(L)}: f(\boldsymbol{X}^{(L)}) = \min\{f(\boldsymbol{X}^{(j)}), j=1,2,\cdots,k\}$$

$$\boldsymbol{X}^{(H)}: f(\boldsymbol{X}^{(H)}) = \max\{f(\boldsymbol{X}^{(j)}), j=1,2,\cdots,k\}$$

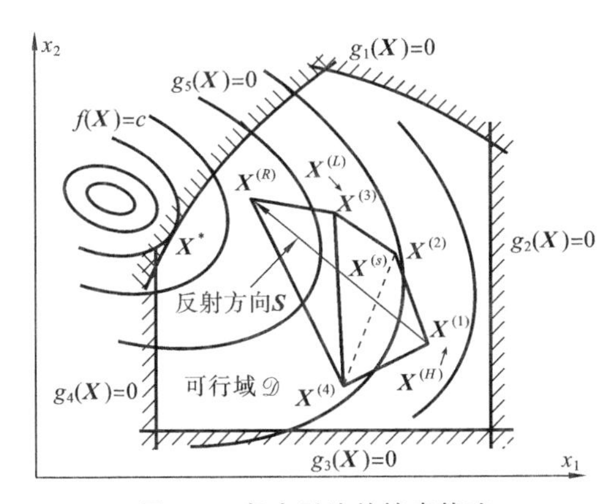

图 5-5　复合形法的搜索策略

很明显，图 5-5 所示的初始复合形 $\boldsymbol{X}^{(3)}$ 为好点，$\boldsymbol{X}^{(1)}$ 为坏点。由此可大致判断，在该复合形坏点 $\boldsymbol{X}^{(1)}$ 的对面，会有更好的点。而一般情况下，坏点 $\boldsymbol{X}^{(1)}$ 和中心点 $\boldsymbol{X}^{(s)}$ 的连线方向为目标函数值下降的方向。

（3）计算除坏点 $\boldsymbol{X}^{(H)}$ 外复合形的形心点 $\boldsymbol{X}^{(s)}$。

$$\boldsymbol{X}^{(s)} = \frac{1}{k-1}\left(\sum_{j=1}^{k}\boldsymbol{X}^{(j)} - \boldsymbol{X}^{(H)}\right)$$

若 $\boldsymbol{X}^{(s)}$ 不在可行域内，此时的可行域一般为非凸集，这时再求反射点也一定位于可行域外。为使迭代过程继续进行下去，取 $\boldsymbol{X}^{(s)}$ 为上界，$\boldsymbol{X}^{(L)}$ 为下界，即 $a_i=x_i^{(L)}$，$b_i=x_i^{(s)}$ $(i=1,2,\cdots,n)$，重新随机产生 k 个可行点，重构复合形，返回步骤（2）。

若 $\boldsymbol{X}^{(s)}$ 在可行域内，执行步骤（4）。

（4）$\boldsymbol{X}^{(s)}$ 在可行域内，在反射方向 $\boldsymbol{S}=\boldsymbol{X}^{(s)}-\boldsymbol{X}^{(H)}$ 上求反射点 $\boldsymbol{X}^{(R)}$。

$$\boldsymbol{X}^{(R)} = \boldsymbol{X}^{(s)} + \alpha\boldsymbol{S} = \boldsymbol{X}^{(s)} + \alpha(\boldsymbol{X}^{(s)} - \boldsymbol{X}^{(H)})$$

一般取反射系数 $\alpha=1.3$。

若 $\boldsymbol{X}^{(R)}$ 为可行下降点，即 $g_u(\boldsymbol{X}^{(R)})\leqslant 0$ 且 $f(\boldsymbol{X}^{(R)})<f(\boldsymbol{X}^{(H)})$，则用 $\boldsymbol{X}^{(R)}$ 取代 $\boldsymbol{X}^{(H)}$，构成新的复合形（如图 5-5 中 $\boldsymbol{X}^{(R)}$、$\boldsymbol{X}^{(3)}$、$\boldsymbol{X}^{(2)}$、$\boldsymbol{X}^{(4)}$ 四点围成的四边形）。

若 $\boldsymbol{X}^{(R)}$ 不满足可行下降条件，则将 α 减半，即 $\alpha \Leftarrow 0.5\alpha$，重新计算 $\boldsymbol{X}^{(R)}$ 为

$$\boldsymbol{X}^{(R)}=0.5(\boldsymbol{X}^{(R)}+\boldsymbol{X}^{(s)})$$

直至 $\boldsymbol{X}^{(R)}$ 为可行下降点，用 $\boldsymbol{X}^{(R)}$ 取代 $\boldsymbol{X}^{(H)}$，构成新的复合形。

如果经过若干次的 α 减半操作，α 值已经小于一个预先给定的极小数(如 10^{-5})，仍不能使得映射点优于最坏点，说明该映射方向不好。为了改变映射方向，可找出复合形各顶点中的次坏点，记为 $\boldsymbol{X}^{(G)}$，有

$$\boldsymbol{X}^{(G)}: f(\boldsymbol{X}^{(G)})=\max\{f(\boldsymbol{X}^{(j)}), j=1,2,\cdots,k; j\neq H\}$$

用次坏点 $\boldsymbol{X}^{(G)}$ 替换最坏点 $\boldsymbol{X}^{(H)}$，返回步骤(3)。

至此，复合形完成一次移动和收缩，$k \Leftarrow k+1$，返回步骤(2)，进行下一轮的迭代。

(5) 终止准则。

在迭代过程中，复合形不断移动、缩小并逐步向最优点逼近。当复合形各顶点都足够靠近最优点时，就可获得最优解。此时，各顶点的函数值 $f(\boldsymbol{X}^{(j)})$ 与复合形的中心点 $\boldsymbol{X}^{(C)}$ 的函数值 $f(\boldsymbol{X}^{(C)})$ 之差的均方根小于 ε，即

$$\sqrt{\frac{1}{k}\sum_{j=1}^{k}(f(\boldsymbol{X}^{(j)})-f(\boldsymbol{X}^{(C)}))^2}\leqslant\varepsilon$$

迭代可以结束，输出最优解

$$\begin{cases}\boldsymbol{X}^*=\boldsymbol{X}^{(C)}\\ f(\boldsymbol{X}^*)=f(\boldsymbol{X}^{(C)})\end{cases}$$

其中：$\boldsymbol{X}^{(C)}=\frac{1}{k}\sum_{j=1}^{k}\boldsymbol{X}^{(j)}$ 为整个复合形的中心。

复合形法的程序框图如图 5-6 所示。

例 5-3 用复合形法求解约束优化问题

$$\begin{cases}\min f(\boldsymbol{X})=(x_1-3)^2+x_2^2\\ \text{s.t. } g_1(\boldsymbol{X})=4-x_1^2-x_2\geqslant 0\\ \qquad g_2(\boldsymbol{X})=x_2\geqslant 0\\ \qquad g_3(\boldsymbol{X})=x_1-0.5\geqslant 0\end{cases}$$

解 设计变量数目 $n=2$，故取复合形顶点数 $k=2n=4$，$\varepsilon=0.1$。

(1) 人为给出 4 个复合形顶点。

$$\boldsymbol{X}^{(1)}=\begin{bmatrix}0.5\\2\end{bmatrix},\quad \boldsymbol{X}^{(2)}=\begin{bmatrix}1\\2\end{bmatrix},\quad \boldsymbol{X}^{(3)}=\begin{bmatrix}0.6\\3\end{bmatrix},\quad \boldsymbol{X}^{(4)}=\begin{bmatrix}0.9\\2.6\end{bmatrix}$$

经检验，4 个顶点均在可行域内。

(2) 调优迭代，获得新的复合形。

求复合形顶点 $\boldsymbol{X}^{(1)}$、$\boldsymbol{X}^{(2)}$、$\boldsymbol{X}^{(3)}$ 和 $\boldsymbol{X}^{(4)}$ 的目标函数值

$$f(\boldsymbol{X}^{(1)})=10.25,\quad f(\boldsymbol{X}^{(2)})=8,\quad f(\boldsymbol{X}^{(3)})=14.76,\quad f(\boldsymbol{X}^{(4)})=11.17$$

可以判断好点 $\boldsymbol{X}^{(L)}$ 和坏点 $\boldsymbol{X}^{(H)}$

$$\boldsymbol{X}^{(H)}=\boldsymbol{X}^{(3)},\quad \boldsymbol{X}^{(L)}=\boldsymbol{X}^{(2)}$$

计算除坏点 $\boldsymbol{X}^{(H)}$ 外复合形的形心点 $\boldsymbol{X}^{(C)}$

$$\boldsymbol{X}^{(C)}=\frac{1}{3}\left(\begin{bmatrix}0.5\\2\end{bmatrix}+\begin{bmatrix}1\\2\end{bmatrix}+\begin{bmatrix}0.9\\2.6\end{bmatrix}\right)=\begin{bmatrix}0.8\\2.2\end{bmatrix}$$

经检验 $\boldsymbol{X}^{(C)}$ 在可行域内。

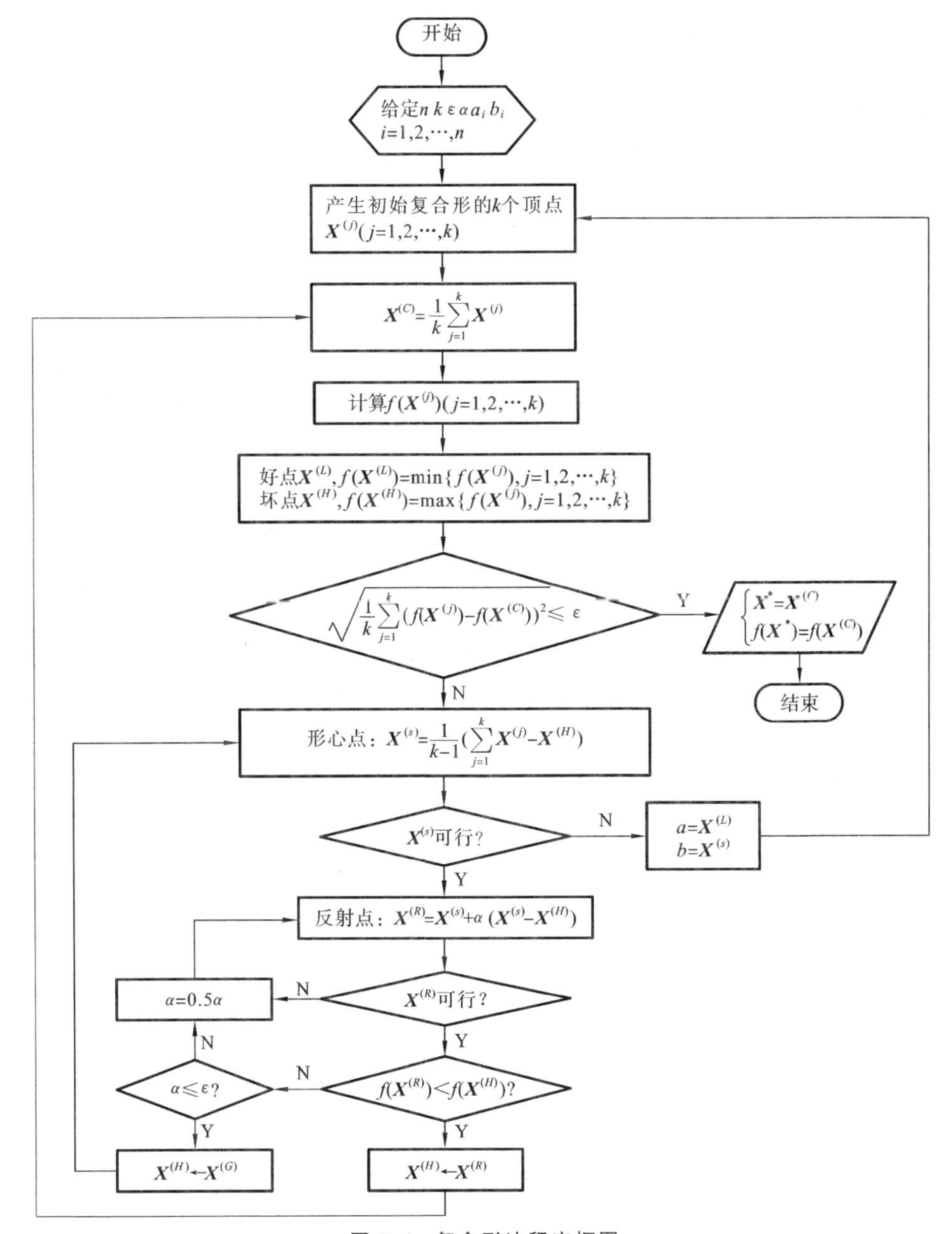

图 5-6　复合形法程序框图

取反射系数 $\alpha=1.3$，确定坏点 $\boldsymbol{X}^{(H)}$ 的反射点 $\boldsymbol{X}^{(R)}$

$$\boldsymbol{X}^{(R)}=\boldsymbol{X}^{(C)}+\alpha(\boldsymbol{X}^{(C)}-\boldsymbol{X}^{(H)})=\begin{bmatrix}0.8\\2.2\end{bmatrix}+1.3\left(\begin{bmatrix}0.8\\2.2\end{bmatrix}-\begin{bmatrix}0.6\\3\end{bmatrix}\right)=\begin{bmatrix}1.06\\1.16\end{bmatrix}$$

经检验，反射点 $\boldsymbol{X}^{(R)}$ 在可行域内。

因 $f(\boldsymbol{X}^{(R)})=5.1092<f(\boldsymbol{X}^{(H)})$，故用反射点 $\boldsymbol{X}^{(R)}$ 替换 $\boldsymbol{X}^{(3)}$ 构成新的复合形，其顶点为

$$\boldsymbol{X}^{(1)}=\begin{bmatrix}0.5\\2\end{bmatrix},\quad \boldsymbol{X}^{(2)}=\begin{bmatrix}1\\2\end{bmatrix},\quad \boldsymbol{X}^{(3)}=\begin{bmatrix}1.06\\1.16\end{bmatrix},\quad \boldsymbol{X}^{(4)}=\begin{bmatrix}0.9\\2.6\end{bmatrix}$$

新复合形顶点 $\boldsymbol{X}^{(1)}$、$\boldsymbol{X}^{(2)}$、$\boldsymbol{X}^{(3)}$ 和 $\boldsymbol{X}^{(4)}$ 的目标函数值为

$$f(\boldsymbol{X}^{(1)})=10.25,\quad f(\boldsymbol{X}^{(2)})=8,\quad f(\boldsymbol{X}^{(3)})=5.1092,\quad f(\boldsymbol{X}^{(4)})=11.17$$

对比判断知：最坏点 $\boldsymbol{X}^{(H)}=\boldsymbol{X}^{(4)}$，最好点 $\boldsymbol{X}^{(L)}=\boldsymbol{X}^{(3)}$。

(3) 检验迭代终止条件。

由于

$$\sqrt{\frac{1}{k}\sum_{j=1}^{k}(f(\boldsymbol{X}^{(j)})-f(\boldsymbol{X}^{(C)}))^2}=4.23>\varepsilon$$

不满足迭代终止条件，需继续迭代。在新的复合形中重复上述过程，直至逼近最优点为止。

在用直接法解决约束优化问题时，复合形法是一种效果较好的方法。这种优化方法原理简单，易于编程，不需要计算目标函数的导数，也不进行一维搜索，因此对目标函数和约束条件无特殊要求，迭代过程始终在可行域内进行，运行结果可靠，适用于仅含不等式约束的问题；但是不适用于多维，对于多维优化问题收敛速度较慢，初始复合形难定，收敛精度低。

5.4 惩罚函数法

5.4.1 惩罚函数法概述

惩罚函数法是一种用来求解约束优化问题的间接解法。其基本思想是将约束优化问题转化为一系列无约束优化问题来求解，故又称为序列无约束极小化方法——SUMT(sequential unconstrained minimization technique)。惩罚函数法是将约束函数($g_u(\boldsymbol{X})\leqslant 0, h_v(\boldsymbol{X})=0$)乘以一个可变化的系数(罚因子)构成一个惩罚项，再与原目标函数 $f(\boldsymbol{X})$结合起来构成一系列的无约束目标函数 $\phi(\boldsymbol{X},r)$，称 $\phi(\boldsymbol{X},r)$为惩罚函数。然后就可以用比较成熟的无约束优化方法求解 $\phi(\boldsymbol{X},r)$的最优解，以这个无约束最优解来逼近原函数 $f(\boldsymbol{X})$的最优解。据此可知，惩罚函数法的关键问题是惩罚函数的构造。

根据惩罚函数法的基本思想，可构造新的目标函数

$$\phi(\boldsymbol{X},r_1^{(k)},r_2^{(k)})=f(\boldsymbol{X})+r_1^{(k)}\sum_{u=1}^{m}G(g_u(\boldsymbol{X}))+r_2^{(k)}\sum_{v=1}^{p}H(h_v(\boldsymbol{X})) \tag{5-14}$$

式中：$\phi(\boldsymbol{X},r_1^{(k)},r_2^{(k)})$为惩罚函数；$f(\boldsymbol{X})$为原目标函数；$r_1^{(k)}$、$r_2^{(k)}$都为惩罚因子；$r_1^{(k)}\sum_{u=1}^{m}G(g_u(\boldsymbol{X}))$是不等式约束惩罚项，$r_2^{(k)}\sum_{v=1}^{p}H(h_v(\boldsymbol{X}))$为等式约束惩罚项。

惩罚项和惩罚函数在满足以下三个极限性质

$$\begin{cases}\lim\limits_{k\to\infty}r_1^{(k)}\sum\limits_{u=1}^{m}G(g_u(\boldsymbol{X}^{(k)}))=0\\ \lim\limits_{k\to\infty}r_2^{(k)}\sum\limits_{v=1}^{p}H(h_v(\boldsymbol{X}^{(k)}))=0\\ \lim\limits_{k\to\infty}|\phi(\boldsymbol{X}^{(k)},r_1^{(k)},r_2^{(k)})-f(\boldsymbol{X}^{(k)})|=0\end{cases} \tag{5-15}$$

时，惩罚函数的最优解才能够逐步收敛于原函数的最优解。

根据惩罚函数的函数形式不同，可将惩罚函数法分为三种：外点罚函数法、内点罚函数法和混合点罚函数法，分别简称为外点法、内点法和混合点法。

5.4.2 外点罚函数法

外点罚函数法是将罚函数定义于可行域之外，即在整个迭代过程中，迭代点是从非可行域

不断向约束面上的最优点逼近的。

1. 外点罚函数的构型

根据式(5-1)的约束优化问题数学模型，外点罚函数可构造为

$$\phi(\boldsymbol{X},r^{(k)}) = f(\boldsymbol{X}) + r^{(k)}\sum_{u=1}^{m}\{\max[g_u(\boldsymbol{X}),0]\}^Z \tag{5-16}$$

式中：$\phi(\boldsymbol{X},r^{(k)})$为由目标函数和约束函数所构造的惩罚函数；$f(\boldsymbol{X})$为原目标函数；$r^{(k)}=cr^{(k-1)}$为罚因子(或加权因子)，$r^{(k)}$是一个递增数列$(0<r^{(0)}<r^{(1)}<r^{(2)}<\cdots<r^{(k)}<\cdots)$，$c>1$为罚因子递增系数；$Z$为惩罚指数，一般取$Z=2$。

如果取

$$\max[g_u(\boldsymbol{X}),0]=\begin{cases} g_u(\boldsymbol{X}) & g_u(\boldsymbol{X})>0 \quad \boldsymbol{X}\notin\mathscr{D}(\text{在可行域外}) \\ 0 & g_u(\boldsymbol{X})\leqslant 0 \quad \boldsymbol{X}\in\mathscr{D}(\text{在可行域内}) \end{cases}$$

则罚函数可表示为

$$\phi(\boldsymbol{X},r^{(k)}) = \begin{cases} f(\boldsymbol{X}) + r^{(k)}\sum\limits_{u\in I_1}[g_u(\boldsymbol{X})]^2 & \boldsymbol{X}\notin\mathscr{D} \\ f(\boldsymbol{X}) & \boldsymbol{X}\in\mathscr{D} \end{cases} \tag{5-17}$$

式中，I_1为不满足约束条件的集合，$I_1=\{u|_{g_u(\boldsymbol{X})>0} \quad u=1,2,\cdots,m\}$。例如有5个约束，某设计点不满足2,3,5约束条件，则$I_1=\{2,3,5\}$。

式(5-17)表明，当设计点在可行域内，罚函数与目标函数完全等价；当设计点选在可行域外时，要加上惩罚项。

2. 惩罚与逼近作用

罚函数是通过对不满足约束条件的设计点进行惩罚，从而逐步逼近原函数的最优解的。

1) 惩罚作用

它是通过惩罚项指数起作用的，结果是使设计点不得远离约束边界。约束最优解一般位于起作用约束的边界上。当$r^{(k)}$取某一定值时，若设计点在非可行域且远离约束边界，则惩罚项$r^{(k)}\sum\limits_{u\in I_1}[g_u(\boldsymbol{X})]^2$的值就剧增，从而引起惩罚函数$\phi$的值也剧增，这不符合数值迭代的下降条件。为了保证迭代的继续进行，惩罚项开始起作用，从而迫使设计点靠近起作用的约束边界。

2) 逼近作用

它是通过罚因子$r^{(k)}$的不断增大而实现的，结果是迫使设计点靠近起作用约束。当$r^{(k)}\to\infty$时，只有$g_u(\boldsymbol{X})=0$才能使惩罚项减小，从而使惩罚函数ϕ减小；这时设计点就靠近了起作用约束，从而获得了约束最优解。

3. 外点法的计算步骤及程序框图

外点罚函数法的程序框图如图5-7所示。具体计算步骤如下：

(1) 选择适当的$r^{(0)}$和c，规定收敛精度ε_1、ε_2，规定障碍数R。任选初始点$\boldsymbol{X}^{(0)}$，且置$k\Leftarrow 0$(注：R为预先设定的一个适当大的数，当$r^{(k)}\leqslant R$时，说明ϕ的极小点与f的极小点还相差较远，不进行精度判断，而直接开始下一轮迭代)；

(2) 构造外点罚函数$\phi(\boldsymbol{X},r^{(k)})$，利用无约束优化方法求$\phi(\boldsymbol{X},r^{(k)})$的极小点$\boldsymbol{X}^*(r^{(k)})$与极小值$\phi(\boldsymbol{X}^*,r^{(k)})$；

(3) 计算$\boldsymbol{X}^*(r^{(k)})$违反约束的最大量：$Q=\max\limits_{u\in I_1}[g_u(\boldsymbol{X}^*,r^{(k)})]$，其中$I_1$不满足约束的集合；

(4) 若$Q\leqslant\varepsilon_1$，则认为$\boldsymbol{X}^*(r^{(k)})$在规定精度下已位于起作用约束面上，停止迭代，输出计算

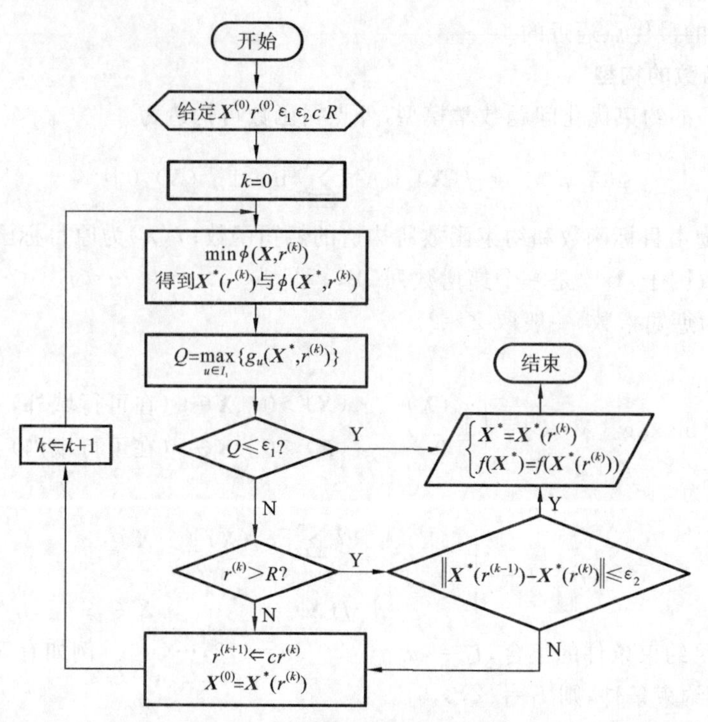

图 5-7　外点罚函数法程序框图

结果；否则，继续下一步；

(5) 检验罚因子的值：若 $r^{(k)}>R$，进行步骤(6)；若 $r^{(k)}\leqslant R$，进行步骤(7)；

(6) 检验精度：若 $\|X^*(r^{(k-1)})-X^*(r^{(k)})\|\leqslant\varepsilon_2$ 成立，输出计算结果；否则，继续步骤(7)；

(7) $r^{(k+1)}\Leftarrow cr^{(k)}$，$X^{(0)}=X^*(r^{(k)})$，$k\Leftarrow k+1$，返回步骤(2)。

例 5-4　用外点罚函数法求解约束优化问题

$$\begin{cases}\min f(x)=x^2\\ \text{s.t.}\ \ g(x)=x+1\leqslant 0\end{cases}$$

解　该约束优化问题就是寻找 $f(x)=x^2$ 在可行域内的极小点。显然，由图 5-8 所示的图解法可知，该约束问题的最优解：$x^*=-1$，$f(x^*)=1$。

如何把该问题转化为无约束问题求解呢？由图 5-8 可以看出，无约束优化的极小点为 $x_1^*=0$，而该点不在可行域内。所以我们试着将目标函数曲线 $f(x)=x^2$ 加以改造，如图 5-8 所示，固定可行域内的 AB 段曲线，而将可行域外部的曲线 BC 段向上(左)提，这样，BC 段曲线的极小点 x_1^* 就会逐步向约束问题的最优点 x^* 靠近，直到两点无限接近为止。如图 5-9 所示，AB 段曲线固定不动，而 BC 段曲线的不断变化使得该段曲线的极小值逐步向 x^* 逼近。

改造后的 BC 段曲线就是我们所要构造的罚函数曲线，可表示为

$$\phi(x,r^{(k)})=f(x)+r^{(k)}\sum\{\max[g_u(x),0]\}^2=f(x)+\begin{cases}r^{(k)}[g_u(x)]^2 & x>-1\\ 0 & x\leqslant -1\end{cases}$$

$$=\begin{cases}x^2+r^{(k)}(x+1)^2 & x>-1\\ x^2 & x\leqslant -1\end{cases}$$

当设计点在可行域内时，惩罚项不起作用，罚函数 $\phi(x,r^{(k)})$ 就是原目标函数

$$\phi(x,r^{(k)})=f(x)=x^2$$

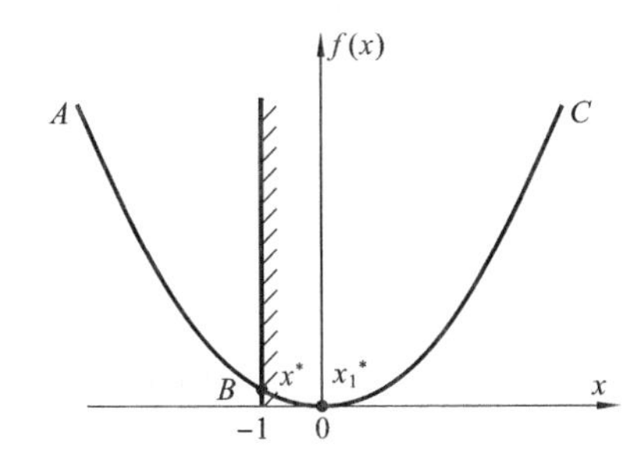

图 5-8　无约束最优解与约束最优解的关系

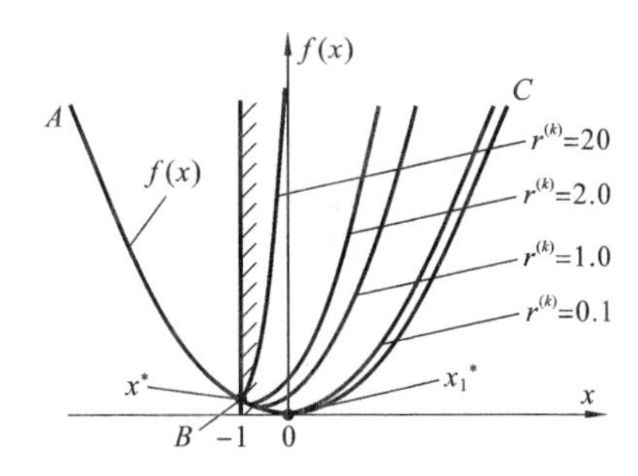

图 5-9　一维约束优化的外点法逼近过程

因此，如果 $\phi(x,r^{(k)})$ 的极小点在可行域内，则该点必为原问题的最优解。令

$$\frac{\partial\phi}{\partial x}=2x=0$$

很容易得到极小点

$$x^*(r^{(k)})=0,\quad f(x^*)=\phi(x^*)=1$$

但是，该点不在可行域内，从图 5-8 中也可以形象地看到，点 $x^*(r^{(k)})=0$ 为非可行点。这说明 $x^*(r^{(k)})=0$ 不可能是原约束问题的最优解。

如果设计点在可行域外，则罚函数为

$$\phi(x,r^{(k)})=x^2+r^{(k)}(x+1)^2$$

当 $r^{(k)}$ 逐渐变化时，罚函数曲线如图 5-9 所示。可以看到，随着 $r^{(k)}$ 的不断增大，罚函数的无约束极值点就不断向原约束最优点靠近；当 $r^{(k)}\to\infty$ 时，罚函数的无约束极值点就近似与原约束最优点重合。我们采用解析法来验证。

令
$$\frac{\partial\phi}{\partial x}=2x+2r^{(k)}(x+1)=0$$

则罚函数极值点为

$$x^*(r^{(k)})=-\frac{r^{(k)}}{1+r^{(k)}}$$

罚函数的极值为

$$\phi(x^*,r^{(k)})=\frac{r^{(k)}}{1+r^{(k)}}$$

显然，当 $r^{(k)}\to\infty$ 时，$x^*\to-1$，$\phi\to1$。这就证实了当罚因子 $r^{(k)}\to\infty$ 时，罚函数的无约束最优解就是原函数的约束最优解，同时也证实了通过构造罚函数，可将约束优化问题转化为一系列无约束优化问题。通过罚因子 $r^{(k)}$ 的不断变化，系列无约束最优解能够逼近原约束问题的最优解。

例 5-4 是一个一维的约束优化问题，对于多维问题，也可以用类似的方法来求解。

例 5-5　用外点罚函数法求解约束优化问题

$$\begin{cases}\min\ f(\boldsymbol{X})=x_1^2+x_2^2-x_1x_2-10x_1-4x_2+60\\ \text{s. t.}\ \ g(\boldsymbol{X})=x_1+x_2-8\leqslant0\end{cases}$$

解　目标函数等值线和可行域如图 5-10 所示。可以看出，该约束优化问题的最优解为

$$\boldsymbol{X}^*=\begin{bmatrix}5\\3\end{bmatrix},\quad f(\boldsymbol{X}^*)=17$$

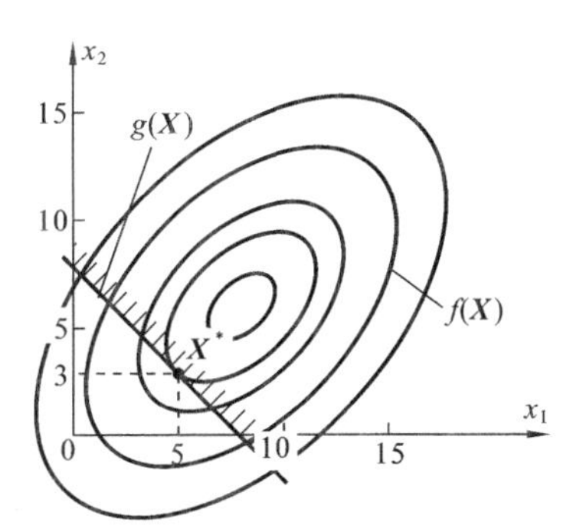

图 5-10　图解法的约束最优解

下面我们通过构造一个外罚函数且对其进行解析运算，来验证当 $r^{(k)}\to\infty$ 时，外罚函数的最优解趋于原目标函数的最优解。

构造外罚函数

$$\phi(\boldsymbol{X},r^{(k)})=f(\boldsymbol{X})+r^{(k)}\sum\{\max[g_u(\boldsymbol{X}),0]\}^2$$

$$=\begin{cases}x_1^2+x_2^2-x_1x_2-10x_1-4x_2+60+r^{(k)}(x_1+x_2-8)^2 & g(\boldsymbol{X})>0\\ x_1^2+x_2^2-x_1x_2-10x_1-4x_2+60 & g(\boldsymbol{X})\leqslant 0\end{cases}$$

如果设计点选在可行域内，则原函数与罚函数相等，即

$$\phi(\boldsymbol{X},r^{(k)})=f(\boldsymbol{X})=x_1^2+x_2^2-x_1x_2-10x_1-4x_2+60$$

令其一阶偏导数分别等于零，即

$$\begin{cases}\dfrac{\partial\phi}{\partial x_1}=2x_1-x_2-10=0\\[2mm] \dfrac{\partial\phi}{\partial x_2}=2x_2-x_1-4=0\end{cases}$$

解方程组可得：$\boldsymbol{X}^*=[8\quad 6]^{\mathrm{T}}$，$f(\boldsymbol{X}^*)=\phi(\boldsymbol{X}^*)=8$。但由于该点不在可行域内，故 $\boldsymbol{X}^*=[8\quad 6]^{\mathrm{T}}$ 不是原约束问题的最优解。

如果设计点选在可行域外，则罚函数为

$$\phi(\boldsymbol{X},r^{(k)})=x_1^2+x_2^2-x_1x_2-10x_1-4x_2+60+r^{(k)}(x_1+x_2-8)^2$$

当 $r^{(k)}$ 逐渐变化时，罚函数曲线的变化如图 5-11 所示。

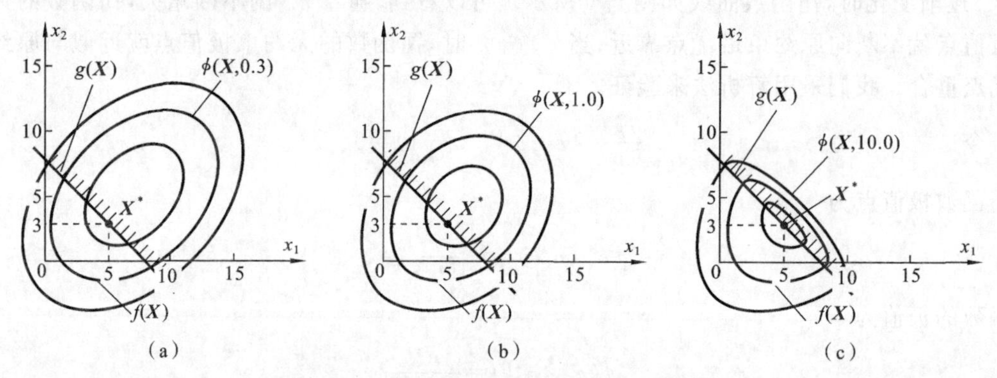

图 5-11　二维约束问题的外点法逼近过程

(a) $r^{(k)}=0.3$ 的罚函数曲线　(b) $r^{(k)}=1.0$ 的罚函数曲线　(c) $r^{(k)}=10$ 的罚函数曲线

可以看到，随着 $r^{(k)}$ 的不断增大，罚函数曲线的无约束极值点就不断向原约束最优点靠近；当 $r^{(k)}\to\infty$ 时，罚函数曲线的无约束极值点就与原约束最优点重合。逼近过程可用解析法验证。

令

$$\frac{\partial\varphi}{\partial x_1}=2x_1-x_2-10+2r^{(k)}(x_1+x_2-8)=0$$

$$\frac{\partial\varphi}{\partial x_2}=2x_2-x_1-4+2r^{(k)}(x_1+x_2-8)=0$$

联立求解得到

$$x_1=5+\frac{3}{4r^{(k)}+1},\quad x_2=3+\frac{3}{4r^{(k)}+1}$$

当 $r^{(k)}\to\infty$ 时，得

$$x_1 \to 5, \quad x_2 \to 3$$

故所求得的最优解为

$$\boldsymbol{X}^* = \begin{bmatrix} 5 \\ 3 \end{bmatrix}, \quad f(\boldsymbol{X}^*) = 17$$

一维约束问题和二维约束问题的结论同样也适用于多维约束优化问题。通过构造罚函数,可将约束优化问题转化为一系列无约束优化问题,然后调用无约束优化方法来进行求解。通过罚因子 $r^{(k)}$ 的不断变化,系列无约束最优解最后逼近原约束问题的最优解。

4. 外点法使用中的几个问题

(1) 罚因子的初值 $r^{(0)}$ 及递增系数 c 的选择。

罚因子初值 $r^{(0)}$ 的选择是否恰当,对优化过程的顺利进行有很大影响。$r^{(0)}$ 选得大,收敛速度应快些,但罚函数可能会出现畸形,从而导致寻优失败;$r^{(0)}$ 选得小,迭代次数多,但寻优成功的可能性大。实际使用时,可以从较小的值如 10^{-5} 开始试选几个 $r^{(0)}$。

Weisman 曾建议 $r^{(0)}$ 按下式选取,即

$$r_u^{(0)} = \frac{0.02}{m g_u(\boldsymbol{X}^{(0)}) f(\boldsymbol{X}^{(0)})} \quad (u=1,2,\cdots,m) \tag{5-18}$$

式(5-18)对于每一个约束函数都有一个罚因子,可取其最小值。罚因子是一个递增序列,$r^{(k+1)} = c r^{(k)}$。一般来说,递增系数 c 对寻优成败影响不大,一般取 $c=5\sim10$。

(2) 初始点 $\boldsymbol{X}^{(0)}$ 的选择。

对于外点法来说,原则上 $\boldsymbol{X}^{(0)}$ 可以任意选取,而且不论 $\boldsymbol{X}^{(0)}$ 是否位于可行域,罚函数 $\phi(\boldsymbol{X}, r^{(k)})$ 的极值点均在可行域外。

(3) 约束裕量。

外点法是在非可行域内进行寻优的,即所有迭代点均为非可行点。严格来讲,其最优点 $\boldsymbol{X}^*$ 也是靠近起作用约束的非可行点。为使最优点为可行点,可将每个约束都加上一个裕量 δ(一般取 $\delta=10^{-3}\sim10^{-4}$),即

$$g'_u(\boldsymbol{X}) = g_u(\boldsymbol{X}) + \delta \leqslant 0 \quad (u=1,2,\cdots,m)$$

(4) 尺度问题。

在外罚函数法的寻优过程中,如果各约束函数的取值的数量级相差太大,则它们的惩罚作用就会有显著的差异。数量级大的约束就会优先得到满足,而数量级较小的约束有可能会得不到满足,即最优点靠不上起作用约束。为克服这一缺点,可采用两方面的措施。

① 对每个约束条件,采用一个罚因子,即惩罚项表示为

$$\sum_{u=1}^{m} r_u^{(k)} [g_u(\boldsymbol{X}), 0]^2$$

$r_u^{(0)}$ 按式(5-18)Weisman 的建议来确定。

② 采用相对量作为约束条件。例如,对约束条件:强度 $\sigma \leqslant [\sigma]$,挠度 $f \leqslant [f]$,相对约束条件可写为

$$g_1 = \sigma - [\sigma] \leqslant 0 \to g_1 = \frac{\sigma}{[\sigma]} - 1 \leqslant 0$$

$$g_2 = f - [f] \leqslant 0 \to g_2 = \frac{f}{[f]} - 1 \leqslant 0$$

(5) 外罚函数法能够处理具有等式约束的问题。

由于外罚函数法能够从可行域之外使设计点靠上起作用的约束。而我们知道,任何等式

约束都应是起作用约束，所以外罚函数法能够处理具有等式约束的约束问题。

对于约束优化问题式(5-1)，罚函数的表达式为

$$\phi(\boldsymbol{X},r^{(k)}) = f(\boldsymbol{X}) + r^{(k)}\sum_{u=1}^{m}\{\max[g_u(\boldsymbol{X}),0]\}^2 + r^{(k)}\sum_{v=1}^{p}[h_v(\boldsymbol{X})]^2 \tag{5-19}$$

其中，$r^{(k)}=cr^{(k-1)}$ 同样为递增的罚因子。

(6) 当取 $g_u(\boldsymbol{X})\geqslant 0$ 时，取

$$\phi(\boldsymbol{X},r^{(k)}) = f(\boldsymbol{X}) + r^{(k)}\sum_{u=1}^{m}\{\min[g_u(\boldsymbol{X}),0]\}^2 \tag{5-20}$$

5.4.3 内点罚函数法

内点罚函数法就是将罚函数 $\phi(\boldsymbol{X},r)$ 定义于可行域之内，即整个寻优过程是在可行域内进行的，它的初始点 $\boldsymbol{X}^{(0)}$、迭代点 $\boldsymbol{X}^{(k)}$、终止点 $\boldsymbol{X}^*$ 也都是可行点。内点法只能求解具有不等式约束的优化问题。

1. 内点罚函数的构型

$$\phi(\boldsymbol{X},r^{(k)}) = f(\boldsymbol{X}) - r^{(k)}\sum_{u=1}^{m}\frac{1}{g_u(\boldsymbol{X})} \tag{5-21}$$

或

$$\phi(\boldsymbol{X},r^{(k)}) = f(\boldsymbol{X}) - r^{(k)}\sum_{u=1}^{m}\ln[-g_u(\boldsymbol{X})] \tag{5-22}$$

式中：$r^{(k)}=cr^{(k-1)}$ 为内罚因子，它是一个递减序列（$r^{(0)}>r^{(1)}>r^{(2)}>\cdots>r^{(k)}\geqslant\cdots>0$），$c$ 为内罚因子的递减系数。

2. 惩罚与逼近作用

1）惩罚作用

它是靠惩罚项起作用而实现的，其结果是阻挡设计点不能越出可行域。当迭代点 $\boldsymbol{X}$ 在可行域内距离约束边界较远时，其惩罚项 $\left(-\dfrac{r^{(k)}}{g_u(\boldsymbol{X})}\right)$ 是不大的正值；而当迭代点 $\boldsymbol{X}$ 在可行域内向约束边界（$g_u(\boldsymbol{X})=0$）处移动并靠近时，其惩罚项的值 $\left(-\dfrac{r^{(k)}}{g_u(\boldsymbol{X})}\right)$ 猛增（具有很大的正值），从而引起 $\phi(\boldsymbol{X},r)$ 的值也猛增，并且越靠近边界，其值趋于无穷大。因此，惩罚项就像在约束边界上筑起了一道“高墙”，阻止迭代点靠近约束边界，从而也不会越出边界，使设计点始终在可行域内。

2）逼近作用

约束最优点总是位于起作用约束的边界上，在惩罚的前提下，如何使设计点最终靠上起作用约束，从而逼近原目标函数 $f(\boldsymbol{X})$ 的最优解呢？这是通过罚因子的逼近作用而实现的。随着罚因子 $r^{(k)}$ 的不断递减，使惩罚项的作用不断减弱，最终使得罚函数的最优解靠近起作用约束。

3. 内点法的计算步骤及程序框图

内点法的程序框图如图 5-12 所示。内点法的具体计算步骤如下。

(1) 选取可行初始点 $\boldsymbol{X}^{(0)}$。

(2) 选取适当的罚因子初值 $r^{(0)}$，规定收敛精度 ε_1、ε_2，决定障碍数 R 和递减系数 c，且置 $k\Leftarrow 0$（注：R 为预先设定的一个适当小的数，当 $r^{(k)}>R$ 时，说明 ϕ 的极小点与 f 的极小点还相差

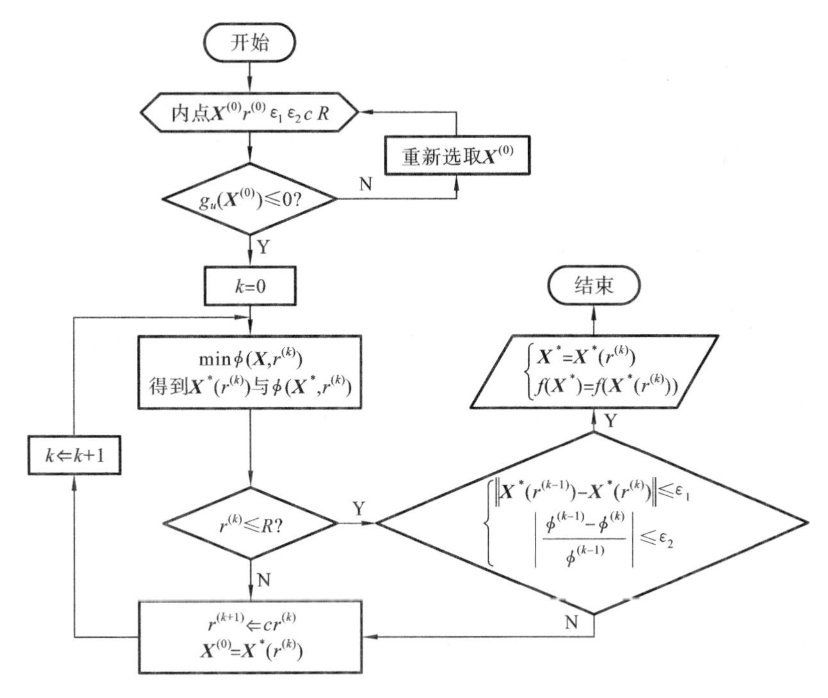

图 5-12　内点法程序框图

较远，不进行精度判断，而直接开始下一轮迭代）。

（3）构造内罚函数 $\phi(\boldsymbol{X},r^{(k)})$，调用无约束优化方法子程序求 $\min\phi(\boldsymbol{X},r^{(k)})$，得 $\boldsymbol{X}^*(r^{(k)})$。

（4）检验罚因子的值。若 $r^{(k)}\leqslant R$，进行步骤（5）；否则，进行步骤（6）。

（5）检验精度。

若 $\begin{cases}\|\boldsymbol{X}^*(r^{(k-1)})-\boldsymbol{X}^*(r^{(k)})\|\leqslant\varepsilon_1\\ \left|\dfrac{\phi^{(k-1)}-\phi^{(k)}}{\phi^{(k-1)}}\right|\leqslant\varepsilon_2\end{cases}$ 成立，输出最优解 $\begin{cases}\boldsymbol{X}^*=\boldsymbol{X}^*(r^{(k)})\\ f(\boldsymbol{X}^*)=f(\boldsymbol{X}^*(r^{(k)}))\end{cases}$；否则进行下一步。

（6）$r^{(k+1)}\Leftarrow cr^{(k)}$，$\boldsymbol{X}^{(0)}=\boldsymbol{X}^*(r^{(k)})$，$k\Leftarrow k+1$，返回步骤（3）。

例 5-6　用内点罚函数法求解约束优化问题

$$\begin{cases}\min\ f(x)=x^2\\ \text{s.t.}\ \ g(x)=x+1\leqslant 0\end{cases}$$

解　由外点法求解可知，该优化问题的最优解为

$$x^*=-1,\quad f(x^*)=1$$

下面我们通过构造一个内罚函数且对其进行解析运算，来验证随着 $r^{(k)}$ 的不断减小，ϕ 的无约束最优解趋于 f 的约束最优解。

构造内罚函数

$$\begin{aligned}\phi(x,r^{(k)})&=f(x)-r^{(k)}\ln[-g(x)]\\&=x^2-r^{(k)}\ln(-x-1)\end{aligned}$$

当 $r^{(k)}$ 逐渐变化时，罚函数曲线如图 5-13 所示。

可以看到，随着 $r^{(k)}$ 的不断减小，罚函数的无约束极值点就不断向原约束最优点靠近；当 $r^{(k)}\to 0$ 时，罚函数的无约束极值点就与原约束最优点重合。下面通过解析法进行验证。

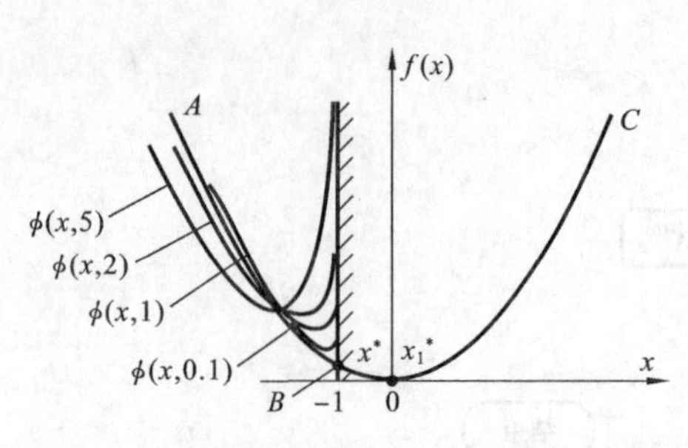

图 5-13　一维约束优化的内点法逼近过程

令

$$\frac{\partial \phi}{\partial x}=2x-r^{(k)}\frac{1}{(x+1)}=0$$

求解得到惩罚函数的极值点为

$$x^*(r^{(k)})=-\frac{1}{2}-\frac{1}{2}\sqrt{1+2r^{(k)}}$$

可以看到，当 $r^{(k)}\to 0$ 时，$x^*(r^{(k)})\to -1$，$\phi\to 1$。由此可见，随着 $r^{(k)}$ 的不断减小，内罚函数的无约束最优解最终趋于原问题的约束最优解。

例 5-7　用内点罚函数法求解约束优化问题

$$\begin{cases}\min\ f(\boldsymbol{X})=x_1^2+x_2^2-x_1x_2-10x_1-4x_2+60\\ \text{s. t. }\ g(\boldsymbol{X})=x_1+x_2-8\leqslant 0\end{cases}$$

解　由外点法求解可知，该优化问题的最优解为

$$\boldsymbol{X}^*=\begin{bmatrix}5\\3\end{bmatrix},\quad f(\boldsymbol{X}^*)=17$$

构造内罚函数

$$\phi(\boldsymbol{X},r^{(k)})=f(\boldsymbol{X})-r^{(k)}\frac{1}{g(\boldsymbol{X})}=x_1^2+x_2^2-x_1x_2-10x_1-4x_2+60-\frac{r^{(k)}}{x_1+x_2-8}$$

当 $r^{(k)}$ 逐渐变化时，罚函数曲线如图 5-14 所示。

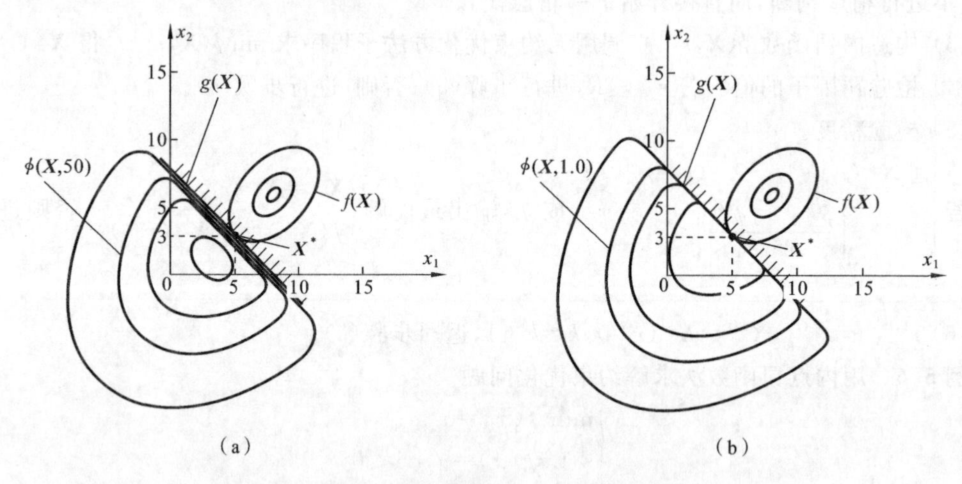

图 5-14　二维约束优化的内点法逼近过程

(a) $r^{(k)}=50$ 的惩罚函数曲线　(b) $r^{(k)}=1.0$ 的惩罚函数曲线

令

$$\frac{\partial \varphi}{\partial x_1}=2x_1-x_2-10+\frac{r^{(k)}}{(x_1+x_2-8)^2}=0$$

$$\frac{\partial \varphi}{\partial x_2}=2x_2-x_1-4+\frac{r^{(k)}}{(x_1+x_2-8)^2}=0$$

联立求解得到

$$x_1=\frac{13-\sqrt{9+2r^{(k)}}}{2},\quad x_2=\frac{9-\sqrt{9+2r^{(k)}}}{2}$$

当 $r^{(k)}\to 0$ 时，得

$$x_1 \to 5, \quad x_2 \to 3$$

故所求得的最优解为

$$\boldsymbol{X}^* = \begin{bmatrix} 5 \\ 3 \end{bmatrix}, \quad f(\boldsymbol{X}^*) = 17$$

4. 内点法使用中的几个问题

(1) 初始点 $\boldsymbol{X}^{(0)}$ 的选择。

由于内点罚函数法是在可行域内寻优的，即它的所有迭代都必须是可行点，所以要求初始点应为一个严格可行点(即 $g_u(\boldsymbol{X}^{(0)})<0, u=1,2,\cdots,m$)，且 $\boldsymbol{X}^{(0)}$ 最好远离约束边界。这对寻优过程的顺利进行十分有利。对于维数低、约束函数简单的优化问题，可直接人工选取可行初始点 $\boldsymbol{X}^{(0)}$；但对设计变量多，约束函数复杂的开发性设计来说，要找到一个严格可行的初始点是有一定难度的。此时可采用随机法选择初始点 $\boldsymbol{X}^{(0)}$。

准确确定各设计变量的上下限$[a_i, b_i]$后，初始点 $\boldsymbol{X}^{(0)}$ 的各分量表示为

$$x_i = a_i + r(b_i - a_i) \quad (i=1,2,\cdots,n)$$

其中，r 为区间$[0,1]$上均匀分布的随机数。

(2) 罚因子初值 $r^{(0)}$ 的选择。

$r^{(0)}$ 与罚函数法的收敛速度、收敛精度甚至寻优的成败都有很大关系。一般来说，$r^{(0)}$ 取得小，收敛快，但罚函数性态坏(函数曲线陡)，不易寻优；$r^{(0)}$ 取得大，收敛慢，但罚函数性态好(函数曲线平缓)。

实际使用时，可选几个 $r^{(0)}$ 值试用一下，对不同的问题找出与之适应的 $r^{(0)}$，再则也可按下式定 $r^{(0)}$，即

$$r^{(0)} = \left| \frac{f(\boldsymbol{X}^{(0)})}{\sum_{u=1}^{m} \frac{1}{g_u(\boldsymbol{X}^{(0)})}} \right|$$

上式即在初始点 $\boldsymbol{X}^{(0)}$ 附近，目标函数项及惩罚项平分秋色，都不占据主宰地位。

(3) 罚因子递减系数 c 的选择。

内罚因子是一个递减数列，c 对罚函数值的成败影响不大，一般取 $c=0.02\sim0.1$。

(4) 内罚函数法不能解决含有等式约束的优化问题。

(5) 当约束的形式为 $g_u(\boldsymbol{X})\geqslant 0$ 时，罚函数的表达式应为

$$\phi(\boldsymbol{X}, r) = f(\boldsymbol{X}) + r^{(k)} \sum_{u=1}^{m} \frac{1}{g_u(\boldsymbol{X})}$$

(6) 内点罚函数法是在可行域内寻优的，它的所有迭代点都是可行点，即可行的设计方案。用户可从一系列可行方案中任选一个合适的方案，不一定选用最终(最优)方案。

5.4.4　混合点罚函数法

混合点罚函数法就是将内点法与外点法结合在一起的罚函数法。内点法的所有迭代点都是可行点(可行方案)，而外点法又能够处理具有等式约束与不等式约束的优化问题。

对于式(5-1)的数学模型，混合点罚函数法的构型为

$$\phi(\boldsymbol{X}, r^{(k)}) = f(\boldsymbol{X}) - r^{(k)} \sum_{u=1}^{m} \frac{1}{g_u(\boldsymbol{X})} + \frac{1}{\sqrt{r^{(k)}}} \sum_{v=1}^{p} [h_v(\boldsymbol{X})]^2 \tag{5-23}$$

式中：$r^{(k)} \sum_{u=1}^{m} \frac{1}{g_u(\boldsymbol{X})}$ 为内点罚项；$\frac{1}{\sqrt{r^{(k)}}} \sum_{v=1}^{p} [h_v(\boldsymbol{X})]^2$ 为外点罚项。$r^{(k)} = cr^{(k-1)}$ 为罚因子，是一

个递减序列($r^{(0)}>r^{(1)}>r^{(2)}>\cdots>r^{(k)}>\cdots>0$)。

对于 $g_u(\boldsymbol{X})\geqslant 0$,取

$$\phi(\boldsymbol{X},r^{(k)}) = f(\boldsymbol{X}) + r^{(k)}\sum_{u=1}^{m}\frac{1}{g_u(\boldsymbol{X})} + \frac{1}{\sqrt{r^{(k)}}}\sum_{v=1}^{p}[h_v(\boldsymbol{X})]^2 \tag{5-24}$$

混合点罚函数法是在内点法的基础上增加了一次等式约束惩罚项而构成的,因此它的计算步骤、程序框图及使用应注意的问题与内点法相同。混合点罚函数法能够处理具有等式与不等式约束的优化问题,还可以用来求解非线性方程组,所以在工程领域有很大的实用价值。

混合点罚函数法使用较为普遍,已解决了大量的工程实际问题,它对一般中小型工程优化问题都很有效。其优点是可处理具有等式与不等式约束的优化问题,适用范围广、使用方便;其缺点是计算量大(序列无约束优化),$r^{(k)}$ 对收敛速度及是否成功影响大。

习　　题

5-1　用可行方向法求解下面约束优化问题

$$\begin{cases}\min\ f(\boldsymbol{X})=9x_1^2+9x_2^2-30x_1-72x_2\\ \text{s.t. }\ g_1(\boldsymbol{X})=2x_1+x_2-4\leqslant 0\\ \qquad g_2(\boldsymbol{X})=-x_1\leqslant 0\\ \qquad g_3(\boldsymbol{X})=-x_2\leqslant 0\end{cases}$$

取初始可行点 $\boldsymbol{X}^{(0)}=[0\quad 0]^{\mathrm{T}}$,收敛精度 $\varepsilon=0.01$。

5-2　设约束优化问题的数学模型为

$$\begin{cases}\min\ f(\boldsymbol{X})=1-2x_1-x_2^2\\ \text{s.t. }\ g_1(\boldsymbol{X})=x_2+x_2-6\leqslant 0\\ \qquad g_2(\boldsymbol{X})=-x_1\leqslant 0\\ \qquad g_3(\boldsymbol{X})=-x_2\leqslant 0\end{cases}$$

选取可行初始点 $\boldsymbol{X}^{(k)}=[3\quad 1]^{\mathrm{T}}$,用两个随机数 $r_1^{(k)}=-0.1$,$r_2^{(k)}=0.85$ 构造随机方向 $\boldsymbol{S}^{(k)}$,并沿该方向取步长 $\alpha_k=2$,计算各试验点,确定最后一个适用可行点 $\boldsymbol{X}^{(k+1)}$,并画出图形。

5-3　已知约束优化问题

$$\begin{cases}\min\ f(\boldsymbol{X})=(x_1+20)^2+(x_2+20)^2\\ \text{s.t. }\ g_1(\boldsymbol{X})=-x_1-30\leqslant 0\\ \qquad g_2(\boldsymbol{X})=-x_1-x_2-20\leqslant 0\\ \qquad g_3(\boldsymbol{X})=-x_2-30\leqslant 0\\ \qquad g_4(\boldsymbol{X})=x_1^2+x_2^2-6400\leqslant 0\end{cases}$$

试利用复合形法五个复合形(不包括初始复合形)的搜索过程,确定最后获得的最优点位置。选定初始复合形顶点 $\boldsymbol{X}^{(1)}=[-10\quad 65]^{\mathrm{T}}$,$\boldsymbol{X}^{(2)}=[65\quad 40]^{\mathrm{T}}$,$\boldsymbol{X}^{(3)}=[50\quad 10]^{\mathrm{T}}$,映射系数 $\alpha=1$。

5-4　试分别构造如下约束优化问题的外点罚函数和内点罚函数

$$\begin{cases}\min\ f(\boldsymbol{X})=\dfrac{1}{1+x^2}\\ \text{s. t.}\ \ g(\boldsymbol{X})=1-x\leqslant 0\end{cases}$$

5-5　用外点罚函数法或混合点罚函数法求解以下约束问题的最优解

(1) $$\begin{cases}\min\ f(\boldsymbol{X})=x_1^2+2x_2^2-x_1x_2-x_1-10x_2\\ \text{s. t.}\ \ g_1(\boldsymbol{X})=3x_1+2x_2-6\leqslant 0\\ \qquad g_2(\boldsymbol{X})=-x_1\leqslant 0\\ \qquad g_3(\boldsymbol{X})=-x_2\leqslant 0\end{cases}$$

(2) $$\begin{cases}\min\ f(\boldsymbol{X})=x^3\\ \text{s. t.}\ \ g_1(\boldsymbol{X})=-x-2\leqslant 0\\ \qquad g_2(\boldsymbol{X})=x-2\leqslant 0\\ \qquad h_1(\boldsymbol{X})=x-1=0\end{cases}$$

(3) $$\begin{cases}\min\ f(\boldsymbol{X})=x_1^2+x_2^2-10x_1-16x_2+89\\ \text{s. t.}\ \ g_1(\boldsymbol{X})=x_1-10\leqslant 0\\ \qquad g_2(\boldsymbol{X})=-x_2+1\leqslant 0\\ \qquad g_3(\boldsymbol{X})=x_2-10\leqslant 0\\ \qquad g_4(\boldsymbol{X})=-x_1+x_2-1\leqslant 0\\ \qquad h_1(\boldsymbol{X})=-x_1+x_2=0\end{cases}$$

(4) $$\begin{cases}\min\ f(\boldsymbol{X})=x_1^2+x_2^2+x_3^2+2x_1x_4-x_2x_3\\ \text{s. t.}\ \ g_1(\boldsymbol{X})=-x_1+x_3-x_4+8\leqslant 0\\ \qquad g_2(\boldsymbol{X})=-x_2-x_1x_4-1\leqslant 0\\ \qquad h_1(\boldsymbol{X})=2x_1+x_2-6=0\end{cases}$$

5-6　用内点罚函数法求解以下约束问题的最优解

(1) $$\begin{cases}\min\ f(\boldsymbol{X})=x_1^2+4x_2^2\\ \text{s. t.}\ \ g_1(\boldsymbol{X})=3x_1+4x_2\geqslant 13\end{cases}$$

(2) $$\begin{cases}\min\ f(\boldsymbol{X})=x_1+x_2\\ \text{s. t.}\ \ g_1(\boldsymbol{X})=x_1^2-x_2\leqslant 0\\ \qquad g_2(\boldsymbol{X})=-x_1\leqslant 0\end{cases}$$

(3) $$\begin{cases}\min\ f(\boldsymbol{X})=x_1^2+x_2^2-2x_1x_2-2x_1-6x_2\\ \text{s. t.}\ \ g_1(\boldsymbol{X})=x_1+x_2-2\leqslant 0\\ \qquad g_2(\boldsymbol{X})=-x_1+2x_2-2\leqslant 0\\ \qquad g_3(\boldsymbol{X})=-x_1\leqslant 0\\ \qquad g_4(\boldsymbol{X})=-x_2\leqslant 0\end{cases}$$

(4) $$\begin{cases}\min\ f(\boldsymbol{X})=(x_1-1)^2+\left(x_2-\dfrac{5}{2}\right)^2\\ \text{s. t.}\ \ g_1(\boldsymbol{X})=x_1-2x_2+2\geqslant 0\\ \qquad g_2(\boldsymbol{X})=-x_1-2x_2+6\geqslant 0\\ \qquad g_3(\boldsymbol{X})=-x_1\leqslant 0\\ \qquad g_4(\boldsymbol{X})=-x_2\leqslant 0\end{cases}$$

第 6 章　优化设计中一些特殊问题

6.1　线性规划方法

目标函数和约束函数都是线性函数的最优化问题称为线性规划问题，对应的算法称为线性规划算法。线性规划问题相对于非线性最优化问题比较简单，其算法也最为成熟。生产计划、经济管理、系统工程等领域的问题一般属于线性规划问题，如加工车间的生产调度问题，因此线性规划算法在这些领域得到广泛应用。本节介绍线性规划的基本概念和单纯形法。

6.1.1　线性规划问题的一般形式

线性规划问题的数学模型同样由设计变量、目标函数和约束条件组成，其约束条件一般包括等式约束和设计变量非负约束两部分。因此线性规划问题的一般形式为

$$\begin{cases} \min\ f(\boldsymbol{X})=c_1x_1+c_2x_2+\cdots+c_nx_n \\ \text{s.t.}\ \ g_1(\boldsymbol{X})=a_{11}x_1+a_{12}x_2+\cdots+a_{1n}x_n=b_1 \\ \qquad g_1(\boldsymbol{X})=a_{21}x_1+a_{22}x_2+\cdots+a_{2n}x_n=b_2 \\ \qquad \vdots \\ \qquad g_m(\boldsymbol{X})=a_{m1}x_1+a_{m2}x_2+\cdots+a_{mn}x_n=b_m \\ \qquad x_1,x_2\cdots,x_n\geqslant 0 \end{cases} \tag{6-1}$$

也可以写成如下求和的形式

$$\begin{cases} \min\ f(\boldsymbol{X})=\sum\limits_{i=1}^{n}c_ix_i \\ \text{s.t.}\ \ \sum\limits_{i=1}^{n}a_{ji}x_i=b_j \quad (j=1,2,\cdots,m) \\ \qquad x_i\geqslant 0 \quad (i=1,2,\cdots,n) \end{cases} \tag{6-2}$$

还可以写成如下向量形式

$$\begin{cases} \min\ f(\boldsymbol{X})=\boldsymbol{C}^{\mathrm{T}}\boldsymbol{X} \\ \text{s.t.}\ \ \boldsymbol{AX}=\boldsymbol{B} \\ \qquad x_i\geqslant 0\ (i=1,2,\cdots,n) \end{cases} \tag{6-3}$$

式中：

$$\boldsymbol{X}=[x_1\quad x_2\quad \cdots\quad x_n]^{\mathrm{T}},\quad \boldsymbol{C}=[c_1\quad c_2\quad \cdots\quad c_n]^{\mathrm{T}}$$

$$\boldsymbol{B}=[b_1\quad b_2\quad \cdots\quad b_m]^{\mathrm{T}},\quad \boldsymbol{A}=\begin{bmatrix} a_{11} & a_{12} & \cdots & a_{1n} \\ a_{21} & a_{22} & \cdots & a_{2n} \\ \vdots & \vdots & & \vdots \\ a_{m1} & a_{m2} & \cdots & a_{mn} \end{bmatrix}$$

$\boldsymbol{A}$ 称为系数矩阵；$\boldsymbol{AX}=\boldsymbol{B}$ 称为约束方程，$\boldsymbol{B}$ 称为常数向量，$x_i\geqslant 0$ 称为变量非负约束。

一般情况下，应有 $m<n$。因为只有当 $m<n$ 时，约束方程才有许多组解，线性规划问题的

目的就是要从这许多组解中找到使目标函数取得最小值的最优解。

在线性规划问题的数学模型中，除变量非负约束是不等式约束外，其他约束条件均应是等式约束。如果还有其他形式的不等式约束，则可以通过引入松弛变量的方法将其转化为等式约束。

6.1.2　解的产生与转换

1. 基本解的产生与转换

在约束方程中，若令 $n-m$ 个变量为零，就可求得另外 m 个不全为零的变量。于是这 m 个不全为零的变量和 $n-m$ 个为零的变量共同组成一个解向量，称为线性规划问题的基本解。其中 m 个不全为零的变量称为基本变量，其余 $n-m$ 个为零的变量称为非基本变量。

可见，每取 $n-m$ 个变量并令其等于零，解出另外的 m 个不为零的变量，就可得到一个基本解。于是，一个线性规划问题的基本解的个数可以由排列组合运算得到，即

$$C_n^m=\frac{n!}{m!\ (n-m)!} \tag{6-4}$$

把约束方程中的系数矩阵 $\boldsymbol{A}$ 和常数向量 $\boldsymbol{B}$ 合并组成增广矩阵，即

$$\begin{bmatrix} a_{11} & a_{12} & \cdots & a_{1n} & b_1 \\ a_{21} & a_{22} & \cdots & a_{2n} & b_2 \\ \vdots & \vdots & & \vdots & \vdots \\ a_{m1} & a_{m2} & \cdots & a_{mn} & b_m \end{bmatrix}$$

并对此增广矩阵进行一系列初等行变换，若将前 m 行 m 列变成一个单位矩阵，即

$$\begin{bmatrix} 1 & 0 & \cdots & 0 & a'_{1,m+1} & \cdots & a'_{1n} & b'_1 \\ 0 & 1 & \cdots & 0 & a'_{2,m+1} & \cdots & a'_{2n} & b'_2 \\ \vdots & \vdots & & \vdots & \vdots & & \vdots & \vdots \\ 0 & 0 & \cdots & 1 & a'_{m,m+1} & \cdots & a'_{mn} & b'_m \end{bmatrix} \tag{6-5}$$

并令其中从 x_{m+1} 到 x_n 的 $n-m$ 个变量为非基本变量，其值为零，则由约束方程

$$\begin{bmatrix} 1 & 0 & \cdots & 0 & a'_{1,m+1} & \cdots & a'_{1n} \\ 0 & 1 & \cdots & 0 & a'_{2,m+1} & \cdots & a'_{2n} \\ \vdots & \vdots & & \vdots & \vdots & & \vdots \\ 0 & 0 & \cdots & 1 & a'_{m,m+1} & \cdots & a'_{mn} \end{bmatrix} \begin{bmatrix} x_1 \\ x_2 \\ \vdots \\ x_m \\ x_{m+1} \\ \vdots \\ x_n \end{bmatrix} = \begin{bmatrix} b'_1 \\ b'_2 \\ \vdots \\ b'_m \end{bmatrix} \tag{6-6}$$

可得到对应线性规划问题的一个基本解，即

$$\boldsymbol{X}^{(0)}=[b'_1\quad b'_2\quad \cdots\quad b'_m\quad 0\quad \cdots\quad 0]^{\mathrm{T}}$$

要实现上述矩阵的变换，需要对增广矩阵进行高斯消元变换，进行一次消元变换的步骤如下。

(1) 选定一个想要变为 1 的矩阵元素 a_{lk}，称为变换主元。下标 l 代表主元所在的行，称为主元行；下标 k 代表主元所在的列，称为主元列。

(2) 把主元行的各个元素分别除以主元 a_{lk}，将主元变为 1，即 $a'_{lk}=1$。

(3) 用初等行变换把主元列中除主元以外的其他元素变为零。

消元变换的基本计算公式如下：

$$
\begin{cases}
a'_{l,j}=\dfrac{a_{l,j}}{a_{l,k}} & (i=l) \\
a'_{i,j}=a_{i,j}-a_{i,k}\dfrac{a_{l,j}}{a_{l,k}} & (i\neq l) \\
b'_{l}=\dfrac{b_{l}}{a_{l,k}} & (i=l) \\
b'_{i}=b_{i}-a_{i,k}\dfrac{b_{l}}{a_{l,k}} & (i\neq l) \\
(i=1,2,\cdots,m;j=1,2,\cdots,n)
\end{cases}
\tag{6-7}
$$

综上所述，对增广矩阵进行 m 次消元变换后，就可得到一个基本解。如果想得到另一个基本解，实现基本解之间的转换，需要将增广矩阵中非基本变量所对应的诸多元素中的一个作为新的主元再进行一次消元变换即可。

如在式(6-5)中，选取 $a'_{2,m+1}$ 作为新的主元，进行一次消元变换后得到

$$
\begin{bmatrix}
1 & a''_{12} & 0 & \cdots & 0 & 0 & a''_{1,m+2} & \cdots & a''_{1n} & b''_{1} \\
0 & a''_{22} & 0 & \cdots & 0 & (1) & a''_{2,m+2} & \cdots & a''_{2n} & b''_{2} \\
0 & a''_{32} & 1 & \cdots & 0 & 0 & a''_{3,m+2} & \cdots & a''_{3n} & b''_{3} \\
\vdots & & \vdots & & \vdots & \vdots & & & \vdots & \vdots \\
0 & a''_{m2} & 0 & \cdots & 1 & 0 & a''_{m,m+2} & \cdots & a''_{mn} & b''_{m}
\end{bmatrix}
$$

对应的基本解为

$$
\boldsymbol{X}^{(1)}=[b''_{1}\quad 0\quad b''_{3}\quad \cdots\quad b''_{m}\quad b''_{2}\quad 0\quad \cdots\quad 0]^{\mathrm{T}}
$$

与基本解 $\boldsymbol{X}^{(0)}$ 不同的是，原来的基本变量 x_2 变成了非基本变量，而原来的非基本变量 x_{m+1} 变成了基本变量，因此这种变换实际上是一种非基本变量与基本变量的转换。若构成基本解的基本变量均为非负值，即 $b''_i\geqslant 0$，则此基本解也是一个基本可行解。

2. 基本可行解的产生与转换

基本可行解是同时满足约束方程和变量非负约束的解，最优解存在于基本可行解之中。如果能够找到求解初始基本可行解的方法和基本可行解之间的变换方法，那么得到最优解的过程将会更直接、更迅速。

(1) 当约束为不等式约束，而且常数向量均大于零时，只要引入松弛变量，并以松弛变量为基本变量，就可以得到一个初始基本可行解。

例如，对于如下约束条件

$$
\begin{aligned}
&x_1-x_2+x_3\leqslant 4\\
&x_1+2x_2-x_3\leqslant 8\\
&x_1,x_2,x_3\geqslant 0
\end{aligned}
$$

引入松弛变量 x_4 和 x_5 后变为

$$
\begin{aligned}
&x_1-x_2+x_3+x_4=4\\
&x_1+2x_2-x_3+x_5=8\\
&x_1,x_2,\cdots,x_5\geqslant 0
\end{aligned}
$$

对应的增广矩阵为

$$
\begin{bmatrix}
1 & -1 & 1 & 1 & 0 & 4 \\
1 & 2 & -1 & 0 & 1 & 8
\end{bmatrix}
$$

由此，得到基本可行解

$$X^{(0)}=[0\quad 0\quad 0\quad 4\quad 8]^{T}$$

（2）如果约束方程的常数向量中有负数存在，或者除变量非负约束外的约束条件中还包含等式约束，此时可在目标函数中引入人工变量，形成辅助规划问题并加以变换得到一个初始基本可行解。辅助规划问题的目标函数取各个人工变量之和，约束方程为引入人工变量后的等式约束，以及包括人工变量在内的变量非负约束。

例如，线性规划问题

$$\begin{cases}\min\ f(\boldsymbol{X})=x_1+x_2\\ \text{s. t.}\ \ 5x_1+4x_2+13x_3-2x_4+x_5=30\\ \qquad x_1+x_2+5x_3-x_4+x_5=8\\ \qquad x_1,x_2,\cdots,x_5\geqslant 0\end{cases}$$

引入人工变量 x_6 和 x_7 后，建立的辅助规划问题为

$$\begin{aligned}&\min\ \Phi(\boldsymbol{X})=x_6+x_7\\ &\text{s. t.}\ \ 5x_1+4x_2+13x_3-2x_4+x_5+x_6=30\\ &\qquad x_1+x_2+5x_3-x_4+x_5+x_7=8\\ &\qquad x_1,x_2,\cdots,x_7\geqslant 0\end{aligned}$$

对该辅助问题进行消元变换，当辅助问题的目标函数的值等于零时，所得的解中，除去人工变量的其余部分就是原线性规划问题的一个初始基本可行解。

由于基本可行解是基本解的一部分，故基本可行解之间的相互转换仍然采用消元变换。为了保证变换后的解也是基本可行解，并且尽快得到线性规划问题的最优解，必须解决以下两个问题：

（1）变换后的基本解仍是基本可行解，即有

$$b_i\geqslant 0\quad (i=1,2,\cdots,m)\tag{6-8}$$

此式称非负性条件。

（2）变换后的目标函数应有最大的下降，即

$$f(\boldsymbol{X}^{(k)})-f(\boldsymbol{X}^{(k+1)})\rightarrow\max\tag{6-9}$$

此式称最优性条件。

6.1.3　基本可行解转换的条件

1. 非负性条件

可以看出，若变换前的解是一个基本可行解，则由公式(6-7)可知，变换后的常数项应满足

$$\begin{cases}b'_l=\dfrac{b_l}{a_{l,k}}\geqslant 0\quad (i=l)\\ b'_i=b_i-a_{i,k}\dfrac{b_l}{a_{l,k}}\geqslant 0\quad (i=1,2,\cdots,m;i\neq l)\end{cases}$$

为此，必须使 $a_{i,k}>0$，并且有$\dfrac{b_i}{a_{i,k}}\geqslant\dfrac{b_l}{a_{l,k}}$。由此可知，只要按下式选取主元

$$\frac{b_l}{a_{l,k}}=\min\left\{\frac{b_i}{a_{i,k}}\,|\,a_{i,k}>0\quad (i=1,2,\cdots,m)\right\}\tag{6-10}$$

并进行消元变换就可以保证变换后的常数项仍为非负，也就是说保证由一个基本可行解变换得到的解仍然是基本可行解。

2. 最优性条件

将目标函数写成下面的形式

$$f(\boldsymbol{X}) = \sum_{i=1}^{m} c_i x_i + \sum_{j=m+1}^{n} c_j x_j \tag{6-11}$$

式中：x_i 为基本变量；x_j 为非基本变量。

将基本变量用非基本变量表示，即

$$x_i = b_i - \sum_{j=m+1}^{n} a_{i,j} x_j \quad (i = 1,2,\cdots,m) \tag{6-12}$$

并代入式(6-11)得

$$f(\boldsymbol{X}) = \sum_{i=1}^{m} c_i \Big[b_i - \sum_{j=m+1}^{n} a_{i,j} x_j \Big] + \sum_{j=m+1}^{n} c_j x_j = \sum_{i=1}^{m} c_i b_i + \sum_{j=m+1}^{n} \Big[c_j - \sum_{i=1}^{m} c_i a_{i,j} \Big] x_j \tag{6-13}$$

式中：$\sum_{i=1}^{m} c_i b_i$ 是变换前目标函数的值。

由前面的推导可知，对增广矩阵进行消元变换的目的是把一个非基本变量 x_j 转变为基本变量 x_i，即把该非基本变量的值由零变为正值。由式(6-13)可以看出，为了使目标函数的值有所下降，该非基本变量 x_j 所对应的系数必须小于零。

若令

$$\sigma_j = c_j - \sum_{i=1}^{m} c_i a_{i,j} \quad (j = m+1, m+2, \cdots, n) \tag{6-14}$$

则应满足

$$\sigma_j < 0$$

其中，σ_j 为第 j 列的判别数。

因非基本变量所对应的系数就是变化主元，由上式可知，主元所在列的判别数应是负数，而且负得越多，目标函数下降得越多。可见，主元所在列应按式(6-15)选取

$$\sigma_k = \min\{\sigma_j \mid \sigma_j < 0 \ (j = m+1, m+2, \cdots, n)\} \tag{6-15}$$

若取式(6-15)中的 j 为某个基本变量对应的列数 s 时，由式(6-14)有

$$\sigma_s = c_s - [c_1 \ \cdots \ c_{s-1} \ c_s \ c_{s+1} \ \cdots \ c_m][0 \ \cdots \ 0 \ 1 \ 0 \ \cdots \ 0]^{\mathrm{T}} = c_s - c_s = 0$$

这表明，基本变量对应的判别数都等于零。因此，式(6-15)可写为

$$\sigma_k = \min\{\sigma_j (j = 1,2,\cdots,n)\} \tag{6-16}$$

当所有判别数的值均为非负时，目标函数不再有下降的可能，这时的基本可行解就是所求线性规划问题的最优解。由此可知，基本可行解的最优性条件是

$$\sigma_j \geqslant 0 \quad (j = 1,2,\cdots,n) \tag{6-17}$$

综上所述，为了满足基本可行解变换的两个基本条件，必须按下式选定变换主元

$$\sigma_k = \min\{\sigma_j (j = 1,2,\cdots,n)\}$$

$$\frac{b_l}{a_{l,k}} = \min\left\{\frac{b_i}{a_{i,k}} \mid a_{i,k} > 0 \ (i = 1,2,\cdots,m)\right\}$$

例 6-1 求线性规划问题

$$\begin{cases} \min \ f(\boldsymbol{X}) = x_1 + x_2 \\ \text{s.t.} \ 5x_1 - 4x_2 + 13x_3 - 2x_4 + x_5 = 20 \\ \qquad x_1 - x_2 + 5x_3 - x_4 + x_5 = 8 \\ \qquad x_1, x_2, x_3, x_4, x_5 \geqslant 0 \end{cases}$$

解　构造增广矩阵

$$\begin{bmatrix} 5 & -4 & 13 & -2 & 1 & 20 \\ 1 & -1 & 5 & -1 & 1 & 8 \end{bmatrix}$$

进行两次初等行变换后得

$$\begin{bmatrix} 1 & 0 & -7 & 2 & -3 & -12 \\ 0 & 1 & -12 & 3 & -4 & -20 \end{bmatrix}$$

由此得到一个基本解：

$$\boldsymbol{X}^{(1)}=[x_1 \quad x_2 \quad x_3 \quad x_4 \quad x_5]^{\mathrm{T}}=[-12 \quad -20 \quad 0 \quad 0 \quad 0]^{\mathrm{T}}$$

因 $x_1=-12$ 和 $x_2=-20$ 均小于零，所以此解不是基本可行解。继续以 $a_{2,5}=-4$ 为主元进行下一次消元变换得

$$\begin{bmatrix} 1 & -3/4 & 2 & -1/4 & 0 & 3 \\ 0 & -1/4 & 3 & -3/4 & (1) & 5 \end{bmatrix}$$

由此得到另一个基本解

$$\boldsymbol{X}^{(2)}=[3 \quad 0 \quad 0 \quad 0 \quad 5]^{\mathrm{T}}$$

因 $x_1=3,x_5=5$ 均大于零，所以此解是一个基本可行解。

用非基本变量表示基本变量时有

$$x_1=\frac{3}{4}x_2-2x_3+\frac{1}{4}x_4+3$$

$$x_5=\frac{1}{4}x_2-3x_3+\frac{3}{4}x_4+5$$

代入目标函数，得

$$f(\boldsymbol{X}^{(2)})=\frac{7}{4}x_2-2x_3+\frac{1}{4}x_4+3$$

由此可知，非基本变量的判别数

$$\sigma_2=\frac{7}{4},\quad \sigma_3=-2,\quad \sigma_4=\frac{1}{4}$$

由于 $\sigma_3<0$，所以 $\boldsymbol{X}^{(2)}$ 不是最优解，故应作下一次变换。由于

$$\min\{\sigma_2,\sigma_3,\sigma_4\}=\left\{\frac{7}{4},-2,\frac{1}{4}\right\}=-2=\sigma_3$$

$$\min\left\{\frac{b_i}{a_{i,k}}\middle| a_{i,k}>0\ (i=1,2;k=3)\right\}=\min\left\{\frac{3}{2},\frac{5}{3}\right\}=\frac{3}{2}=\frac{b_1}{a_{1,3}}$$

因此下一次变换得主元应选 $a_{1,3}=2$，变换后的增广矩阵为

$$\begin{bmatrix} 1/2 & -3/8 & (1) & -1/8 & 0 & 3/2 \\ -3/2 & 7/8 & 0 & -3/8 & 1 & 1/2 \end{bmatrix}$$

由此得到另一基本可行解

$$\boldsymbol{X}^{(3)}=[0 \quad 0 \quad 1.5 \quad 0 \quad 0.5]^{\mathrm{T}}$$

并且有

$$x_3=-\frac{1}{2}x_1+\frac{3}{8}x_2+\frac{1}{8}x_4+\frac{3}{2}$$

$$x_5=\frac{3}{2}x_1-\frac{7}{8}x_2+\frac{3}{8}x_4+\frac{1}{2}$$

代入目标函数有 $f(\boldsymbol{X}^{(3)})=x_1+x_2$。

这时，判别数 $\sigma_1=\sigma_2=1,\sigma_4=0$ 都是大于等于零，全为非负，故知 $\boldsymbol{X}^{(3)}=[0,0]^{\mathrm{T}}$ 和 $f(\boldsymbol{X}^{(3)})=0$ 就是原线性规划问题的最优解。

6.1.4 单纯形法

单纯形法是基于前述基本可行解的变换原理构成的一种线性规划算法，一般采用单纯形表进行变换，亦称单纯形表法。

1. 单纯形表

对于式(6-1)所示的线性规划问题一般形式，可建立如表 6-1 所示的单纯形表，它是以约束方程的增广矩阵为中心构造的一种变换表格。表中，$x_i(i=1,2,\cdots,n)$ 表示非基本变量，$x_j(j=n+1,n+2,\cdots,n+m)$ 表示基本变量。

表 6-1 单纯形表

	变量	x_1	x_2	$\cdots$	x_n	x_{n+1}	x_{n+2}	$\cdots$	x_{n+m}	b_i
基本变量	系数	c_1	c_2	$\cdots$	c_n	0	0	$\cdots$	0	c_0
x_{n+1}	0	a_{11}	a_{12}	$\cdots$	a_{1n}	1	0	$\cdots$	0	b_1
x_{n+2}	0	a_{21}	a_{22}	$\cdots$	a_{2n}	0	1	$\cdots$	0	b_2
$\vdots$	$\vdots$	$\vdots$	$\vdots$		$\vdots$	0	0		0	$\vdots$
x_{n+m}	0	a_{m1}	a_{m2}	$\cdots$	a_{mn}	0	0	$\cdots$	1	b_m
判别数 σ_j		σ_1	σ_2	$\cdots$	σ_n	0	0	$\cdots$	0	$f(\boldsymbol{X})$

可以看出，单纯形表包含线性规划问题求解过程中的全部信息，基本可行解的产生和转换都可以归结为单纯形表的变换。

单纯形表的变换规则如下。

(1) 一张单纯形表对应一个基本可行解，这个解由 m 个基本变量的非负值和 n 个非基本变量的零值共同组成。系数矩阵中各个基向量列(一个元素为 1，其他元素为 0)所对应的变量为基本变量，其中的"1"所对应的顶端变量 x_i 和左端的基本变量 x_i 应是同一个变量，它们的值分别等于同行右端的常数项 b_i。

(2) 当单纯形表中最下一行的判别数全为非负数时，此单纯形表对应的基本可行解就是所求线性规划问题的最优解；当这些判别数中有负数存在时，还需作下一次的消元变换。

(3) 下一次变换的主元列 k 就是判别数的负值最多的一列；主元行 l 则是用主元列中正的系数 a_{ik} 去除同行内的常数项 b_i 之商值中最小的那一行。

(4) 单纯形表中对增广矩阵部分的消元变换分两步进行，首先用主元 a_{lk} 去除主元行内的各个元素 a_{lj}，把主元变为"1"；然后作 $m-1$ 次初等行变换，把主元列 k 中除主元之外的其他元素全部变为"0"。

(5) 基本变量所对应的各列的判别数始终等于零；非基本变量所对应的各列的判别数，等于该列顶端的系数值 c_j 减去同列中的各个系数 a_{ij} 与左侧系数 c_i 乘积之和，即 $\sigma_j=c_j-\sum_{i=1}^{m}c_i a_{i,j}$。右下角的 $f(\boldsymbol{X})$ 等于最后一列顶端的 c_0 加上各行的 b_i 与左端系数 c_i 乘积之和，即 $f(\boldsymbol{X})=c_0+\sum_{i=1}^{m}c_i b_i$。

(6) 当约束条件中有等式约束存在时，在这些约束中分别引入人工变量，并以人工变量之和作为目标函数，构造辅助规划问题和相应的单纯形表。对此单纯形表进行变换，当右下角的 $f(\boldsymbol{X})$ 等于零时，表中原设计变量所对应的解就是原线性规划问题的一个初始基本可行解。得到初始基本可行解后，重新建立原线性规划问题的单纯形表，继续变换便可得到原问题的最优解。

2. 单纯形法的计算步骤

(1) 给定一个初始基本可行解 $\boldsymbol{X}^{(0)}$，并置 $k=0$。

(2) 按下式计算判别数。

$$\sigma_j = c_j - \sum_{i=1}^{m} c_i a_{i,j} \quad (j = 1,2,\cdots,n)$$

若 $\sigma_j \geqslant 0\ (j=1,2,\cdots,n)$，则令 $\boldsymbol{X}^* = \boldsymbol{X}^{(k)}$，$f(\boldsymbol{X}^*) = f(\boldsymbol{X}^{(k)})$，结束计算；否则进行下一步。

(3) 按下式选定主元 a_{lk}。

$$\sigma_k = \min\{\sigma_j\ (j=1,2,\cdots,n)\}$$

$$\frac{b_l}{a_{l,k}} = \min\left\{\frac{b_i}{a_{i,k}} \mid a_{i,k} > 0\ (i=1,2,\cdots,m)\right\}$$

(4) 以 a_{lk} 为主元按式(6-7)进行一次消元变换，得到新的基本可行解 $\boldsymbol{X}^{(k+1)}$，令 $k=k+1$，转到第(2)步。

单纯形算法的程序框图如图 6-1 所示。

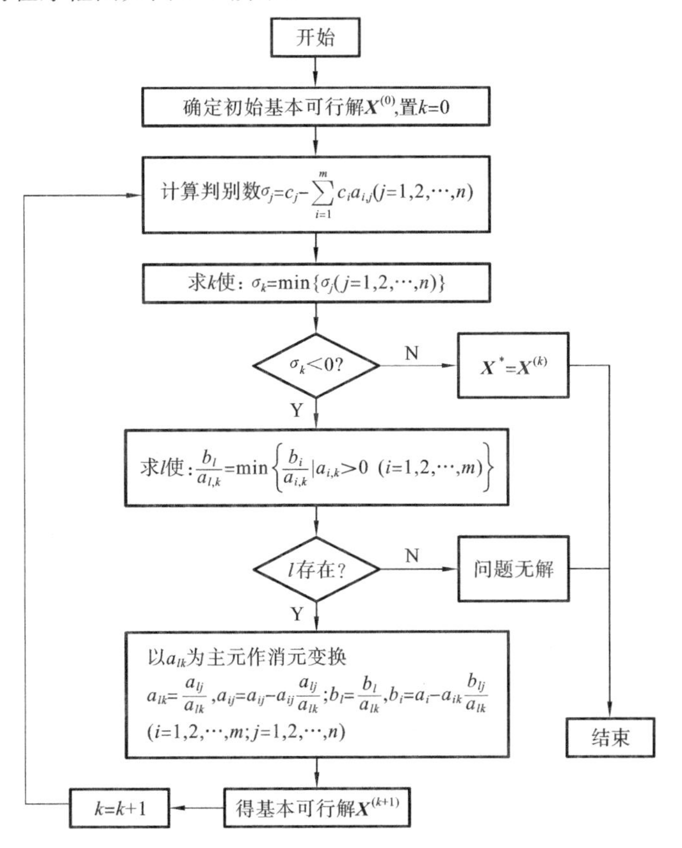

图 6-1　单纯形法程序框图

例 6-2　求解线性规划问题

$$\begin{cases}\min f(\boldsymbol{X})=-60x_1-120x_2\\ \text{s.t.}\ \ 9x_1+4x_2\leqslant 360\\ \quad\ \ 3x_1+10x_2\leqslant 300\\ \quad\ \ 4x_1+5x_2\leqslant 200\\ \quad\ \ x_1,x_2\geqslant 0\end{cases}$$

解　(1) 引入松弛变量 x_3、x_4 和 x_5，将问题变为线性规划的一般形式

$$\begin{cases}\min f(\boldsymbol{X})=-60x_1-120x_2\\ \text{s.t.}\ \ 9x_1+4x_2+x_3=360\\ \quad\ \ 3x_1+10x_2+x_4=300\\ \quad\ \ 4x_1+5x_2+x_5=200\\ \quad\ \ x_1,x_2,x_3,x_4,x_5\geqslant 0\end{cases}$$

(2) 建立初始单纯形表(见表 6-2)。

表 6-2　初始单纯形表

基本变量		x_1	x_2	x_3	x_4	x_5	b
	系数	−60	−120	0	0	0	0
x_3	0	9	4	1	0	0	360
x_4	0	3	(10)	0	1	0	300
x_5	0	4	5	0	0	1	200
σ_j		−60	−120	0	0	0	0

(3) 得到初始基本可行解。

$$\boldsymbol{X}^{(0)}=[0\quad 0\quad 360\quad 300\quad 200]^{\mathrm{T}},\quad f(\boldsymbol{X}^{(0)})=0$$

由于判别数 σ_1 和 σ_2 均小于零，故 $\boldsymbol{X}^{(0)}$ 不是最优解，又因

$$\min\{\sigma_1,\sigma_2,\sigma_3,\sigma_4,\sigma_5\}=\sigma_2=-120$$

$$\min\left\{\frac{b_i}{a_{i,2}}\,|\,a_{i,2}>0\ (i=1,2,3)\right\}=\frac{b_2}{a_{2,2}}=\frac{300}{10}$$

$$k=2,l=2$$

所以，选 $a_{2,2}=10$ 作为下一次变换的主元。

(4) 以 $a_{2,2}=10$ 作主元进行消元变换得新的单纯形表(见表 6-3)。

表 6-3　消元后的单纯形表

基本变量		x_1	x_2	x_3	x_4	x_5	b
	系数	−60	−120	0	0	0	0
x_3	0	7.8	0	1	−0.4	0	240
x_2	−120	0.3	1	0	0.1	0	30
x_5	0	(2.5)	0	0	−0.5	1	50
σ_j		−24	0	0	12	0	−3600

对应的解是

$$\boldsymbol{X}^{(1)}=[0\quad 30\quad 240\quad 0\quad 50]^{\mathrm{T}},\quad f(\boldsymbol{X}^{(1)})=-3600$$

由于 $\sigma_1=-24<0$，此解不是最优解，还需要继续变换。又因

$$\min\left\{\frac{b_i}{a_{i,1}}\,|\,a_{i,1}>0\ (i=1,2,3)\right\}=\frac{b_3}{a_{3,1}}=\frac{50}{2.5}$$

故下一次变换的主元应选 $a_{1,3}=2.5$。

(5) 以 $a_{1,3}=2.5$ 作为主元进行消元变换得到新的单纯形表(见表 6-4)。

表 6-4　再次消元后的单纯形表

基本变量		x_1	x_2	x_3	x_4	x_5	b
	系数	-60	-120	0	0	0	0
x_3	0	0	0	(1)	1.16	-3.12	84
x_2	-120	0	1	0	0.16	-0.12	24
x_1	-60	1	0	0	-0.2	0.4	20
σ_j		0	0	0	7.2	9.6	-4080

对应的解为

$$\boldsymbol{X}^{(2)}=[20\quad 24\quad 84\quad 0\quad 0]^{\mathrm{T}},\quad f(\boldsymbol{X}^{(2)})=-4080$$

由于此解对应的判别数 σ_j 均为非负数，故此解是引入松弛变量后所求问题的最优解。去除松弛变量可知，原线性规划问题的最优解为

$$\boldsymbol{X}^*=\begin{bmatrix}20\\24\end{bmatrix},\quad f(\boldsymbol{X}^*)=-4080$$

6.2　离散变量优化

6.2.1　离散变量优化问题

在实际机械工程设计中经常会遇到混合设计变量的问题，即在数学模型中同时存在连续设计变量、整型设计变量和离散设计变量。例如：齿轮的齿数、传动带的根数、链轮的齿数和行星轮的个数等为整数变量，齿轮模数、螺栓的公称直径、钢板的厚度和弹簧的材料直径等为离散变量。因此，离散变量是指那些在规定的变量界限内，只能从有限个离散数中取值的变量。整数变量其实就是离散变量的一种特殊形式。

在机械优化设计中，常见的约束非线性混合变量优化设计问题的数学模型表达式为

$$\begin{cases}\min f(\boldsymbol{X})\\ \text{s.t.}\ g_j(\boldsymbol{X})\leqslant 0\quad (j=1,2,\cdots,m)\end{cases}\tag{6-18}$$

式中：

$$\boldsymbol{X}=[x_1\quad x_2\quad \cdots\quad x_n]^{\mathrm{T}}=[\boldsymbol{X}^D\quad \boldsymbol{X}^C]\in\mathbf{R}^n$$

$$\boldsymbol{X}^D=[x_1\quad x_2\quad \cdots\quad x_p]^{\mathrm{T}}\in\mathbf{R}^D$$

$$\boldsymbol{X}^C=[x_{p+1}\quad x_{p+2}\quad \cdots\quad x_n]^{\mathrm{T}}\in\mathbf{R}^C$$

$$\mathbf{R}^n=\mathbf{R}^D\cup\mathbf{R}^C$$

其中，n 为设计变量的维数，m 为不等式约束的个数，p 为离散变量的个数，$\boldsymbol{X}^D$ 为离散变量的子集合，$\mathbf{R}^D$ 为离散变量构成的子空间，$\boldsymbol{X}^C$ 为连续变量的子集合，$\mathbf{R}^C$ 为连续变量构成的子空间。当 $\mathbf{R}^D$ 为空集时，为全连续变量优化问题，即常规的优化问题；当 $\mathbf{R}^C$ 为空集时，为全离散变量优化问题；当 $\mathbf{R}^D$ 和 $\mathbf{R}^C$ 均为非空集时，为混合离散变量优化问题。

6.2.2 离散变量优化方法

约束非线性离散变量的优化方法有：

(1) 以连续变量优化方法为基础的方法，如圆整法、拟离散法、离散惩罚函数法；

(2) 离散变量的随机型优化方法，如离散变量随机试验法、随机离散搜索法；

(3) 离散变量搜索优化方法，如启发式组合优化方法、整数梯度法、离散变量复合形法；

(4) 其他离散变量优化方法，如非线性隐枚举法、分支定界法、离散型网格与离散型正交网格法、离散变量的组合型法。

上述这些方法的解题能力与数学模型的函数性态和变量的数目有很大关系。下面简要介绍其中几种重要方法。

1. 圆整法

圆整法是解决离散变量优化问题最常用的方法。该方法先把所有变量视为连续变量，在求得连续变量最优点后，再把其调整为与相应的设计规范和标准最接近的离散点，即所谓的圆整解法。图 6-2(a)中 A 和 B 两点分别表示二维离散变量优化问题圆整法中的连续最优点和离散最优点。这种方法比较简单，但可能出现下列两种问题：

(1) 与连续最优点 A 最接近的离散点 B 落在可行域外，如图 6-2(b)所示。一般来说，这是工程实际所不能接受的。

(2) 与连续最优点 A 最接近的离散点 B 虽在可行域内，但并非离散最优点，仅是一个工程实际可能接受的较好的设计方案，如图 6-2(c)所示，点 C 是比点 B 更优的离散点。

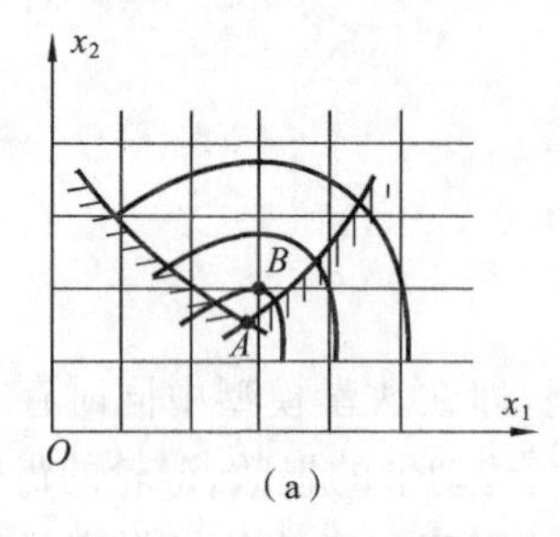

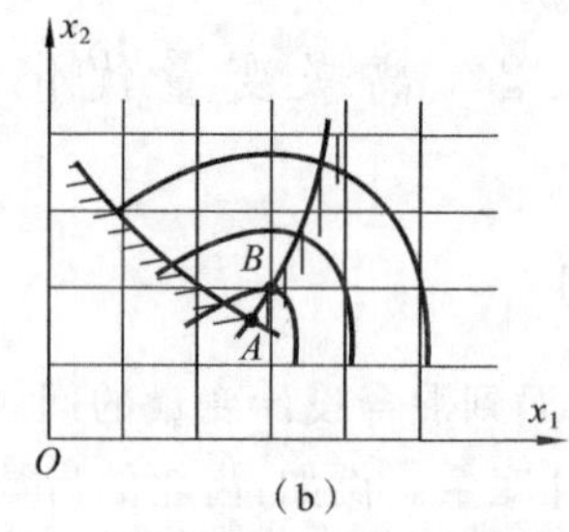

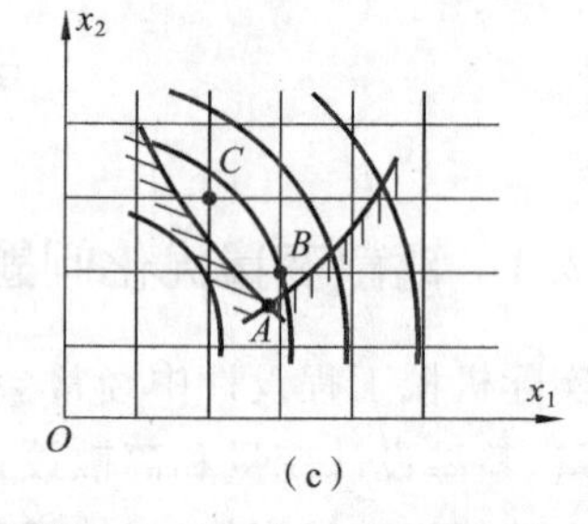

图 6-2 离散变量优化问题的最优解

可以对圆整法存在的问题进行改进，即在求得连续最优点 A 并调整到最接近的离散点 B 以后，找出点 B 单位邻域内所有的离散点，逐个判断其可行性并比较其函数值的大小，从中找出离散局部最优点。值得注意的是，圆整法的解一般都是基于离散最优点在连续最优点的附近，但由于实际工程问题的复杂性，不能排除在离连续最优点较远的离散点恰恰是真正最优点的可能性。

2. 拟离散法

拟离散法是在求得连续变量优化解 $\boldsymbol{X}^*$ 后，不是用简单的圆整方法来寻优，而是在点 $\boldsymbol{X}^*$ 附近按一定方法进行搜索来求得优化离散解。该法虽比前述圆整法前进了一步，但因仍是在连续变量优化解附近邻域进行搜索，往往也不可能取得正确的离散优化解。

1) 变替查点法(Luns 法)

该法适用于全整数变量优化问题，其离散解的搜索方法如下。

(1) 先按连续变量求得优化解 $\boldsymbol{X}^*$，并将它圆整到满足约束条件的整数解上；

(2) 依次将每个圆整后的优化分量$[x_i^*]$($i=1,2,\cdots,n$)加 1，检查该点是否为可行点，然后仅保留目标函数值为最小的 x_i 点；重复此过程，直到可靠的 x_i 不再增大为止；

(3) 将一个分量加1,其余 $n-1$ 个分量依次减1,如将 x_1 增加到 x_1+1,再将 x_2 减小至 x_2-1,但暂不作代换,继续此循环,将 x_3 减到 x_3-1,也暂不作代换,直到继续循环到 x_n 为止;最后选择目标函数值为最小的点去替换旧点。再依次增大 $x_2,x_3,\cdots,x_n$,重复上述循环。最终比较目标函数值的大小,找到优化解,即认为是该问题的整数优化解。

2) 离散分量取整,连续分量优化法

(1) 该法是针对混合离散变量问题(即变量中既含有离散分量,也含有连续分量)提出来的。该方法的步骤为:

① 先将连续变量优化解 $\boldsymbol{X}^*$ 圆整到最近的一个离散$[\boldsymbol{X}^*]$上;

② 将$[\boldsymbol{X}^*]$的离散分量固定,对其余的连续分量进行优化;

③ 若得到的新优化点可行,且满足收敛准则,则输出优化结果,结束;

④ 否则,把离散分量移到 $\boldsymbol{X}^*$ 邻近的其他离散点上,再对连续分量优化,即转到第(2)步。如此重复,直到 $\boldsymbol{X}^*$ 附近离散点全部轮换到为止。

该法实际上只能从上述几个方案中选出一较好的可行解作为近似优化解。由于离散变量移动后得到的离散点可能已在可行域之外,故要求连续变量所用优化程序应选择初始点可以是外点的一种算法。上述算法可适用于设计变量较多但连续变量显著多于离散变量的情形,且其计算工作量增加不大。

(2) 对离散变量较多,而变量维数又较低(小于6)时的混合离散变量问题,其算法步骤如下。

① 求出连续变量优化解 $\boldsymbol{X}^*$,取整到最靠近 $\boldsymbol{X}^*$ 的离散值上。

② 令变量的灵敏度为 q_i,它是目标函数的增量与自变量的比值。即

$$q_i=|[f(\boldsymbol{X})-f(\boldsymbol{X}+\Delta\boldsymbol{X}_i)/\Delta\boldsymbol{X}_i]|$$

它反映了变量对目标函数的影响程度。计算各离散变量的灵敏度 q_i,并将离散变量按灵敏度从大到小的顺序排队:$x_1,x_2,\cdots,x_k,1\leqslant k\leqslant n$。

③ 先对灵敏度最小的离散变量 x_k 作离散一维搜索,并使其他的离散变量 $x_1,x_2,\cdots,x_{k-1}$ 固定不变。每当搜索到一个较好的离散点时,便需要对所有连续变量优化一次。然后,再对 x_{k-1} 作一维离散搜索,此时将其余的离散变量 $x_1,x_2,\cdots,x_{k-2}$ 保持不变,但对分量 x_k 还要再作一次搜索。找到好的离散点后仍需对所有连续变量再次优化。如此重复,直到 x_1 为止。

④ 由上述第(3)步所得终点,重新计算灵敏度并进行排队。若与第(2)步结果相近,则停止计算,其终点即为优化解。若两者相差较大,则转到第(3)步继续搜索。

拟离散法是目前求解离散变量优化的一种常用方法,但这类算法都是基于离散优化解一定在连续优化解附近的这样一种观点的基础之上。而实际情况又往往不一定是这样的,而且这类算法的工作量较大,因此具有一定的局限性。

3. 离散复合形法

该方法是在离散空间直接搜索,使能搜索到真正离散优化解的可能性增加,而且由于搜索范围只限于离散点,缩小了搜索范围,加快了求解速度。由于离散复合形法产生初始顶点及新点方法不同,可以有多种不同的离散复合形法。但其共同点是必须把复合形顶点移到离散点上,且对原连续变量寻优的复合形法中寻优规则和收敛终止准则作了改进。如每次得到的复合形顶点都是离散点,则此法要比前述圆整法更容易找到离散优化解,是一种较好的方法。其具体算法如下。

(1) 在 n 维空间中产生由 $2n+1$ 个初始顶点 $\boldsymbol{X}_A$ 组成的复合形,并将每个顶点均移到附近的可行离散点上。

(2) 将上述已产生的顶点 $\boldsymbol{X}_A$，按目标函数值由大到小排列，即

$$\boldsymbol{X}_A^{(1)}, \quad \boldsymbol{X}_A^{(2)}, \quad \cdots, \quad \boldsymbol{X}_A^{(k)} \quad (k=2n+1)$$

记最坏点 $\boldsymbol{X}_A^{(1)}$ 为 A_H。

(3) 求出点 A_H 外所有顶点 $\boldsymbol{X}_A$ 的点集中心（又称几何中心），即 $2n$ 个顶点的算术平均值，连接 A_H 与点集中心，并以点集中心为核心，找出 A_H 的反射点 A_P 作为新点，并将 A_P 也移到附近离散点上。

(4) 检查点 A_P 是否可行，比较 A_P 与所有顶点的目标函数值。

(5) 若 A_P 是可行点又比 A_H 点的目标函数值好，则表示 A_P 是可接受的点，用 A_P 代替 A_H 点，转到步骤(2)；否则，沿反射的反方向搜索，并确定新点。

(6) 若用上述方法仍得不到可接受的好点，则可令 $A_H=\boldsymbol{X}_A^{(2)}$（或 $A_H=\boldsymbol{X}_A^{(3)}, \boldsymbol{X}_A^{(4)}, \cdots, \boldsymbol{X}_A^{(k)}$），转到步骤(3)。

(7) 当 $A_H=\boldsymbol{X}_A(k)$ 点后，仍找不到好点，或当复合形退化到只是一个点、一条线或一个平面时，表示算法收敛，可取此时复合形顶点中最好的顶点作为离散优化解。

用上述的离散复合形法已成功地解决了一些设计问题。但此法一般不适用于变量较多的高维问题，建议在10维以下使用，但也有用到20维的。有时为了提高算法解题的可靠性，程序中又加入了加速策略、分解策略和网格搜索等多种辅助功能，这样一来使程序比较复杂，且各种策略的选用要依赖于设计者的经验及对算法的熟悉程度，因而对使用者要求较高。

4. 网格法

网格法是求解离散变量优化问题的一种最原始的遍数法，亦称枚举法。它是在离散变量的值域内，以各变量的可取离散值为间隔，把设计空间划分为若干个网格，再计算域内的每个网格节点上的目标函数值，比较其大小，并以目标函数值最小的网格点为中心，在其附近空间划分更小的网格，再计算在域内各节点上的目标函数值。这样重复进行下去，直到网格小到满足精度要求为止，这时即可搜索到离散最优化点。

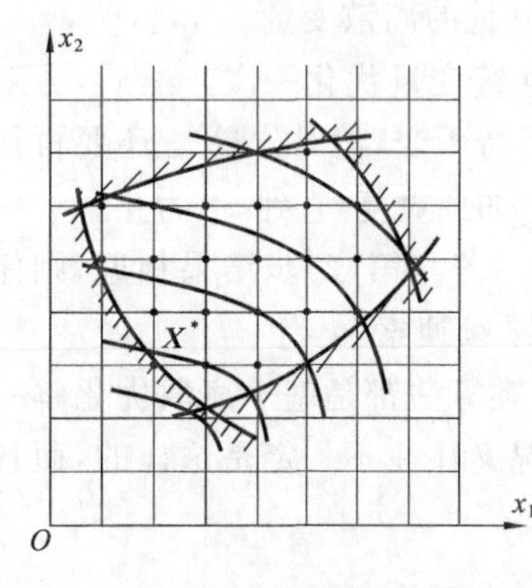

图 6-3 二维离散变量网格图

这种方法原理简单，易于编制算法框图和计算机程序，特别在设计变量较少、离散变量可选择的值也较少时比较实用。如图 6-3 所示的二维离散变量问题。但是，当设计变量维数以及每个变量离散值数目很多时，要计算的网格节点数目成指数幂增加，其计算量就会很大，故很少用它。为了提高网格搜索效率，通常可先把设计空间划分为较稀疏的网格，如先按50个离散增量划分网格，找到最好点后再在该点附近空间以10个离散增量为间隔划分网格，并在这个范围缩小、密度增大的网格空间中进一步搜索最好的节点。如此重复，直至网格节点的密度与离散点的密度相等，即按一个离散增量划分网格节点为止，这时将搜索到的最好点作为离散优化点。

6.3 多目标优化

6.3.1 多目标优化问题

在日常生活和工程实际中，对于一个方案经常要求不止一项指标达到最优，而是要求多项

指标(如经济性、使用性能、技术等指标)都同时达到最优,即希望使多个目标在给定区域内都尽可能好。例如,人们在购物时要求"物美价廉",其中"物美"和"价廉"就是两个指标。如对于一个生产过程,总是期望高产出,同时还要求少用料、省工时等。再如在设计一台齿轮变速箱时,常常希望它的质量轻、制造成本低、寿命长、运转噪声小、传动效率高等。这种使多个设计指标都达到最佳的最优化问题,就称为多目标优化设计问题。多目标优化设计问题的数学模型一般可以表达为

$$\begin{cases} \boldsymbol{V}-\min\limits_{\boldsymbol{X}\in\mathbf{R}^n} F(\boldsymbol{X})=\min[f_1(\boldsymbol{X}) \quad f_2(\boldsymbol{X}) \quad \cdots \quad f_p(\boldsymbol{X})]^{\mathrm{T}} \\ \text{s. t.} \quad g_j(\boldsymbol{X})\leqslant 0 \quad (j=1,2,\cdots,m) \\ \qquad h_k(\boldsymbol{X})=0 \quad (k=1,2,\cdots,l<n) \end{cases} \tag{6-19}$$

式中:$F(\boldsymbol{X})=\min[f_1(\boldsymbol{X}) \quad f_2(\boldsymbol{X}) \quad \cdots \quad f_p(\boldsymbol{X})]^{\mathrm{T}}$ 为向量目标函数;$\boldsymbol{V}-\min\limits_{\boldsymbol{X}\in\mathbf{R}^n} F(\boldsymbol{X})$表示多目标极小化数学模型用向量形式简写;$V-\min$ 表示向量极小化,即向量目标函数中的各个分目标函数都尽可能极小化;$g_j(\boldsymbol{X})\leqslant 0$ 和 $h_k(\boldsymbol{X})=0$ 为设计变量 $\boldsymbol{X}$ 应满足的所有约束条件。

一般情况下,评价系统的各种目标都是从不同侧面反映系统的,很难用其中一个指标来代替其他指标,因此,这类问题一般无最优解可取。故在多目标优化问题中得到的只是非劣解。能使一些目标达到极小值,而对另一些目标则不一定能达到极小值的解为非劣解(或有效解)。而非劣解往往不止一个,故需要从多个非劣解中找出一个最优解。显然,多目标优化问题只有当求得的解是非劣解时才有意义,而绝对最优解存在的可能性很小。

6.3.2　多目标优化方法

多目标优化问题的求解方法很多,其中主要有两大类:一类是直接求出非劣解,然后再从中选择较好的解;另一类是将多目标优化问题在求解时作适当的处理。处理的方法可分为两种:一种是将多目标优化问题构造成一个新的函数,即评价函数,从而将多目标优化问题转化为单目标优化问题进行求解;另一种是将多目标优化问题转化为一系列单目标优化问题来求解。下面介绍几种常用的多目标优化方法。

1. 主要目标法

由于在多目标优化问题中各个目标的重要程度不一样,在优化设计中要抓住主要目标,同时兼顾其他次要目标。主要目标法的思想是从所有 p 个分目标函数 $f_1(\boldsymbol{X}),f_2(\boldsymbol{X}),\cdots,f_p(\boldsymbol{X})$ 中,根据设计者的需求将其中一个认为最重要的分目标作为主要目标,只对其进行优化,而将其余 $p-1$ 个分目标函数限制在一定的范围内,使其转化为新的约束条件。也就是用约束条件的形式来保证其余分目标函数不致太差。这样处理后,原多目标优化问题就转化为单目标优化问题。

设有 p 个分目标函数 $f_1(\boldsymbol{X}),f_2(\boldsymbol{X}),\cdots,f_p(\boldsymbol{X})$,求解时可从 p 个多目标函数中选择一个分目标函数 $f_s(\boldsymbol{X})$作为主要目标,则问题变为

$$\begin{cases} \min\limits_{\boldsymbol{X}\in\mathbf{R}^n} f_s(\boldsymbol{X}) \quad (1\leqslant s\leqslant p) \\ \text{s. t.} \quad g_j(\boldsymbol{X})\leqslant 0 \quad (j=1,2,\cdots,m) \\ \qquad h_k(\boldsymbol{X})=0 \quad (k=1,2,\cdots,l<n) \\ \qquad g_{m+i}(\boldsymbol{X})=f_i(\boldsymbol{X})-f_i^0\leqslant 0 \quad (i=1,2,\cdots,s-1,s+1,\cdots,p) \end{cases} \tag{6-20}$$

式中:$f_i^0(i=1,2,\cdots,s-1,s+1,\cdots,p)$为原目标优化问题的第 i 个分目标函数的上限值。如果

其中有分目标是求极大值的，则对应的 f_i^0 为下限，同时不等式需改写。

2. 线性加权法

线性加权法又称线性加权组合法或加权因子法，其基本思想是：根据各个分目标函数依其在整体设计中的相对重要程度及在量级和量纲上的差异，分别赋予它们一个权系数，然后把这些权系数与对应目标函数相乘后求和构成一个新的统一目标函数，其最优解即作为原多目标极小化问题的解，从而实现多目标向单目标优化问题的转化。分目标对应的系数越大，该目标的重要程度和优先级别就越高。

根据多目标问题中各分目标函数 $f_1(\boldsymbol{X}), f_2(\boldsymbol{X}), \cdots, f_p(\boldsymbol{X})$ 的重要程度，对应地确定一组权系数 $\omega_1, \omega_2, \cdots, \omega_p$，并有 $\sum_{i=1}^{p}\omega_i = 1$，且 $\omega_i \geqslant 0\ (i=1,2,\cdots,p)$，用 $f_i(\boldsymbol{X})$ 与 ω_i 的线性组合构成一个评价函数如下

$$F(\boldsymbol{X}) = \sum_{i=1}^{p}\omega_i f_i(\boldsymbol{X}) \rightarrow \min \tag{6-21}$$

由于在实际设计中各目标函数的量纲不一定相同，其数量级也可能相差悬殊。因此，在选择加权因子时应兼顾几方面。首先应对各目标函数进行量纲统一处理，使其变为规格形式，然后再考虑各分目标的重要程度和数量级的差异，选择合适的权系数 ω_i。

线性加权法的关键是如何选取合适的权系数，权系数的确定是否合理直接关系到优化结果的好坏。设计者可以根据经验，试算或估算来确定合适的权系数。下面简单介绍几种权系数的确定方法。

(1) 在原优化问题的约束条件下，分别对各分目标函数求最优值 $f_i(\boldsymbol{X}^*)$，以各分目标函数最优值 $f_i(\boldsymbol{X}^*)$ 的倒数作为权系数，即

$$\begin{cases} F(\boldsymbol{X}) = \sum_{i=1}^{p}\omega_i f_i(\boldsymbol{X}) \\ \omega_i = \dfrac{1}{f_i(\boldsymbol{X}^*)}\quad (i=1,2,\cdots,p) \\ f_i(\boldsymbol{X}^*) = \min f_i(\boldsymbol{X}) \end{cases} \tag{6-22}$$

上式反映了各分目标函数值偏离其最优值的程度，这种方法适用于各分目标具有相同重要性的情况。计算时只需要事先计算出各单目标函数的最优值，即可确定权数。

(2) 根据目标函数值的容限确定权数。

如果已知各目标函数值的变化范围为 $\alpha_i \leqslant f_i(\boldsymbol{X}) \leqslant \beta_i\ (i=1,2,\cdots,p)$，则称 $\Delta f_i(\boldsymbol{X}) = (\beta_i - \alpha_i)/2\ (i=1,2,\cdots,p)$ 为各目标的容限，各权系数为

$$\omega_i = 1/[\Delta f_i(\boldsymbol{X})]^2 \quad (i=1,2,\cdots,p) \tag{6-23}$$

式(6-23)表明当某个目标函数值变化越大时，其相应的容限就越大，权系数就越小；否则，权系数就越大。这样选取权系数将起到平衡各目标函数量级的作用。

(3) 双权数。

每个分目标的权数均由两个权数的乘积组成，即

$$\omega_i = (\omega_{1i}, \omega_{2i}) \quad (i=1,2,\cdots,p) \tag{6-24}$$

其中，ω_{1i} 是针对各分目标的重要程度而确定的权数，称为本征权；ω_{2i} 是调整各分目标函数值在数量级上的差别影响，并在优化设计过程中逐步加以校正的权数，称为校正权，一般 ω_{2i} 可根据分目标函数的梯度来建立，即

$$\omega_{2i}=\frac{1}{\|\nabla f_i(\boldsymbol{X})\|^2}\quad(i=1,2,\cdots,p)\tag{6-25}$$

这样确定的权数可起到调节各分目标函数变化快慢的作用。变化快的目标函数，其梯度大，权数则小，反之亦然。

例 6-3　某带式输送机传动系统中，第一级用普通 V 带传动。已知电动机的额定功率为 4 kW，转速 $n=1440$ r/min，传动比 $i=3$，用 A 型线绳带，每天运转时间不超过 10 h。用优化方法设计该带传动，要求 V 带根数尽量少，带轮直径尽量小，结构尽量紧凑。

解　(1) 带传动多目标优化数学模型的建立。

① 选择设计变量

选择小带轮的直径 D_1 和带的基准长度 L 为设计变量，即

$$\boldsymbol{X}=\begin{bmatrix}D_1\\L\end{bmatrix}=\begin{bmatrix}x_1\\x_2\end{bmatrix}$$

② 建立目标函数

设计要求 V 带根数尽量少，带轮直径尽量小，结构尽量紧凑，也就是要求 V 带根数 Z 和带轮中心距 a 以及带轮直径 D_1 尽量小。因此可建立三个目标函数：

$$f_1(\boldsymbol{X})=Z=\frac{P_{ca}}{(P_0k_ak_L+\Delta P_0)}\to\min$$

$$f_2(\boldsymbol{X})=a=\sqrt{\left(\frac{L-\pi(D_1+D_2)/2}{2}\right)^2-\left(\frac{D_2-D_1}{2}\right)^2}$$

$$=\sqrt{\left(\frac{L-\pi D_1(1+i)/2}{2}\right)^2-\left(\frac{D_1(i-1)}{2}\right)^2}\to\min$$

$$f_3(\boldsymbol{X})=D_1\to\min$$

式中：$P_{ca}=K_AP$，P_{ca}、K_A、P 分别表示计算功率、工作状况系数和额定功率；P_0 表示特定长度且工作平稳的情况下，单根普通 V 带的许用功率；k_a 为包角系数；k_L 为长度系数；ΔP_0 为考虑传动比影响的功率增量；D_2 为大带轮的直径。

③ 确定约束条件

a. 小带轮直径限制。

由于直径大，传动的功率也大，因此在条件允许时，应选取较大的带轮直轻，以减少弯曲应力，提高带的寿命；需保证小带轮直径大于等于最小直径 $D_{\min}$，此约束条件为

$$g_1(\boldsymbol{X})=D_{\min}-D_1\leqslant 0$$

b. 带的线速度限制。

在最佳带速以下，带传递功率的能力与带速成正比；但超过最佳带速，带传递功率的能力与带速成反比；到达极限带速时带会出现打滑。因此，设计时带速应满足 $v_{\min}\leqslant v\leqslant v_{\max}$，通常取 $v_{\min}=5$ m/s，$v_{\max}=25$ m/s。由于 $v=\frac{\pi D_1n_1}{60000}$，所以约束条件为

$$g_2(\boldsymbol{X})=5-\frac{\pi D_1n_1}{60000}\leqslant 0$$

$$g_3(\boldsymbol{X})=\frac{\pi D_1n_1}{60000}-25\leqslant 0$$

c. 小带轮包角限制。

带传动的有效圆周力随包角的增大而增大，为避免降低传动效率，小带轮包角不可过小，

需保证小带轮包角不小于120°，所以约束条件为

$$g_4(\boldsymbol{X})=120^\circ-\left[180^\circ-\frac{60^\circ\times(D_2-D_1)}{a}\right]\leqslant 0$$

d. 中心距限制。

增大中心距，可增大带轮包角，有利于提高传动效率，对减缓带的疲劳损耗也有益。但太大的中心距会增加传动尺寸，要求中心距满足 $0.7(D_1+D_2)\leqslant a\leqslant 2(D_1+D_2)$，所以约束条件为

$$g_5(\boldsymbol{X})=0.7(D_1+D_2)-a\leqslant 0$$

$$g_6(\boldsymbol{X})=a-2(D_1+D_2)\leqslant 0$$

综上所述，带传动多目标优化设计的数学模型为

$$\begin{cases}\boldsymbol{X}=[D_1\quad L]^{\mathrm{T}}=[x_1\quad x_2]^{\mathrm{T}}\\ \boldsymbol{V}-\min\limits_{\boldsymbol{X}\in\mathbf{R}^2}F(\boldsymbol{X})=\min[f_1(\boldsymbol{X})\quad f_2(\boldsymbol{X})\quad f_3(\boldsymbol{X})]^{\mathrm{T}}\\ \text{s.t.}\quad g_j(\boldsymbol{X})\leqslant 0\quad(j=1,2,\cdots,6)\end{cases}$$

(2) 优化模型的求解。

对于以上所建立的带传动多目标优化数学模型，采用线性加权的方法来解决该问题。

① 评价函数的建立

由于目标函数 $f_1(\boldsymbol{X})$ 的量纲为1，而且目标函数 $f_2(\boldsymbol{X})$ 和 $f_3(\boldsymbol{X})$ 的单位都是mm，先对 $f_1(\boldsymbol{X})$、$f_2(\boldsymbol{X})$ 和 $f_3(\boldsymbol{X})$ 作统一量纲的处理。根据带传动知识，$f_2(\boldsymbol{X})$ 的最小值为 $0.5(D_1+D_2)$，$f_3(\boldsymbol{X})$ 的最小值 $D_{\min}$ 可由手册查出，故经过统一量纲处理后，目标函数 $f_2(\boldsymbol{X})$ 和 $f_3(\boldsymbol{X})$ 可分别用以下两式代替

$$f'_2(\boldsymbol{X})=\frac{f_2(\boldsymbol{X})}{0.5(D_1+D_2)}=\frac{2f_2(\boldsymbol{X})}{D_1+D_2}$$

$$f'_3(\boldsymbol{X})=\frac{f_3(\boldsymbol{X})}{D_{\min}}$$

考虑三个目标函数的重要程度不同，取权数为 $W=[\omega_1\quad\omega_2\quad\omega_3]^{\mathrm{T}}=[0.3\quad 0.4\quad 0.3]^{\mathrm{T}}$

于是，建立评价函数如下

$$\begin{aligned}F(\boldsymbol{X})&=\omega_1 f_1(\boldsymbol{X})+\omega_2 f'_2(\boldsymbol{X})+\omega_3 f'_3(\boldsymbol{X})\\&=0.3\times f_1(\boldsymbol{X})+0.4\times\frac{2f_2(\boldsymbol{X})}{D_1+D_2}+0.3\times\frac{f_3(\boldsymbol{X})}{D_{\min}}\rightarrow\min\end{aligned}$$

② 数学模型的求解

采用复合形法对以上数学模型进行求解。带的根数、带轮直径以及带的长度等计算时均按连续变量处理，有关的离散表格数据需事先转换成函数形式，求出优化结果后再圆整（带的根数取整、带轮直径和带的基准长度符合标准）。该多目标问题的最优解为

$$\boldsymbol{X}^*=\begin{bmatrix}133\\1633\end{bmatrix},\quad f_1(\boldsymbol{X}^*)=1.67,\quad f_2(\boldsymbol{X}^*)=375.83,\quad f_3(\boldsymbol{X}^*)=133$$

经圆整得

$$Z=2,\quad D_1=132\ \text{mm},\quad L=1633\ \text{mm},\quad a=379.51\ \text{mm}$$

(3) 功效系数法。

如果每个分目标函数 $f_j(\boldsymbol{X})$ $(j=1,2,\cdots,q)$ 都用一个称为功效系数 η_j $(j=1,2,\cdots,q)$ 并定义于 $0\leqslant\eta_j\leqslant 1$ 的函数来表示该项设计指标的好坏（$\eta_j=1$ 时表示最好，$\eta_j=0$ 时表示最坏），那

么被称为总功效系数 η 的这些系数($\eta_1,\eta_2,\cdots,\eta_q$)的几何平均值

$$\eta=\sqrt[q]{\eta_1\eta_2\cdots\eta_q} \tag{6-26}$$

即表示设计方案的好坏。因此最优设计方案应是

$$\eta=\sqrt[q]{\eta_1\eta_2\cdots\eta_q}\rightarrow\max \tag{6-27}$$

这样，当 $\eta=1$ 时，表示取得最理想的设计方案；反之，当 $\eta=0$ 时则表明这种设计方案不能接受，这时必有某项分目标函数的功效系数 $\eta_j=0$。

图 6-4 给出了几种功效系数的函数曲线，其中：图 6-4(a)表示与 $f_j(\boldsymbol{X})$ 值成正比的功效系数 η_j 的函数；图 6-4(b)表示与 $f_j(\boldsymbol{X})$ 值成反比的功效系数 η_j 的函数；图 6-4(c)表示 $f_j(\boldsymbol{X})$ 值过大和过小都不行的功效系数 η_j 的函数。在使用这些函数时，还应作出相应的规定。例如，规定 $\eta_j=0.3$ 为可接受方案的功效系数下限；$0.3=\eta_j=0.4$ 为边缘状况；$0.4=\eta_j=0\ 7$ 为效果稍差但可接受的情况；$0.7=\eta_j=1$ 为效果较好的情况。

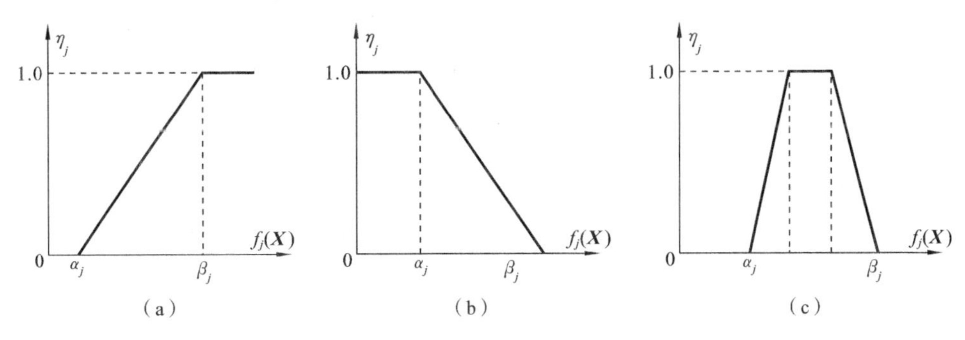

图 6-4　功效系数的函数曲线

用总功效系数 η 作为“统一目标函数”$F(\boldsymbol{X})$，即

$$F(\boldsymbol{X})=\eta=\sqrt[q]{\eta_1\eta_2\cdots\eta_q}\rightarrow\max \tag{6-28}$$

这样虽然计算稍繁，但方法较为有效。因为它比较直观且容易调整，而且无论各个分目标的量级及量纲如何，最终都转化为 0～1 的数值，一旦有一项分目标函数值不理想($\eta_j=0$)，其总功效系数 η 必为零，表明设计方案不可接受，需重新调整约束条件或各分目标函数的临界值；另外，这种方法易于处理目标函数不是越大越好也不是越小越好的情况。

习　　题

6-1　求线性规划问题：

$$\begin{cases}\min\ f(\boldsymbol{X})=-x_1-2x_2\\ \text{s. t.}\ \ 2x_1+x_2\leqslant 4\\ \qquad x_1+3x_2\leqslant 6\\ \qquad x_1,x_2\geqslant 0\end{cases}$$

6-2　求线性规划问题：

$$\begin{cases}\min\ f(\boldsymbol{X})=-2x-x_2\\ \text{s. t.}\ \ 3x_1+5x_2+x_3=15\\ \qquad 6x_1+2x_2+x_4=24\\ \qquad x_1,x_2,x_3,x_4\geqslant 0\end{cases}$$

6-3 用单纯形法求下列线性规划问题：

(1) $$\begin{cases} \min f(\boldsymbol{X})=-3x_1-x_2-2x_3 \\ \text{s.t.}\ 2x_1+x_2+x_3\leqslant 20 \\ x_1+2x_2+3x_3\leqslant 50 \\ 2x_1+2x_2+x_3\leqslant 60 \\ x_1,x_2,x_3\geqslant 0 \end{cases}$$

(2) $$\begin{cases} \min f(\boldsymbol{X})=-3x_1-2x_2-x_3+x_4 \\ \text{s.t.}\ 3x_1+2x_2+x_3=15 \\ 5x_1+x_2+3x_3=20 \\ x_1+2x_2+3x_3+x_4=10 \\ x_1,x_2,x_3,x_4\geqslant 0 \end{cases}$$

6-4 常用的约束非线性离散变量的优化方法有哪些？

6-5 现有一块边长为 1 m 的正方形铁板，在四角处都截去边长相等的小正方形并折成一个无盖的箱子，问如何去截才能获得容积最大、质量最小的箱子？试建立该问题的数学模型，假设铁板材质均匀，而密度为 1 质量单位/m^2。

6-6 求多目标优化问题：

$$\begin{cases} \mathbf{V}-\min[x_1x_2 \quad -x_1x_2^2]^{\mathrm{T}} \\ \text{s.t.}\ x_1^2+x_2^2=1 \\ x_1,x_2\geqslant 0 \end{cases}$$

利用线性加权法进行求解，要求权系数分别为 $\omega_1=0.3$ 和 $\omega_1=0.7$。

第7章　现代优化设计方法

当传统优化方法不能满足求解某些工程问题时，人们开始把注意力转向另一类有别于传统优化方法的启发式算法。由于这类算法对多约束、多目标和非线性问题求解的有效性，从而获得迅速发展，并逐渐成为解决复杂工程优化问题的有力工具，我们把这类优化方法统称为现代优化方法。

现代优化方法主要有模拟退火算法(simulated annealing)、遗传算法(genetic algorithms)、神经网络算法(neural networks)、进化算法(evolutionary programming)等。这类算法的共同点是它们都是通过揭示和模拟自然现象和过程，并综合运用数学、生物进化、人工智能、神经科学和统计学等学科所构造的算法。

本章介绍其中发展比较成熟的两种现代优化方法：遗传算法和BP神经网络算法，以及它们在机械优化设计中的应用。

7.1　遗传算法

遗传算法(genetic algorithms)简称GA，最早是由美国科学家J. H. Holland教授在1975年提出来的。它是基于进化规律的一种模拟生物进化过程的随机全局优化搜索方法。在搜索时由代表潜在解的个体所组成的群体经历一系列的“遗传”、“选择”，在经过若干代后，最好的个体在概率意义上代表全局最优解。优化计算时只需适应度函数值(适值)，不需要导数信息，适用性广，特别是能较有效地求解常规优化方法难以解决的组合优化问题和大型复杂非线性系统的全局寻优问题。这一算法将生物进化原理和优化技术及计算机技术融合在一起，属于一种新的智能优化方法。

7.1.1　遗传算法原理

生物的进化是一个依照群体遗传与自然选择机理进行的过程，将有利于生存的基因遗传给下一代，含不利于生存的基因的个体产生子代机会较小，因而会逐渐消亡，即适者生存，劣者淘汰。基于这一原理，GA搜索首先是利用随机方法产生一初始群体(祖先)。群体中的每个个体称为染色体，是一串符号，比如一个二进制字符串，它对应着优化问题的一个设计向量(即一个可能解)。染色体的最小组成元素称为基因，如二进制字符串的一位。基因与设计参数变量的关系，取决于算法的编码方法。例如，采用实数编码时，基因即对应某一设计参数变量；采用二进制编码时，若干个基因对应一个设计参数变量。然后，在搜索过程中，这些染色体通过杂交、变异操作不断遗传进化，产生下一代，即称为后代。而新一代群体形成是按照优胜劣汰的原则对染色体进行选择，相对好的个体被选中的概率高，从而得以繁殖，相对差的个体将趋于死亡。因此，通过选择、杂交、变异等过程，使群体的整体性能趋于改善，经过若干代繁衍进化就可使群体性能趋于最佳。

图7-1表示遗传算法的主要过程。在当代群体中，使用解码后设计向量的适应度函数值评价该代中的每个染色体，按照适值的概率分布选择新群体，然后，通过变异和杂交算子改变

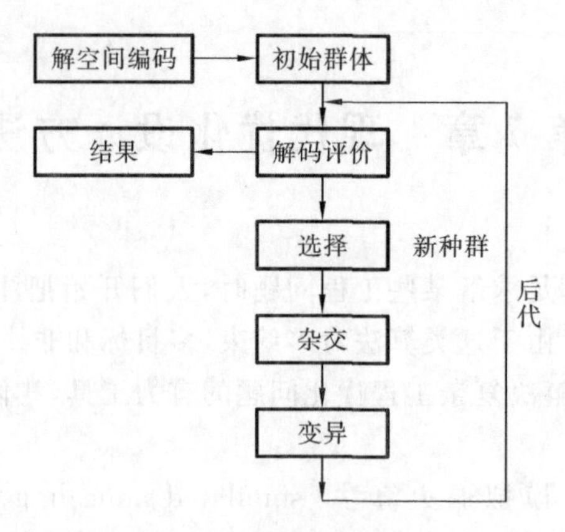

图 7-1 遗传算法过程

新群体中的染色体，产生后代。如果在经过若干代后，观察不到更进一步的改进，最好染色体就作为一个可能的全局最优解。通常根据工程实际问题及计算速度和资源情况确定一固定代数，在循环结束后停止计算。

7.1.2 遗传算法的一些基本操作

1. 编码和解码

从设计空间向遗传空间（由染色体个体组成）的映射称为编码，反之称为解码。优化时首先要将设计变量 $\boldsymbol{X}$ 表示为适合于遗传算法操作的二进制码串，即染色体。

例如欲求函数 $f(\boldsymbol{X})=f(x_1,\cdots,x_n)$ 的最大值。令设计参数变量 x_i 的变化范围为 $[x_{i\min},x_{i\max}]$，即 x_i 为域 $D_i=[a_i,b_i]=[x_{i\min},x_{i\max}]\subseteq\mathbf{R}$ 内的一个值，也就是对所有 $x_i\in D_i$，$f(x_1,\cdots,x_n)>0$。假定以某个要求的精度来优化函数 f：这里取设计参数变量小数点后第 6 位。显然，为达到这样的精度，每个域 D_i 应该被分割成 $(b_i-a_i)\times10^6$ 份等长度的区间。令 m_i 表示使 $(b_i-a_i)\times10^6\leqslant2^{m_i}-1$ 成立的最小整数，则对每个变量 x_i，由串长为 m_i 的二进制编码表达能满足精度要求。因此，下面的公式对应于每一个二进制串 substring_i 的设计参数变量的十进制值

$$x_i=a_i+\text{decimal}\ (\text{substring}_i)\cdot\frac{b_i-a_i}{2^{m_i}-1}\quad(i=1,2,3,\cdots,n)\tag{7-1}$$

其中 $\text{decimal}\ (\text{substring}_i)$ 表示二进制串的十进制值。

设计参数变量 x_i 的编码精度为

$$A_i=(b_i-a_i)/(2^{m_i}-1)\tag{7-2}$$

由式(7-2)可见，m_i 长则编码精度高，但是使遗传算法的复杂性增加。

显然，设计参数变量的码串长度 m_i 不仅与计算精度有关，而且与其变化范围有关。各设计参数变量可以根据实际工程需要取不同的计算精度。

最后将所有表示设计参数变量的二进制码串接起来组成一个长的总二进制码串构成染色体 $\boldsymbol{v}$，它就是遗传算法可以操作的对象。这样，代表一个潜在解的染色体二进制串总长度为 $m=\sum_{i=1}^{n}m_i$，前 m_1 位对应区间 $[a_1,b_1]$ 里的一个值 x_1，随后的 m_2 位对应区间 $[a_2,b_2]$ 里的一个值 x_2……最后的 m_n 位对应区间 $[a_n,b_n]$ 里的一个值 x_n。

2. 初始群体的产生

优化时群体规模即染色体总数 P_{O} 是一个必须事先人为确定的量。群体规模越大，GA 所

处理的模式越多，陷入局部解的可能性越小，即不易陷入未成熟收敛。但规模过大会使计算量大大增加，影响算法效率。实际应用时需按具体问题来定。

至于初始群体确定方法一种是完全随机的方法，如用掷硬币的方法，正面表示1，反面表示0，不断掷，依次确定染色体各个基因值，直至产生 P_O 个染色体。若对所求解的问题具有某些最优分布的先验知识，可首先将这些先验知识转变为必须满足的一组要求，在满足这些要求下随机地选取样本。例如，若知最优解在问题空间中的分布范围，可在此范围内选择初始群体。

3. 染色体的评价

适应度函数是评价各群体或个体是否优化、先进的准则，由此测定染色体对目标的适应性。在优化时是通过计算染色体适值大小来评价其好坏的，因此要构造适应度函数。对于机构参数优化问题，目标函数可以直接作为适应度函数。所以，简单的适应度函数可以用一个公式来表示，如误差平方积分、二次型性能指标等。对于复杂系统，可能要对系统仿真，由多个目标值来判断；或者要通过一系列规则要求，经过多个步骤才能求得适值，而不能用公式来表达。

遗传算法一般讨论的问题都是适值为正且求最大值问题。若目标函数 f 有可能为负，则可通过加法机制来调整，即加入某个适当大的正常数 C（计算时取群体中的最大适值或某一足够大的数）使之为正，也就是问题转化为

$$\max f(\boldsymbol{X}) \to \max\{f(\boldsymbol{X})+C\} \tag{7-3(a)}$$

如果优化问题是求函数 f 的最小值，它等同于求函数 g 的最大，其中 $g=-f$，即

$$\min f(\boldsymbol{X})=\max g(\boldsymbol{X})=\max\{-f(\boldsymbol{X})\} \tag{7-3(b)}$$

4. 遗传操作

遗传操作是遗传算法的核心，其重要的特点是有向随机的。操作的效果与效率取决于编码的方式、群体规模、初始种群、适应度函数及各个遗传操作概率。

（1）选择-复制。选择-复制操作的目的是选出群体中优质（如适值高）的个体，淘汰劣质个体，形成新的种群。

对基于适值的概率分布选择新群体的选择过程，称为正比选择或轮盘选择，其基本思想是每个染色体的选择概率（即生存概率）正比于它的适值。通常使用如下方法构造这样一个轮盘。

① 计算每个染色体 $\boldsymbol{v}_i$ 的适应值 $\mathrm{eval}(\boldsymbol{v}_i)$ $(i=1,2,\cdots,P_O)$；

② 计算群体的总适值

$$F=\sum_{i=1}^{P_O}\mathrm{eval}(\boldsymbol{v}_i) \tag{7-4}$$

③ 计算每个染色体 $\boldsymbol{v}_i$ 的选择概率（生存概率）为

$$p_i=\mathrm{eval}(\boldsymbol{v}_i)/F \quad (i=1,\cdots,P_O) \tag{7-5}$$

④ 计算每个 $\boldsymbol{v}_i$ 染色体的累积概率为

$$q_i=\sum_{j=1}^{i}p_j \quad (i=1,\cdots,P_O) \tag{7-6}$$

对轮盘转动 P_O 次，每次按照下面的方法为新群体选择一个单个的染色体：产生一个在区间[0,1]里的随机数 r，如果 $r<q_1$，选择第一个染色体 $\boldsymbol{v}_1$ 加入新群体；否则选择使 $q_{i-1}<r\leqslant q_i$ 成立的第 i 个染色体 $\boldsymbol{v}_i(2\leqslant i\leqslant P_O)$ 加入新群体。

很明显，这样适值高的染色体将有可能被选择一次以上。这是符合遗传算法的模式定理

的:最好染色体得到多个拷贝,中等染色体保持平稳,最差染色体死亡。

复制操作对尽快收敛到优化解具有很大影响,但它不能产生新的模式结构,而是使高于平均适值的模式数量增长很快。

(2) 杂交操作。杂交操作是通过结合两个父母代的结构特征生成两个子代个体。

杂交是遗传算法的一个重要的重组算子,杂交率 p_c 是算法的一个参数,此概率给出预计要进行杂交的染色体个数为 $p_c \cdot P_O$。

杂交操作按下面方法处理:

① 对新群体中的每个染色体依次产生一个在区间[0,1]里的随机数 r;

② 如果 $r < p_c$,选择给定的染色体进行杂交。

在选完进行杂交的染色体后,随机地对被选定的染色体进行配对。如果选择的染色体数是偶数,可以很容易地配对。如果选择的染色体数为奇数,可以加入一额外的染色体或者移走一被选出的染色体,这种选择同样是随机的。对染色体对中的每一对,产生一个在区间$[1,m-1]$(m 为总长——染色体的位数)里的随机整数 pos。数 pos 表示杂交点的位置。如两个配对染色体

$$(b_1 b_2 \cdots b_{\text{pos}} b_{\text{pos}+1} \cdots b_m) \text{和} (c_1 c_2 \cdots c_{\text{pos}} c_{\text{pos}+1} \cdots c_m)$$

则杂交操作后它们的子代为

$$(b_1 b_2 \cdots b_{\text{pos}} c_{\text{pos}+1} \cdots c_m) \text{和} (c_1 c_2 \cdots b_{\text{pos}} b_{\text{pos}+1} \cdots b_m)$$

并且被子代所替换。

例如,对于如下两个染色体,若随机断点选在第 17 个基因之后:

$$\boldsymbol{v}_1 = [00000101010010100 1\ 101111011111110]$$

$$\boldsymbol{v}_2 = [00111010111001100 0\ 0000101001000]$$

交换双亲上断点的右端后得到的两个后代如下:

$$\boldsymbol{v}'_1 = [00000101010010100 0\ 0000101001000]$$

$$\boldsymbol{v}'_2 = [00111010111001100 1\ 101111011111110]$$

杂交过程是染色体码串之间既有组织又随机的(杂交点及谁与谁配对均是随机的)过程,它能创建新的结构模式,同时又最低限度地破坏复制过程所选择的高适值模式,这样就会使群体搜索空间加大,使子代个体更具多样性。例如在复制操作中,若群体中有一个相对其他个体适值较好的个体,复制将促使它不断延续下去,即使该个体在整个搜索空间仍是较平庸的,这将导致群体趋向,而杂交操作会打破这样的局面。杂交操作是产生新个体的最重要的操作。

(3) 变异操作。变异也是一个重要的遗传算子,是在一位一位(bit-by-bit)基础上执行的。变异操作是产生新个体的辅助方法。

作为遗传算法的另一个参数,设变异率为 p_m,则可以预计的变异位数为 $p_m \cdot P_O$。因此变异以等于变异率的概率改变一个或若干个基因。整个群体中所有染色体中的每一位都有均等的机会经历变异。

常用的基于二进制编码的基本变异操作过程是对群体中个体随机选定基因位,并按概率 p_m 将这些基因位上的值取反,即从 0 变为 1 或者相反。若变异率 p_m 不是固定的,而是随群体中个体多样性程度进行调整,则就是自适应变异操作。变异操作的目的是使 GA 保持群体多样性,防止丢失一些有用的遗传模式。当然它也可能破坏有用的模式,因此 p_m 通常取得很小。为了使群体具有多样性,同时收敛又能较快,可以开始时将 P_O 取得大一些,在一代代遗传操作过程中不断丢掉一些显然较差的个体。

变异操作按如下方法处理，对于每个位：

① 产生在区间里[0,1]的一随机数 r；

② 如果 $r<p_m$，变异此位。

例如，假设以下染色体 **v** 的第 18 个基因被选来变异，该基因为 1，故将其变为 0，于是变异后染色体为 **v**′：

$$\mathbf{v}=[\ 100110110100101101\ 000000010111001\ ]$$

$$\downarrow$$

$$\mathbf{v}'=[100110110100101100\ 000000010111001\ ]$$

7.1.3　遗传算法步骤及实例

遗传算法整个流程框图如图 7-2 所示。在初始群体确定后，依次进行选择、杂交和变异等遗传操作，产生新的群体，并进行染色体的评价。以后算法只是上述步骤的循环重复。

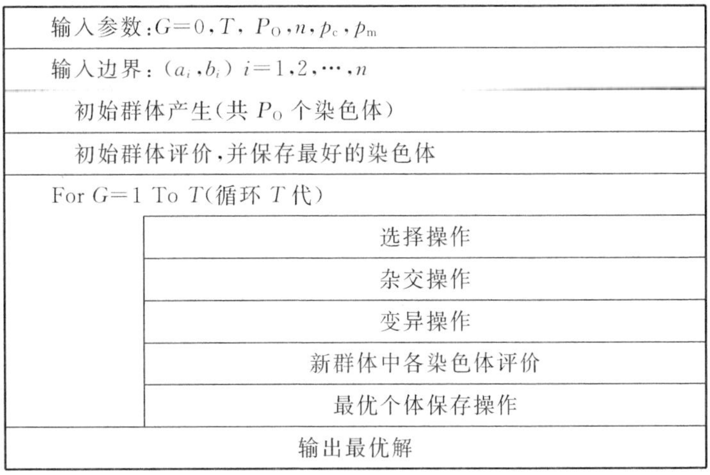

输入参数：$G=0, T, P_O, n, p_c, p_m$	
输入边界：(a_i, b_i) $i=1,2,\cdots,n$	
初始群体产生(共 P_O 个染色体)	
初始群体评价，并保存最好的染色体	
For $G=1$ To T(循环 T 代)	
	选择操作
	杂交操作
	变异操作
	新群体中各染色体评价
	最优个体保存操作
输出最优解	

图 7-2　遗传算法框图

为理解上述整个过程，以无约束优化以下二维函数为例：

$$\max\ f(x_1,x_2)=21.5+x_1\sin(4px_1)+x_2\sin(20px_2)$$

参数变量区间为

$$-3.0\leqslant x_1\leqslant 12.1$$

$$4.1\leqslant x_2\leqslant 5.8$$

目标函数的三维图形呈现多峰，非常复杂，如图 7-3 所示。设定群体规模 $P_O=10$，遗传算子的概率为 $p_c=0.25$、$p_m=0.01$，则算法过程如下。

1. 编码和解码

首先，将决策变量编码为二进制串。假设 x_1 和 x_2 需要的精度都是小数点后 4 位，x_j 的值域是$[a_j, b_j]$，则 x_j 所需要的二进制编码子串长 m_j 满足下式

$$2^{m_j-1}<(b_j-a_j)\times 10^4\leqslant 2^{m_j}-1$$

因此，对变量 x_1 的定义域区间$[-3.0,12.1]$应该至少被分成等距区间数

$$(12.1-(-3.0))\times 10000=151000$$

又因为 $2^{17}<151000\leqslant 2^{18}$，所以染色体的第一部分需要位数：$m_1=18$

同理，对于变量 x_2，精度要求自变量域长度区间应该至少被等分成

$$(5.8-4.1)\times 10000=17000$$

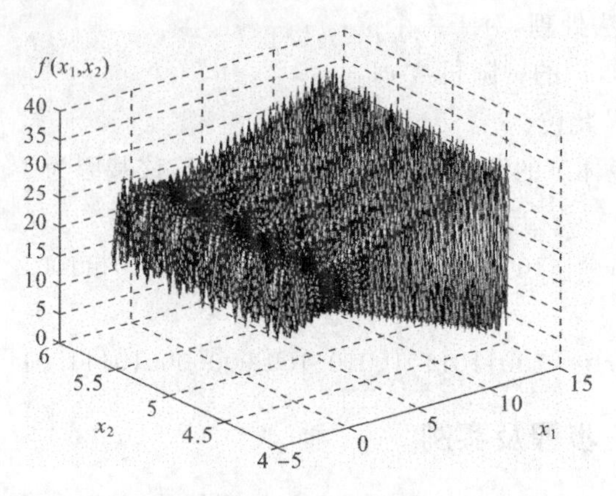

图 7-3 优化目标函数

因 $2^{14}<17000\leqslant 2^{15}$，即染色体的第二部分需要位数：$m_2=15$

所以，染色体的总长度(基因数目)：$m=m_1+m_2=33$

即前 18 位表示 x_1 和后 15 位表示 x_2。

对于解码，如有一染色体 $\boldsymbol{v}$ 如下：

$$\boldsymbol{v}=[010001001011010000\ 111110010100010]$$

|←— x_1 18 位 —→|←— x_2 15 位 —→|

则对应的变量 x_1 和 x_2 的十进制码为

$$x_1=70352,\quad x_2=31960$$

而十进制值按式(7-1)计算分别为

$$x_1=-3.0+70352\times(12.1-(-3.0))/(2^{18}-1)=1.0524$$

$$x_2=4.1+31960\times(5.8-4.1)/(2^{15}-1)=5.7553$$

即对应于 $\boldsymbol{X}=[x_1,x_2]=[1.0524,5.7553]$。因此，该染色体的目标函数值为：$f(\boldsymbol{X})=f(1.0524,5.7553)=20.252640$。

2. 初始种群

每一染色体中的 33 位都是随机初始化的，假定经过初始化过程后，随机产生的初始种群如下：

$$\boldsymbol{v}_1=[\ 000001010100101001\ 101111011111110\ ]$$
$$\boldsymbol{v}_2=[\ 001110101110011000\ 000010101001000\ ]$$
$$\boldsymbol{v}_3=[\ 111000111000001000\ 010101001000110\ ]$$
$$\boldsymbol{v}_4=[\ 100110110100101101\ 000000010111001\ ]$$
$$\boldsymbol{v}_5=[\ 000010111101100010\ 001110001101000\ ]$$
$$\boldsymbol{v}_6=[\ 111110101011011000\ 000010110011001\ ]$$
$$\boldsymbol{v}_7=[\ 110100010011111000\ 100110011101101\ ]$$
$$\boldsymbol{v}_8=[\ 001011010100001100\ 010110011001100\ ]$$
$$\boldsymbol{v}_9=[\ 111110001011101100\ 011101000111101\ ]$$
$$\boldsymbol{v}_{10}=[\ 111101001110101010\ 000010101101010\ ]$$

3. 评价

首先将上述初始种群染色体 $\boldsymbol{v}_k$ 二进制串解码为十进制：

$$v_1=[x_1,x_2]=[-2.687969,5.361653]$$
$$v_2=[x_1,x_2]=[0.474101,4.170144]$$
$$v_3=[x_1,x_2]=[10.419457,4.661461]$$
$$v_4=[x_1,x_2]=[6.159951,4.109598]$$
$$v_5=[x_1,x_2]=[-2.301286,4.477282]$$
$$v_6=[x_1,x_2]=[11.788084,4.174346]$$
$$v_7=[x_1,x_2]=[9.342067,5.121702]$$
$$v_8=[x_1,x_2]=[-0.330256,4.694977]$$
$$v_9=[x_1,x_2]=[11.671267,4.873501]$$
$$v_{10}=[x_1,x_2]=[11.446273,4.171908]$$

然后计算目标函数值 $f(\boldsymbol{X}_k)$，并将目标函数转换为适值。这里简单地取目标函数值为适值：$\mathrm{eval}(v_k)=f(\boldsymbol{X}_k)$，$k=1,2,3,\cdots,P_O$。所以得到各染色体的适值为

$$\mathrm{eval}(v_1)=f(-2.687969,5.361653)=19.805119$$
$$\mathrm{eval}(v_2)=f(0.474101,4.170144)=17.370896$$
$$\mathrm{eval}(v_3)=f(10.419457,4.661461)=9.590546$$
$$\mathrm{eval}(v_4)=f(6.159951,4.109598)=29.406122$$
$$\mathrm{eval}(v_5)=f(-2.301286,4.477282)=15.686091$$
$$\mathrm{eval}(v_6)=f(11.788084,4.174346)=11.900541$$
$$\mathrm{eval}(v_7)=f(9.342067,5.121702)=17.958717$$
$$\mathrm{eval}(v_8)=f(-0.330256,4.694977)=19.763190$$
$$\mathrm{eval}(v_9)=f(11.671267,4.873501)=26.401669$$
$$\mathrm{eval}(v_{10})=f(11.446273,4.171908)=10.252480$$

显然，染色体 v_4 是最好的，而染色体 v_3 是最差的。

4. 选择

采用转轮法作为选择方法，根据与适值成正比的概率选出新的种群。转轮法由以下几步构成，计算按式(7-4)～式(7-6)进行。

① 计算种群中所有染色体的适值的和：

$$F=\sum_{k=1}^{10}\mathrm{eval}(v_k)=178.135372$$

② 对各个染色体 v_k，计算选择概率 p_k：

$p_1=0.111180$，$p_2=0.097515$，$p_3=0.053839$，$p_4=0.165077$，$p_5=0.088057$

$p_6=0.066806$，$p_7=0.100815$，$p_8=0.110945$，$p_9=0.148211$，$p_{10}=0.057554$

③ 对各个染色体 v_k，计算累积概率 q_k：

$q_1=0.111180$，$q_2=0.208695$，$q_3=0.262534$，$q_4=0.427611$，$q_5=0.515668$

$q_6=0.582475$，$q_7=0.683290$，$q_8=0.794234$，$q_9=0.942446$，$q_{10}=1.000000$

④ 接着，准备转动轮盘10次，每次按如下方式选出一个染色体来构造新的种群。

步骤1：在[0,1]区间产生一个均匀分布的伪随机数 r。

步骤2：若 $r\leqslant q_1$，则选第一个染色体 v_1；否则，选择第 k 个染色体 $v_k(2\leqslant k\leqslant 10)$，使得 $q_{k-1}<r\leqslant q_k$ 成立。

设产生的[0,1]间的10个随机数序如下：

0.301431，　0.322062，　0.766503，　0.881893，　0.350871

0.583392，　0.177618，　0.343242，　0.032685，　0.197577

第一个数 r_1=0.301431 大于 q_3 小于 q_4，这表示染色体 $\boldsymbol{v}_4$ 被选来构造新种群；第二个数 r_2=0.322062也大于 q_3 小于 q_4，表示染色体 $\boldsymbol{v}_4$ 再次被新种群选中，重复以上操作，最后选出了如下新的种群：

$$\boldsymbol{v}'_1=[\ 100110110100101101\ 000000010111001\ ]—\boldsymbol{v}_4$$
$$\boldsymbol{v}'_2=[\ 100110110100101101\ 000000010111001\ ]—\boldsymbol{v}_4$$
$$\boldsymbol{v}'_3=[\ 001011010100001100\ 010110011001100\ ]—\boldsymbol{v}_8$$
$$\boldsymbol{v}'_4=[\ 111110001011101100\ 011101000111101\ ]—\boldsymbol{v}_9$$
$$\boldsymbol{v}'_5=[\ 100110110100101101\ 000000010111001\ ]—\boldsymbol{v}_4$$
$$\boldsymbol{v}'_6=[\ 110100010011111000\ 100110011101101\ ]—\boldsymbol{v}_7$$
$$\boldsymbol{v}'_7=[\ 001110101110011000\ 000010101001000\ ]—\boldsymbol{v}_2$$
$$\boldsymbol{v}'_8=[\ 100110110100101101\ 000000010111001\ ]—\boldsymbol{v}_4$$
$$\boldsymbol{v}'_9=[\ 000001010100101001\ 101111011111110\ ]—\boldsymbol{v}_1$$
$$\boldsymbol{v}'_{10}=[\ 001110101110011000\ 000010101001000\ ]—\boldsymbol{v}_2$$

5. 杂交

因设杂交率 p_c=0.25，即平均有25%染色体将经历杂交。首先对新群体中的每个染色体，产生一在区间[0,1]里的随机数 r，如果 $r<0.25$，则选择给定的染色体进行杂交。现假定随机数序列为

0.625721，　0.266823，　0.288644，　0.295114，　0.163274

0.567461，　0.085940，　0.392865，　0.770714，　0.548656

于是染色体 $\boldsymbol{v}'_5$ 和 $\boldsymbol{v}'_7$ 被选入参加杂交。再对配对的染色体产生一个随机的整数 pos 作为断点，pos∈[1,32]（因为 33 是染色体的长度）。现假设产生的 pos=1，两染色体自第 1 位后切断，并交换断点右端，故

$$\boldsymbol{v}'_5=[\ 100110110100101101\ 000000010111001\ ]$$
$$\boldsymbol{v}'_7=[\ 001110101110011000\ 000010101001000\ ]$$
$$\downarrow$$
$$\boldsymbol{v}'_5=[\ 101110101110011000\ 000010101001000\ ]$$
$$\boldsymbol{v}'_7=[\ 000110110100101101\ 000000010111001\ ]$$

6. 变异

因设变异率 p_m=0.01，而种群中共有 $m\times P_O=33\times10=330$ 个基因，所以，可以预计每代平均有 3.3 个基因发生变异。为使每个基因有均等的机会发生变异，需要对群体中的每一基因位产生区间[0,1]内均匀分布的随机数序列 $r_k(k=1,2,3,\cdots,330)$。如果 $r_k<0.01$，则变异此位。设在运行例子中，总共产生 4 个小于 0.01 的数，变异位关系和产生的随机数如表 7-1 所示。

表 7-1　变异操作过程

位　址	染色体号	位　号	随机数
105	4	6	0.009857
164	5	32	0.003113
199	7	1	0.000946
329	10	32	0.001282

所以，变异后的新种群如下：

$$v'_1=[\ 100110110100101101\ 000000010111001\ ]$$
$$v'_2=[\ 100110110100101101\ 000000010111001\ ]$$
$$v'_3=[\ 001011010100001100\ 010110011001100\ ]$$
$$v'_4=[\ 111111001011101100\ 011101000111101\ ]$$
$$v'_5=[\ 101110101110011000\ 000010101001010\ ]$$
$$v'_6=[\ 110100010011111000\ 100110011101101]$$
$$v'_7=[\ 100110110100101101\ 000000010111001\ ]$$
$$v'_8=[\ 100110110100101101\ 000000010111001\ ]$$
$$v'_9=[\ 000001010100101001\ 101111011111110\ ]$$
$$v'_{10}=[\ 001110101110011000\ 000010101001010\ ]$$

至此，完成了遗传算法循环过程的一次迭代（即算法完成一代）。

接着检查新群体，对每个染色体进行解码，并计算解码后的适应度函数值，得

$$\mathrm{eval}(v'_1)=f(6.159951,4.109598)=29.406122$$
$$\mathrm{eval}(v'_2)=f(6.159951,4.109598)=29.406122$$
$$\mathrm{eval}(v'_3)=f(-0.330256,4.694977)=19.763190$$
$$\mathrm{eval}(v'_4)=f(11.907206,4.873501)=5.702781$$
$$\mathrm{eval}(v'_5)=f(8.024130,4.170248)=19.91025$$
$$\mathrm{eval}(v'_6)=f(9.342067,5.121702)=17.958717$$
$$\mathrm{eval}(v'_7)=f(6.159951,4.109598)=29.406122$$
$$\mathrm{eval}(v'_8)=f(6.159951,4.109598)=29.406122$$
$$\mathrm{eval}(v'_9)=f(-2.687969,5.361653)=19.805119$$
$$\mathrm{eval}(v'_{10})=f(0.474101,4.170248)=17.370896$$

由此可见，新群体的总适值 F 为 218.1354，高于先前群体的总适值 178.1353，但是在这一轮中最好染色体的适值还未起变化。

重复上述迭代，并跟踪进化过程中的最好个体：在遗传算法的实现中，通常保存“曾经最好”个体。这种方法（称为精华模型）将报告整个过程的最好值，而不只是最终群体的最好值。实验运行在 1000 代后结束，在第 419 代就得到了最佳的染色体：

$$v^*=[111110000000111000111101001010110]$$

对应的设计参数变量： $x_1^*=11.631407,\quad x_2^*=5.724824$

适值： $\mathrm{eval}(v^*)=f(11.631407,5.724824)=38.818208$

目标函数值： $f(\boldsymbol{X}^*)=38.818208$

7.1.4 遗传算法在机械优化设计中的应用

机械优化设计的最大特点是问题的非线性及多峰性，它的目标函数复杂，采用传统的算法往往搜索不到全局最优解。这时采用遗传算法非常有效，它不要求目标函数和约束的可微性，计算效率比较高，搜索结果的最好个体在概率意义上代表了全局最优解。但由于机械设计的特殊性，需对算法的具体操作做一些改进。

1. 编码

遗传算法用于机械优化设计时，对算法中的染色体即设计向量 $\boldsymbol{X}$，常采用另一种编码方

法——实数编码(浮码),也就是直接采用实数表达,每个染色体编码为一个与解向量维数相同的实向量,每个设计参数 x_i 即作为一个基因。实数编码可以避免在染色体评价过程中的二进制编码和解码过程,提高算法的运行效率。但是,此时算法中的杂交和变异操作与前述有很大不同。

2. 杂交

设初始群体中各染色体依据设计参数的边界(x_k^l,x_k^u)约束随机产生,即取染色体 $\boldsymbol{X}$ 的基因为

$$x_k=x_k^l+\text{rand}(\ )\cdot(x_k^u-x_k^l);\quad k=1,2,\cdots,n \tag{7-7}$$

其中:随机函数 rand( )取在区间[0,1]内的随机数。显然,这样产生的染色体均满足边界约束条件。那么遗传进化操作时,可以采用算术杂交算子,使产生的后代仍满足边界约束条件。

算术杂交操作是设父代染色体 $\boldsymbol{X}_1$、$\boldsymbol{X}_2$,则杂交后产生的子代染色体为

$$\begin{aligned}\boldsymbol{X}'_1&=\lambda\boldsymbol{X}_1+(1-\lambda)\boldsymbol{X}_2\\\boldsymbol{X}'_2&=\lambda\boldsymbol{X}_2+(1-\lambda)\boldsymbol{X}_1\end{aligned} \tag{7-8}$$

式中:λ 是(0,1)内的随机数。这种杂交是凸杂交,其特点为如父代 $\boldsymbol{X}_1$、$\boldsymbol{X}_2$ 均属于凸集,则子代 $\boldsymbol{X}'_1$、$\boldsymbol{X}'_2$ 也均属于该凸集。由于边界约束是凸集,所以杂交结果仍满足边界约束。

3. 变异

在同样方法产生初始群体后,若变异采用非均匀变异算子,那么对于选定的父代 $\boldsymbol{X}$,如其基因 x_k 被选作变异,则生成的后代为

$$\boldsymbol{X}'=[x_1\quad x_2\quad\cdots\quad x'_k\quad\cdots\quad x_n]$$

其中:x'_k 随机地按如下两种可能的机会变换

$$\begin{aligned}x'_k&=x_k+\Delta(t,x_k^u-x_k)\quad\text{如随机数为 0;}\\x'_k&=x_k-\Delta(t,x_k-x_k^l)\quad\text{如随机数为 1;}\end{aligned} \tag{7-9}$$

这里,x_k^u 和 x_k^l 分别是 x_k 的上下界;函数 $\Delta(t,y)$返还区间$[0,y]$里的一个值,且当代数 t 增加时函数 Δ 以接近于 0 的概率增加。$\Delta(t,y)$的函数形式可以参考相关文献。这种变异的特点是如果父代在上下界域内,则变异产生的后代也在该域内。

可见,只要杂交和变异前父代是满足边界约束的,因边界约束形成的空间是凸集,故通过上述所采用的杂交和变异算子产生的后代也必然满足边界约束。因此,在遗传算法中,如初始群体在设计参数的上下边界范围内产生,经上述所采用的遗传算子可保证产生的后代仍满足边界约束,这样把边界约束从约束条件中分离了出来,使整个搜索过程中只需惩罚不满足性能约束的染色体即可,从而在惩罚函数中消去了边界约束的影响,使惩罚函数更为简单,并可以提高优化计算效率。

4. 约束条件处理

目前遗传算法对于违反约束的处理主要有四种。死亡惩罚策略对于一些很难通过一般遗传因子产生可行解的问题,算法耗费大量的机时去评价非法个体;修复策略用特殊的修补算法来校正所有产生的不可行解,只对特定问题而言,同样耗费大量的计算;改进遗传算子策略通过设计专门的遗传算子来维持染色体的可行性。上述三种策略无法考虑可行域外的点,故有第四种也是常见的惩罚策略。

惩罚策略类似于常规优化方法中的惩罚函数法。群体中个体的优劣也就是个体适值一般用目标函数 $f(\boldsymbol{X})$来评价,但对于有非线性约束条件的数值优化问题,考虑到采用惩罚策略,所以需把惩罚与目标函数联系起来重新构造适值评价函数。下式为目前常用的适值函数形式

之一

$$\text{eval}(\boldsymbol{X})=f(\boldsymbol{X})\cdot p(\boldsymbol{X}) \tag{7-10}$$

$$p(\boldsymbol{X})=1-\frac{1}{q}\sum_{i}^{q}\left[\frac{\Delta g_i(\boldsymbol{X})}{\Delta g_{im}}\right]^{\alpha} \tag{7-11}$$

式中：$p(\boldsymbol{X})$为自适应的惩罚函数，α 是用来调节惩罚程度的参数，$\Delta g_i(\boldsymbol{X})$是染色体 $\boldsymbol{X}$ 对第 i 个约束的违反量，Δg_{im} 是当前群体中对第 i 个约束的最大违反量。惩罚函数的设计各有不同，原则是违反程度越大，惩罚越重。这样通过惩罚不可行解将约束优化问题转化为无约束优化问题来处理。因此，惩罚策略允许在每代的群体中保持部分不可行解，使遗传算法搜索可以从可行域和不可行域两侧来达到最优解。

其中合理的惩罚因子取值是非常困难的，与讨论的问题有关，一般通过试验获得。有时调整不好，一些约束不满足的个体其适值比满足约束的其他个体适值还好，以致收敛到可行域外。有特色的是 Powell 等提出附加的惩罚项，对不可行个体惩罚增加，使它们的适值不好于可行个体中最差值。对于机械设计往往在约束界面上取得最优点，这样处理任何不可行个体会丢失很多有用信息。有关文献也针对这一问题给出了一种算法。

上述约束处理主要针对不等式性能约束条件。但是性能约束中有一类特殊的机构存在约束条件，如不满足表示机构不成立，以致目标函数 $f(\boldsymbol{X})$本身无法计算，例如对于曲柄摇杆机构设计，机构成立条件可表示为对于曲柄任意转角，在机构运动计算中有关式的根号内值必须大于零。因此，对于不满足机构存在约束条件的染色体，因机构不存在，故只能采用拒绝策略，即重新产生新的染色体取代之。

此外对于等式约束，解决方案是降维法，使设计变量 $\boldsymbol{X}$ 的维数降低，并且消去等式约束，可以简化优化时约束条件的处理。至于不等式边界约束，采用浮码时可通过选择杂交和变异方法来解决。

7.1.5　剑杆织机引纬机构参数优化设计实例

图 7-4 所示为剑杆织机的引纬机构简图，它是平面四杆机构、空间 RSSR 机构和平面定轴

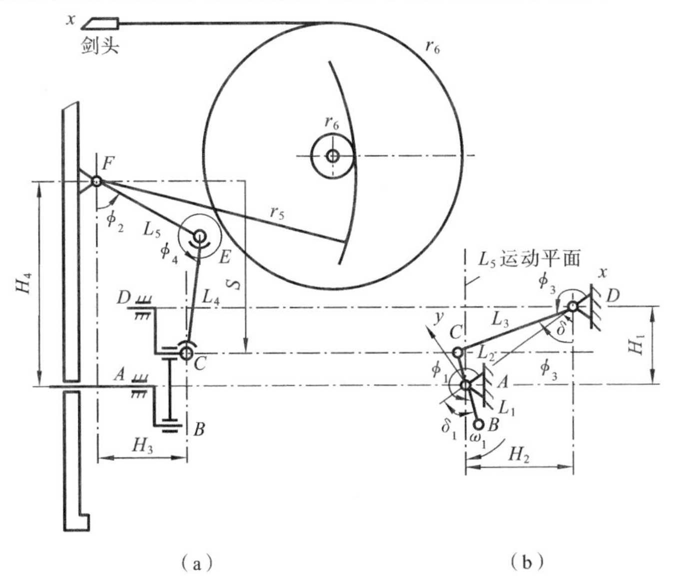

图 7-4　剑杆织机引纬机构简图

内啮合齿轮机构串联而成的组合机构。其工作原理是主动曲柄 AB 以角速度 ω_1 顺时针回转，通过六杆组合机构使扇形齿轮 r_5 往复摆动，从而驱动剑轮 r'_6 使剑头来回直线移动，实现引纬运动。引纬规律即剑头运动规律对于引纬机构功能的实现是至关重要的，引纬机构的设计主要是实现织造工艺所要求的引纬规律。该机构的引纬规律是由两套连杆机构的尺寸所确定的。因连杆机构的特性限制，引纬规律不能随意设计，但是，改变连杆机构的尺寸设计，可以获得能满足要求的剑头运动规律。然而按常规方法设计是非常困难的，所以，采用优化设计方法。

解　首先确定该机构结构参数与剑头运动规律的关系，可按如下方法计算：

对于平面四杆机构，令 ϕ 为曲柄与连杆重叠共线时作为起始点的曲柄转角，其他参数的几何意义见图，则有

$$\phi_1 = -\phi + \delta_1 + \pi$$

其中

$$\delta_1 = \cos^{-1}\frac{(L_2 - L_1)^2 + L^2 - L_3^2}{2L(L_2 - L_1)}$$

故有

$$\begin{cases} \phi_3 = 2\tan^{-1}\dfrac{F \pm \sqrt{E^2 + F^2 - G^2}}{E - G} \\[2ex] \phi_2 = \tan^{-1}\dfrac{F + L_3\sin\phi_3}{E + L_3\cos\phi_3} \end{cases}$$

$$\begin{cases} \dot{\phi}_3 = \dot{\phi}_1\dfrac{L_1\sin(\phi_1 - \phi_2)}{L_3\sin(\phi_3 - \phi_2)} \\[2ex] \dot{\phi}_2 = -\dot{\phi}_1\dfrac{L_1\sin(\phi_1 - \phi_3)}{L_2\sin(\phi_2 - \phi_3)} \end{cases}$$

$$\begin{cases} \ddot{\phi}_3 = \dfrac{L_2\dot{\phi}_2^2 + L_1\dot{\phi}_1^2\cos(\phi_1 - \phi_2) - L_3\dot{\phi}_3^2\cos(\phi_3 - \phi_2)}{L_3\sin(\phi_3 - \phi_2)} \\[2ex] \ddot{\phi}_2 = \dfrac{L_3\dot{\phi}_3^2 - L_1\dot{\phi}_1^2\cos(\phi_1 - \phi_3) - L_2\dot{\phi}_2^2\cos(\phi_2 - \phi_3)}{L_2\sin(\phi_2 - \phi_3)} \end{cases}$$

其中，E、F 和 G 的计算参见有关机械原理教科书。

对于空间 RSSR 机构，输入件 CD 杆运动为

$$\begin{cases} \phi'_3 = \pi - \phi_3 + \tan(H_2/H_1) \\ \dot{\phi}'_3 = -\dot{\phi}_3 \\ \ddot{\phi}'_3 = -\ddot{\phi}_3 \end{cases}$$

则按投影-解析法有

$$\begin{cases} s = (H_4 - H_1) + L_3\cos\phi'_3 \\ \dot{s} = -L_3\dot{\phi}'_3\sin\phi'_3 \\ \ddot{s} = -L_3(\ddot{\phi}'_3\sin\phi'_3 + \dot{\phi}'^2_3\cos\phi'_3) \end{cases}$$

$$\begin{cases} l_4 = \sqrt{L_4^2 - (H_2 - L_3\sin\phi'_3)^2} \\[1ex] \dot{l}_4 = \dfrac{(H_2 - L_3\sin\phi'_3)L_3\cos\phi'_3\dot{\phi}'_3}{l_4} \\[2ex] \ddot{l}_4 = \dfrac{L_3[\ddot{\phi}'_3(H_2 - L_3\sin\phi'_3)\cos\phi'_3 - \dot{\phi}'^2_3(L_3\cos2\phi'_3 + H_2\sin\phi'_3)] - \dot{l}_4^2}{l_4} \end{cases}$$

$$\begin{cases} \phi_5 = 2\tan^{-1}\dfrac{H_3 \pm \sqrt{H_3^2 + s^2 - G^2}}{s - G} \\[2ex] \phi_4 = \tan^{-1}\dfrac{H_3 - L_5\sin\phi_5}{s - L_5\cos\phi_5} \end{cases}$$

式中
$$G=\frac{l_4^2-s^2-H_3^2-L_5^2}{2L_5}$$

$$\begin{cases}\dot{\phi}_5=\dfrac{\dot{l}_4-\dot{s}\cos\phi_4}{L_5\sin(\phi_5-\phi_4)}\\ \dot{\phi}_4=-\dfrac{\dot{s}\sin\phi_4+L_5\dot{\phi}_5\cos(\phi_5-\phi_4)}{l_4}\end{cases}$$

$$\ddot{\phi}_5=\frac{\ddot{l}_4-l_4\dot{\phi}_4^2-L_5\dot{\phi}_5^2\cos(\phi_5-\phi_4)-\ddot{s}\cos\phi_4}{L_5\sin(\phi_5-\phi_4)}$$

所以，通过一对齿轮传动后，剑头的运动规律，即位移、速度和加速度分别为

$$x=r_3\frac{r_1}{r_2}(\phi_5-\phi_{50}),\quad \dot{x}=r_3\frac{r_1}{r_2}\dot{\phi}_5,\quad \ddot{x}=r_3\frac{r_1}{r_2}\ddot{\phi}_5$$

然后，根据整机结构实际情况，确定引纬机构的设计向量

$$\boldsymbol{X}=[x_1\quad x_2\quad x_3\quad x_4\quad x_5\quad x_6\quad x_7\quad x_8]^{\mathrm{T}}=[H_1\quad H_2\quad L_2\quad L_3\quad L_4\quad L_5\quad H_3\quad H_4]^{\mathrm{T}}$$

其中，各个参数对应有一定的结构所允许的上下界变化范围，即边界约束条件 $x_i^l<x_i<x_i^u$。

又考虑到在引纬规律中，剑头进、出梭口时空动程和时间、总动程和剑头进足交接纬时间、最大加速度等是最重要的。除最大加速度影响动力学性能需要控制外，其他是由织造工艺要求确定的，如图7-5所示。其中：ϕ_i、x_i，ϕ_o、x_o 和 ϕ_m、x_m 分别为织造工艺要求的剑头进、出梭口和最大动程时的时间角、位移；w、a 分别为筘幅和交接纬冲程的一半。通常要求进、出梭口时间角 $\phi_j=75°$、$\phi_c=285°$，设对应实际位移 x_j、x_c，最大动程 x_{max}时的时间角 $\phi_m\in(175°,190°)$，那么考虑一定的允许变化范围 δ，建立织造工艺要求对引纬机构的约束条件：

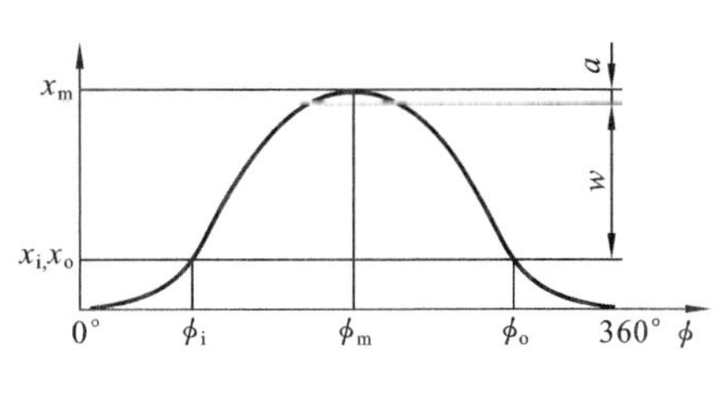

图7-5　引纬工艺要求

$$\begin{cases}x_i-\delta_i<x_j<x_i+\delta_i\\ x_o-\delta_o<x_c<x_o+\delta_o\\ x_m-\delta_m<x_{max}<x_m+\delta_m\\ 175°<\phi_m<190°\end{cases}$$

在满足上述工艺要求的前提下，尽可能降低剑头的最大加速度 $\ddot{x}_{max}$，以减缓引纬机构的受力，减少整机的振动。因此，引出优化目标函数

$$F(\boldsymbol{X})=|\ddot{x}_{max}|\rightarrow\min$$

这样的目标函数比常见的取引纬曲线误差建立目标函数要简练得多，且可以提高优化计算效率。

此外，从机构学的角度考虑，约束条件中还应包括机构存在的条件，即对于曲柄任意转角 ϕ，前面有关式中的根号内的值必须大于零，以及机构的许用传动角条件。

将上述最小化目标函数式变换为最大化目标函数，并通过加法机制进行调整，将目标函数值转换为适值：

$$F_m(\boldsymbol{X})=-F(\boldsymbol{X})+\boldsymbol{C}\rightarrow\max$$

式中：C 为一正常数（计算时取1000），以便保证遗传算法搜索过程中目标函数值始终大于零。

在遗传操作时采用精华模型，保证经选择、交叉和变异后的最好染色体能进入下代。优化时群体规模取 $P_O=40$，最大进化代数 $T=100$，杂交率 $p_c=0.8$，变异率 $p_m=0.15$。搜索结果

全局最优点为 $\boldsymbol{X}^* = [88.0 \quad 160.0 \quad 99.0 \quad 174.0 \quad 145.0 \quad 156.5 \quad 108.0 \quad 258.0]^{\mathrm{T}}$。

进化搜索的跟踪过程如图 7-6 所示，曲线(a)表示每一代最好适值随进化代数的变化情况，曲线(b)表示群体的平均适值随进化代数的变化情况。由图可见，搜索之初前十几代，群体不满足约束条件，经过若干代后搜索进入可行域内进行，图中显示当实际进化到约第 45 代时已经收敛。

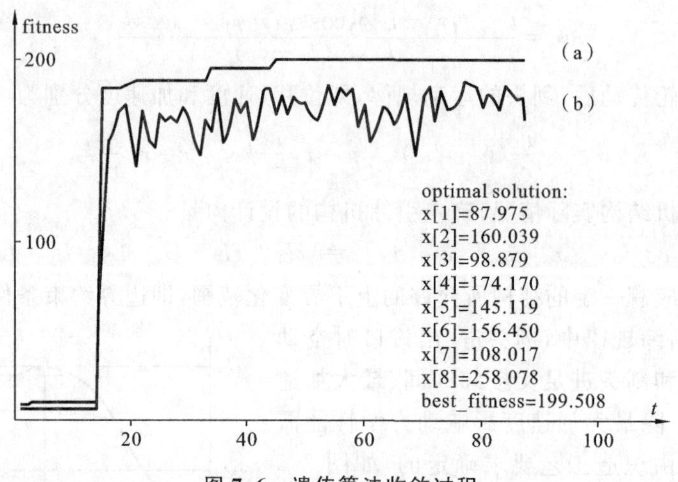

图 7-6　遗传算法收敛过程

根据优化结果方案生成的机构，其引纬规律见图 7-7，剑头进、出梭口时的位移分别为 314.3 mm和 314.8 mm，剑头最大动程为 1440.4 mm，此时主轴转角 190°，完全符合引纬工艺要求。

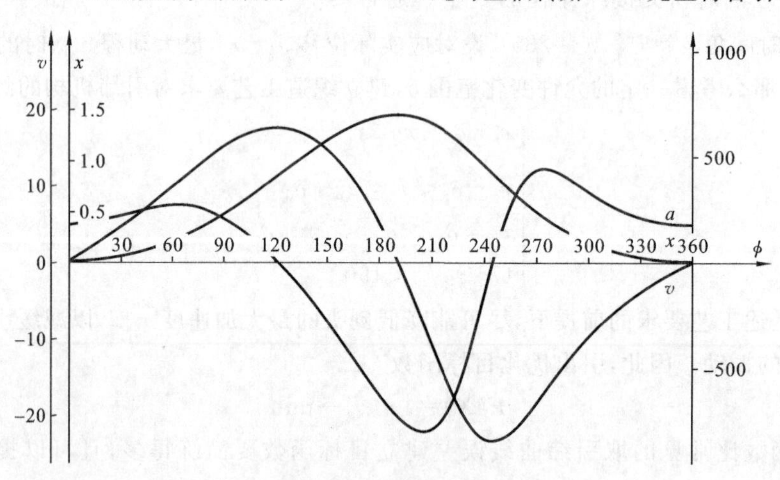

图 7-7　优化设计的引纬规律

7.2　BP 神经网络算法

7.2.1　人工神经元

人工神经元是生物神经元的模拟与抽象。在此所说的抽象是从数学角度而言的，而模拟是对神经元的结构和功能而言的。人工神经元相当于一个多输入、单输出的非线性阈值器件。令 $x_1, x_2, \cdots, x_n$ 表示它的 n 个输入；$W_1, W_2, \cdots, W_n$ 表示与它相连的 n 个突触的连接强度，其值称为权值；$\sum W_i x_i$ 称为激活值，表示这个神经元的输入总和，对应于生物神经细胞的膜电位；O 表示这个神经元的输出；θ 表示这个神经元的阈值。当所有输入信号的加权和超过 θ 时，人工神经元被激活。则该人工神经元的输入/输出可描述为

$$O = f\left(\sum W_i x_i - \theta\right)$$

式中，$f(\cdot)$表示神经元输入与输出之间的非线性关系，称为激活函数或输出函数。人工神经元的输入经过激活函数处理后，才能得到其输出值。

用 $\boldsymbol{W}$ 表示权向量，$\boldsymbol{W}=[W_1 \quad W_2 \quad \cdots \quad W_n]^{\mathrm{T}}$；$\boldsymbol{X}$ 表示输入向量，$\boldsymbol{X}=[x_1 \quad x_2 \quad \cdots \quad x_n]^{\mathrm{T}}$，则简化的神经元如图 7-8 所示(图中未示出阈值 θ)。

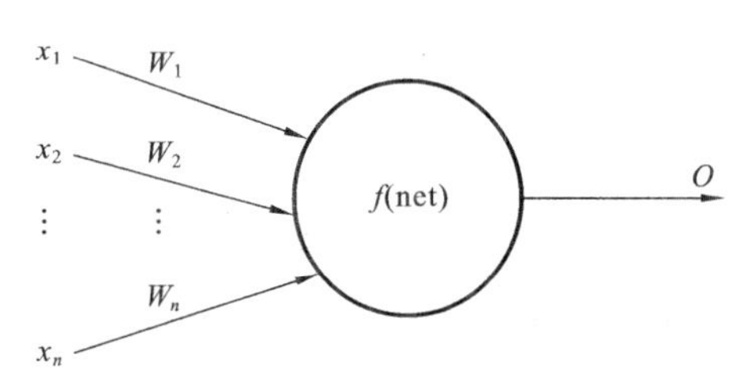

图 7-8　人工神经元模型

在图 7-8 中，$f(\mathrm{net})$ 为激活函数，其中 $\mathrm{net}=\boldsymbol{W}^{\mathrm{T}}\boldsymbol{X}$ 是连接权与此人工神经元输入的向量积(标量)。目前广为采用的 BP 神经元激活函数是 Sigmoid 函数，简称 S 型函数，描述为

$$f(\mathrm{net})=\frac{1}{1+\mathrm{e}^{-\beta \mathrm{net}}} \quad (\beta>0) \tag{7-12}$$

S 型函数具有良好的特性：(1) 当输入信号 net 较小时，也有一定的 f 值相对应，即输入到神经元的信号比较弱时，神经元也有输出，避免丢失较弱信号；(2) 当输入信号 net 较大时，输出趋于常数，不会出现“溢出”现象；(3) 具有良好的微分特性

$$\frac{\mathrm{d}f}{\mathrm{dnet}}=f(\mathrm{net})[1-f(\mathrm{net})] \tag{7-13}$$

根据前述，人工神经元具有如下特点：

(1) 人工神经元是一个多输入/单输出元件；

(2) 具有非线性的输入/输出特性；

(3) 具有良好的可塑性，可塑性主要表现在权值的改变；

(4) 人工神经元的输出是全部输入综合作用的结果。

7.2.2　BP 神经网络模型

BP 神经网络包括输入层、隐含层及输出层，隐含层可以多层或一层，每层的神经元称为节点。图 7-9 为一具有三层的 BP 神经网络拓扑结构。网络中的每个节点都包含一个非线性激活函数。网络是全连接的，即在任意层上的一个节点与前一层上的所有节点都是相连的。输入信号经过逐层传播，到达网络输出层的末端即成为一个输出信号。

在这里，输入向量表示为 $\boldsymbol{X}=[x_0 \quad x_1 \quad x_2 \quad \cdots \quad x_i \quad \cdots \quad x_n]^{\mathrm{T}}$，隐含层输出向量表示为 $\boldsymbol{Y}=[y_0 \quad y_1 \quad y_2 \quad \cdots \quad y_j \quad \cdots \quad y_m]^{\mathrm{T}}$；输出层向量表示为 $\boldsymbol{O}=[o_1 \quad o_2 \quad \cdots \quad o_k \quad \cdots \quad o_l]^{\mathrm{T}}$；期望输出 $\boldsymbol{d}=[d_1 \quad d_2 \quad \cdots \quad d_k \quad \cdots \quad d_l]^{\mathrm{T}}$。输入层与隐含层之间的权值矩阵用 $\boldsymbol{V}$ 表示，$\boldsymbol{V}=[\boldsymbol{V}_1 \quad \boldsymbol{V}_2 \quad \cdots \quad \boldsymbol{V}_j \quad \cdots \quad \boldsymbol{V}_m]$，其中列向量 $\boldsymbol{V}_j$ 为隐含层第 j 个节点对应的权向量，$\boldsymbol{V}_j=[\nu_{0j} \quad \nu_{1j} \quad \cdots \quad \nu_{nj}]^{\mathrm{T}}$；隐含层到输出层之间的权值矩阵用 $\boldsymbol{W}$ 表示，$\boldsymbol{W}=[\boldsymbol{W}_1 \quad \boldsymbol{W}_2 \quad \cdots \quad \boldsymbol{W}_k \quad \cdots \quad \boldsymbol{W}_l]$，其中列向量 $\boldsymbol{W}_k$ 为输出层第 k 个节点对应的权向量，$\boldsymbol{W}_k=[\omega_{0k} \quad \omega_{1k} \quad \cdots \quad \omega_{mk}]^{\mathrm{T}}$。其中 x_0 与 y_0 分别为考虑到隐含层与输出层节点的阈值而设置，如果隐含层节点 j 的阈值为 θ_j，用 $x_0=1$ 的固定偏置输入节点表示阈值节点，则它与节点 j 之间的连接权值为 $\omega_{0j}=-\theta_j$；对于输出层节点 k 的情况同理。

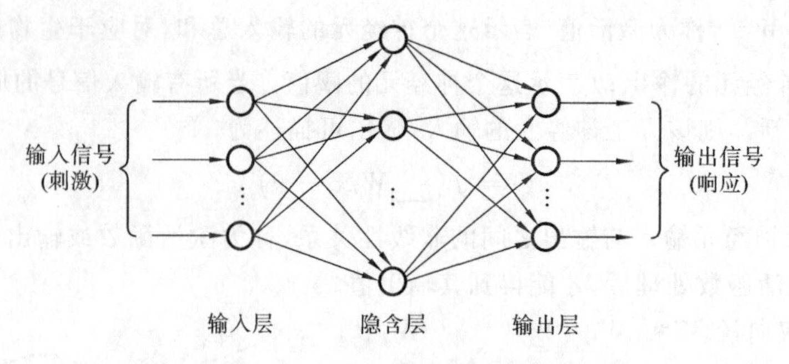

图 7-9 BP 神经网络拓扑结构

7.2.3 BP 神经网络算法

1. BP 神经网络信号正向传播

BP 神经网络训练学习的第一阶段为信号的正向传播，输入信号从输入层传入，经各隐含层处理后，传至输出层。如图 7-9 所示的三层神经网络中各层信号之间的数学关系如下。

对于输出层，有

$$o_k = f(\text{net}_k) \quad (k=1,2,\cdots,l) \tag{7-14}$$

$$\text{net}_k = \sum_{j=0}^{m} \omega_{jk} y_j \quad (k=1,2,\cdots,l) \tag{7-15}$$

对于隐含层，有

$$y_j = f(\text{net}_j) \quad (j=1,2,\cdots,m) \tag{7-16}$$

$$\text{net}_j = \sum_{i=0}^{n} \nu_{ij} x_i \quad (j=1,2,\cdots,m) \tag{7-17}$$

式(7-14)～式(7-17)与式(7-12)共同构成 BP 神经网络的数学模型。

2. BP 神经网络误差反向传播

BP 神经网络训练学习的第二阶段为误差的反向传播。当输出误差(输出层实际输出与期望输出之差)不满足精度要求时，则进入网络误差的反向传播阶段。误差反传是将输出误差以某种方式通过隐含层向输入层逐层反传，将误差分摊给各层的所有节点，从而获得各层节点的误差信号，并且根据此误差信号修正各节点的连接权值。

下面以常用的三层 BP 神经网络为例介绍其算法。

(1) 误差反向传播算法。

当网络输出与期望输出不相等时，则存在输出误差 E，定义为

$$E = \frac{1}{2}\|\boldsymbol{d}-\boldsymbol{o}\|^2 = \frac{1}{2}\sum_{k=1}^{l}(d_k - o_k)^2 \tag{7-18}$$

将以上误差定义展开至隐含层，有

$$E = \frac{1}{2}\sum_{k=1}^{l}[d_k - f(\text{net}_k)]^2 = \frac{1}{2}\sum_{k=1}^{l}\Big[d_k - f\Big(\sum_{j=0}^{m}\omega_{jk} y_j\Big)\Big]^2 \tag{7-19}$$

进一步展开至输入层，有

$$E = \frac{1}{2}\sum_{k=1}^{l}\Big\{d_k - f\Big[\sum_{j=0}^{m}\omega_{jk} f(\text{net}_j)\Big]\Big\}^2 = \frac{1}{2}\sum_{k=1}^{l}\Big\{d_k - f\Big[\sum_{j=0}^{m}\omega_{jk} f\Big(\sum_{i=0}^{n}\nu_{ij} x_i\Big)\Big]\Big\}^2$$

由上式看出，网络误差是相邻层之间权值 ω_{jk}、ν_{ij} 的函数，因此调整权值可改变误差 E。从函数优化角度看，误差函数 E 也称为目标函数或代价函数。

为使网络误差 E 不断地减小，调整权值的一种思路是取误差的负梯度方向作为权值的调整方向，即

$$\Delta\omega_{jk}=-\eta\frac{\partial E}{\partial\omega_{jk}}\quad(j=0,1,2,\cdots,m;k=1,2,\cdots,l)\tag{7-20(a)}$$

$$\Delta\nu_{ij}=-\eta\frac{\partial E}{\partial\nu_{ij}}\quad(i=0,1,2,\cdots,n;j=1,2,\cdots,m)\tag{7-20(b)}$$

其中，负号表示梯度的反方向，比例常数 η 称为学习率，$\eta\in(0,1)$，在网络训练中反映其学习效率。

信号正向传播与误差反向传播的各层权值调整过程是周而复始地进行的。权值不断调整的过程，就是网络的学习训练过程。此过程一直进行到网络输出误差减少到可接受的程度，或者进行到预先设定的学习次数为止。

(2) 误差反向传播算法推导。

式(7-20)仅是权值调整思路的数学表达，而不是具体的权值调整计算式。下面推导三层BP网络算法权值调整的计算式。

对于输出层，式(7-20(a))可写为

$$\Delta\omega_{jk}=-\eta\frac{\partial E}{\partial\omega_{jk}}=-\eta\frac{\partial E}{\partial \mathrm{net}_k}\frac{\partial \mathrm{net}_k}{\partial\omega_{jk}}\tag{7-21(a)}$$

对于隐含层，式(7-20(b))可写为

$$\Delta\nu_{ij}=-\eta\frac{\partial E}{\partial\nu_{ij}}=-\eta\frac{\partial E}{\partial \mathrm{net}_j}\frac{\partial \mathrm{net}_j}{\partial\nu_{ij}}\tag{7-21(b)}$$

对输出层和隐含层各定义一个误差信号

$$\delta_k^o=-\frac{\partial E}{\partial \mathrm{net}_k}\tag{7-22(a)}$$

$$\delta_j^y=-\frac{\partial E}{\partial \mathrm{net}_j}\tag{7-22(b)}$$

综合应用式(7-15)与式(7-22(a))，可将式(7-21(a))的权值调整改写为

$$\Delta\omega_{jk}=\eta\delta_k^o y_j\tag{7-23(a)}$$

综合应用式(7-17)与式(7-22(b))，可将式(7-21(b))的权值调整改写为

$$\Delta\nu_{ij}=\eta\delta_j^y x_i\tag{7-23(b)}$$

为了具体表达式(7-23)的权值调整量，下面求 δ_k^o 和 δ_j^y。

对于输出层，δ_k^o 可展开为

$$\delta_k^o=-\frac{\partial E}{\partial \mathrm{net}_k}=-\frac{\partial E}{\partial o_k}\frac{\partial o_k}{\partial \mathrm{net}_k}=-\frac{\partial E}{\partial o_k}f'(\mathrm{net}_k)\tag{7-24(a)}$$

对于隐含层，δ_j^y 可展开为

$$\delta_j^y=-\frac{\partial E}{\partial \mathrm{net}_j}=-\frac{\partial E}{\partial y_j}\frac{\partial y_j}{\partial \mathrm{net}_j}=-\frac{\partial E}{\partial y_j}f'(\mathrm{net}_j)\tag{7-24(b)}$$

下面求式(7-24)中网络误差对各层输出的偏导数。

对于输出层，利用式(7-18)，可得

$$\frac{\partial E}{\partial o_k}=-(d_k-o_k)\tag{7-25(a)}$$

对于隐含层，利用式(7-19)，可得

$$\frac{\partial E}{\partial y_j}=-\sum_{k=1}^{l}(d_k-o_k)f'(\text{net}_k)\omega_{jk} \tag{7-25(b)}$$

将以上结果代入式(7-24(a))与式(7-24(b)),并利用式(7-13),可分别得到输出层与隐含层的误差信号

$$\delta_k^o=(d_k-o_k)o_k(1-o_k) \tag{7-26(a)}$$

$$\delta_j^y=\Big[\sum_{k=1}^{l}(d_k-o_k)f'(\text{net}_k)\omega_{jk}\Big]f'(\text{net}_j)=\Big(\sum_{k=1}^{l}\delta_k^o\omega_{jk}\Big)y_j(1-y_j) \tag{7-26(b)}$$

将式(7-26)代入式(7-23),可得三层 BP 神经网络学习算法权值调整的计算公式

$$\begin{cases}\Delta\omega_{jk}=\eta\delta_k^o y_j=\eta(d_k-o_k)o_k(1-o_k)y_j & (7\text{-}27(a))\\ \Delta\nu_{ij}=\eta\delta_j^y x_i=\eta\Big(\sum_{k=1}^{l}\delta_k^o\omega_{jk}\Big)y_j(1-y_j)x_i & (7\text{-}27(b))\end{cases}$$

由上式可知,对于 BP 学习算法,各层权值调整计算式在形式上是一样的,均由学习率、本层输出的误差信号及本层输入信号构成。其中输出层误差信号和网络的期望输出与实际输出之差有关,是从输出层开始逐层反向传播的。

3. BP 神经网络算法步骤

前面介绍的算法称为标准 BP 算法。其编程步骤如下:

(1) 初始化　对所有连接权矩阵 $\boldsymbol{W}$、$\boldsymbol{V}$ 赋随机任意值,将样本计数器 p 和训练次数计数器 q 置为 1,误差 E 为 0,学习率 η 设为区间(0,1]内较小的数,网络训练精度 $E_{\min}$ 设为一小的正数。

(2) 输入训练样本对,计算各层输出　用当前样本 $\boldsymbol{X}^p$、$\boldsymbol{d}^p$ 对向量数组 $\boldsymbol{X}$、$\boldsymbol{d}$ 赋值,根据式(7-16)和式(7-14)计算隐含层、输出层的输出 $\boldsymbol{Y}$ 与 $\boldsymbol{O}$ 的分量。

(3) 计算网络输出误差　设共有 p 对训练样本,对应于每一个样本的网络误差 $E^p=\sqrt{\sum_{k=1}^{p}(d_k^p-o_k^p)^2}$;网络的总误差 $E_{\text{sum}}=\sqrt{\frac{1}{P}\sum_{p=1}^{P}(E^p)^2}$。

(4) 计算各层误差信号　应用式(7-26(a))和式(7-26(b))计算 δ_k^o 和 δ_j^y。

(5) 调整各层权值　应用式(7-27(a))和式(7-27(b))计算权值向量 $\boldsymbol{W}$、$\boldsymbol{V}$ 的各分量。

(6) 检查是否已完成对所有样本完成一次轮训　若 $p<P$,则 $p\leftarrow p+1$,$q\leftarrow q+1$,返回步骤(2),否则执行步骤(7)。

(7) 检查网络总误差是否达到精度要求　若 $E_{\text{sum}}<E_{\min}$,则训练结束;否则 $E\leftarrow 0$,$p\leftarrow 0$,返回步骤(2)。

标准 BP 算法框图如图 7-10 所示。

在实际应用中,权值调整方法有两种。一种就是上述标准 BP 算法所采用的权值调整方法,即每输入一个样本,都需要误差反向传播并调整权值,这种方法称为单样本训练。此方法存在训练次数增加、收敛速度慢的缺点。另一种方法是在所有样本输入之后,计算网络的总误差,然后根据总误差计算各层的误差信号并调整权值,这种累积误差的批处理方式称为批训练。批训练可以保证总误差趋于减小,尤其在样本较多时,批训练比单样本训练的收敛速度快。

7.2.4 BP 神经网络的设计要点

1. 训练样本数的确定

BP 网络的能力与网络信息容量有关。而网络信息容量可用网络的权值和阈值总数 n_ω 来表征,则训练样本数 P 与给定的训练误差 ε 间应满足以下匹配关系:

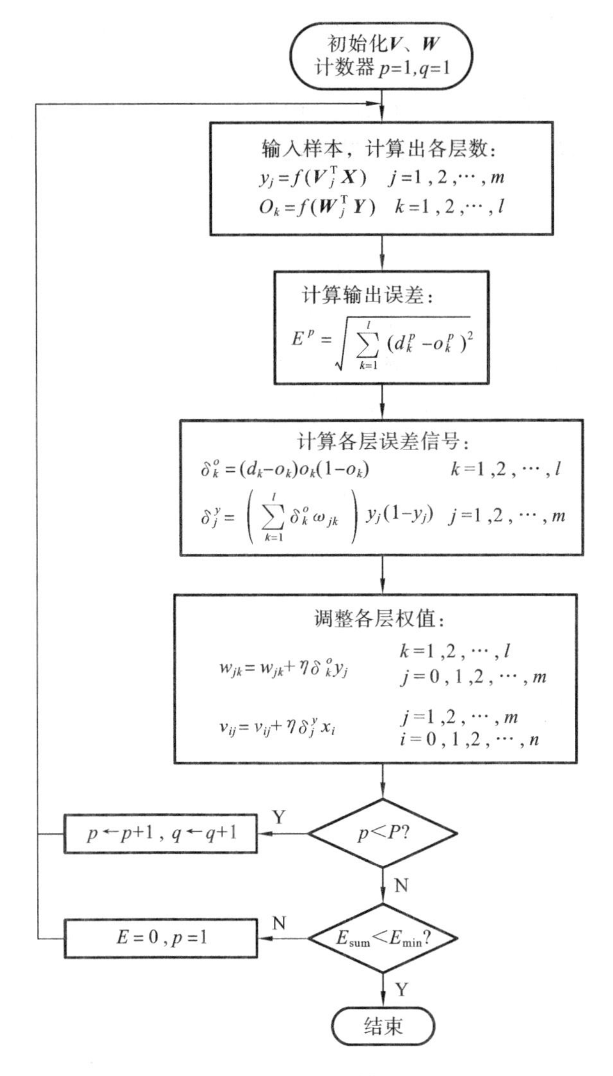

图 7-10　标准 BP 算法框图

$$P\approx\frac{n_\omega}{\varepsilon}$$

上式表明，网络信息容量与训练样本之间存在合理的匹配关系。但实际问题的样本数常常难以满足以上要求。对于确定的样本数，网络参数太少则不足以表达样本中蕴涵的全部规律，而网络参数太多则由于样本信息少而得不到充分训练。所以，当实际问题的训练样本较少时，必须设法减少 n_ω。根据经验，训练样本数是网络连接权总数的 5～10 倍。

2. 训练样本数的选择与组织

网络训练中提取的规律蕴涵在样本中，因此样本必须具有代表性。样本的选择要注意样本类别的均衡，尽量使每个类别的样本数量大致相等。即使是同一样本也要兼顾样本的多样性与均匀性。同时，样本的组织要注意将不同类别的样本交叉输入，或从训练集中随机选择输入样本，以正确建立样本蕴涵的映射关系和减少训练时间。

3. 突触权值的初始化

网络权值的初始化决定了网络的训练在误差曲面起始位置，从而影响收敛速度，并关系到能否求得全局极小点，因此初始化方法对缩短网络的训练时间至关重要。权值初始化方法有两种：一种方法是，初始权值设置成足够小；另一种方法是，初始值为−1和+1的权值数相等。在实际应用时，对隐含层权值采用第一种方法，而对输出层采用第二种方法。按上述方法设置的初始权值可使每个节点一开始都工作在其激活函数变化最敏感的区域，从而使网络的学习速度较快。

4. 隐含层数的确定

理论分析证明，具有一个隐含层的BP神经网络可以映射所有连续函数，只有当出现不连续函数时，才需要两个隐含层，所以BP神经网络最多只需两个隐含层。在设计BP神经网络时一般先考虑设置一个隐含层，当一个隐含层的隐节点数很多却仍不能改善网络性能时，才考虑再增加一个隐含层。由经验表明，采用两个隐含层时，如果第一个隐含层隐节点较多而第二个隐含层隐节点较少，则有利于改善BP神经网络的性能。此外，对于有些实际问题，采用两个隐含层所需的隐节点总数可能少于单隐含层所需的隐节点数。

5. 隐节点数的确定

隐节点的作用是从样本中提取并存储其内在规律，每个隐节点的权值都是增强网络映射能力的一个参数。如果隐节点数太少，网络从样本中获取信息的能力就差，不足以概括和体现训练集中的样本规律。然而，当隐节点数过多时，有可能把样本中非规律性的内容（如噪声）也学会记牢，出现所谓"过吻合"问题，从而降低神经网络泛化能力。此外，隐节点数太多会导致训练时间增加。

合理的隐节点数量取决于训练样本数的多少、样本噪声的大小以及样本中蕴涵规律的复杂程度。一般来说，波动次数多、震荡幅度大的复杂非线性函数要求网络具有较多的隐节点来增强其映射能力。

通常，隐含层的节点数通过试凑法确定。可先设置较少的隐节点训练网络，然后逐渐增加隐节点数，用同一样本集训练，从而确定网络误差最小时对应的隐节点数。在用试凑法时，可利用下列经验公式估算隐节点数的初始值。

$$m=\sqrt{n+l}+\alpha$$

$$m=\log_2 n$$

式中：m为隐含层节点数；n为输入层节点数；l为输出节点数；α为1～10之间的常数。

6. 网络训练与测试

在确定BP神经网络结构以后，需用样本对网络进行训练。训练时对所有样本正向传播计算一轮并反向修改权值一次称为一次训练。通常训练一个网络需要成千上万次。在训练过程中要反复使用样本集数据，但每一轮最好不要按固定的顺序取数据。

评价网络性能好坏的主要标准是其泛化能力，而对泛化能力的测试不能用训练集的数据进行，而要用训练集以外的测试数据来进行检验。一般的做法是，将收集到的可用样本随机地分成两部分：一部分作为训练集，另一部分作为测试集。如果网络对训练样本集的误差很小，而对测试样本集的误差很大，说明网络训练已"过吻合"，因此泛化能力差。

在隐节点数一定的情况下，为获得良好的泛化能力，存在着一个最佳训练次数。训练时将训练与测试交替进行，每训练一次记录一个训练均方误差，然后保持网络权值不变，用测试数据正向运行网络，记录测试均方误差。如果在某一训练次数t_0之前，随着训练次数的增加，两种均方误差同时下降，而当超过这个训练次数时，训练误差继续减小而测试误差则开始上升，于是该训练次数t_0即为最佳训练次数。训练次数小于t_0称为训练不足，训练次数大于t_0称为训练过度。

7.2.5　BP神经网络算法的改进

1. BP算法存在的缺陷

BP神经网络算法可以以任意精度逼近任何非线性函数，并且得到广泛应用。然而标准BP算法在应用中也存在不少缺陷。

（1）学习算法的收敛速度慢。

BP神经网络训练次数过多将导致训练过程过长，学习收敛速度变慢。

影响BP学习算法收敛速度的主要因素之一是学习率。如果学习率太小，网络的收敛速度会非常慢；如果学习率太大，会使网络出现震荡而无法收敛。但目前学习率的取值尚无理论指导，通常凭经验在0.01～1之间取值。

（2）陷入局部极小点。

BP神经网络的误差函数是以Sigmoid函数为自变量的非线性函数，由其构成的连接权值空间是具有多个局部极小点的超曲面，容易造成网络的训练过程在遇到局部极小点时无法继续进行下去的情况，而产生"局部极小值"问题。

影响BP学习算法陷入局部极小点的主要因素是连接权值的初始化。若初始连接权值太大，则可能在学习训练一开始就使网络处于Sigmoid函数的饱和区，从而使网络陷入局部极小点。因此，初始连接权值通常取较小值，以便使每个节点的状态值接近于零，以确保网络在学习开始时避免陷入局部极小点。

（3）隐含层层数及节点数的选取缺乏理论指导。

目前，隐含层层数及节点数的选取尚无理论上的指导，通常根据如前所述的经验来确定。因此，网络往往存在较大的冗余，无形中也影响了网络学习训练的速度。

（4）训练时学习新样本时有遗忘旧样本的趋势。

BP神经网络的记忆具有不稳定性。当给一个训练结束的BP神经网络提供新的记忆模式时，会破坏已经调整完毕的网络连接权值，导致遗忘，即学习模式信息消失。

2. BP算法的改进

针对标准BP算法存在的问题和缺陷，研究人员已提出不少有效的改进算法，下面介绍两种常用的改进措施。

（1）学习率的自适应调整。

在标准BP算法中，学习率η为常数，根据前面分析，为了使训练学习达到最佳，必须在训练过程中不断调整学习率。

学习率的自适应调整算法的思路是，如果误差不断减小并趋向其预设值时，说明误差修正方向正确，此时应增加学习率；如果误差不断增加并超过其预设值时，说明误差修正方向错误，此时应减小学习率，即

$$\eta(n+1)=\begin{cases} s_{\mathrm{inc}}\eta(n) & E(n+1)<E(n) \\ s_{\mathrm{dec}}\eta(n) & E(n+1)\geqslant E(n) \end{cases}$$

式中：s_{inc}为学习率增量因子；s_{dec}为学习率减量因子。

（2）增加动量项。

标准BP算法在调整连接权值时，只考虑本次调整时的误差梯度下降方向，而未考虑前一次调整时的误差梯度方向，因而经常使训练过程发生震荡，收敛缓慢。因此，为了减小震荡，加

快网络的训练速度，对连接权值进行调整时应引入动量项，即按一定比例加上前一次学习时的调整量。若用 $\boldsymbol{W}$ 表示某层（输出层或隐含层）权矩阵，$\boldsymbol{X}$ 表示某层输入向量，则带有动量项的连接权值调整量公式为

$$\Delta \boldsymbol{W}(n)=\eta\delta\boldsymbol{X}+\gamma\Delta\boldsymbol{W}(n-1)$$

式中：η 为学习率；δ 为某层的误差信号，$\gamma\Delta\boldsymbol{W}(n-1)$ 为动量项，其中 n 为学习次数，γ 为动量系数，$0<\gamma<1$，一般取 0.9 左右。

7.2.6 基于 BP 神经网络的优化设计

基于神经网络的优化算法的基础在于：

(1) 神经网络是一种非线性动力系统，而且通过学习机制趋于稳定并收敛于渐近平衡稳定点。

(2) 神经网络的渐近平衡点恰好是能量函数的极小点。

因此，神经网络的求解过程与优化设计的搜索过程有如下对应关系：系统的能量函数与优化问题的目标函数相对应；人工神经网络的各个参数与优化问题的各个设计变量相对应；神经网络系统的演化过程与优化问题的设计空间及寻优过程相对应。实现神经网络用于优化设计的关键是要根据优化问题的目标函数构造相应的人工神经网络能量函数，则 BP 神经网络从初始状态趋于平衡稳定状态的过程即为从初始点逼近最优解的优化寻优过程。这就是利用神经网络用于优化设计的理论基础。

对于无约束优化问题

$$\min_{\boldsymbol{X}\in\mathbf{R}^n} f(\boldsymbol{X})$$

其下降法的迭代公式为

$$\boldsymbol{X}^{k+1}=\boldsymbol{X}^k-\boldsymbol{M}_k\nabla f(\boldsymbol{X}^k)$$

式中：$\boldsymbol{M}_k$ 为 n 阶对称正定矩阵；$\boldsymbol{X}^{(0)}$ 为初始点。

其求解过程可看作如下微分方程的求解

$$\begin{cases}\dfrac{\mathrm{d}\boldsymbol{X}}{\mathrm{d}t}=-M(\boldsymbol{X},t)\nabla_X E(\boldsymbol{X})\\ \boldsymbol{X}(0)=\boldsymbol{X}^{(0)}\end{cases} \tag{7-28}$$

式中：$M(\boldsymbol{X},t)$ 是 n 阶对称矩阵。若 $\boldsymbol{X}^*$ 是能量函数 $E(\boldsymbol{X})$ 的极小点，则必有 $\nabla_X E(\boldsymbol{X}^*)=0$，因此 $\boldsymbol{X}^*$ 是该微分方程的解，也是动力系统的平衡点。这样只要设计一个动力系统方程式(7-28)，就可以求神经网络系统的平衡点 $\nabla_X E(\boldsymbol{X}^*)=0$ 来代替求解该无约束优化问题。

对于约束优化问题

$$\begin{cases}\min\ f(\boldsymbol{X}) & \boldsymbol{X}\in\mathbf{R}^n\\ \text{s.t.}\ g_u(\boldsymbol{X})\leqslant 0 & u=1,2,\cdots,m\\ \quad\ \ h_v(\boldsymbol{X})=0 & v=1,2,\cdots,p<n\end{cases}$$

利用外点罚函数法，可以转化为求下面函数的极小点

$$E(\boldsymbol{X},\boldsymbol{r})=f(\boldsymbol{X})+\frac{1}{2}\sum_{v=1}^{p}r_1(h_v(\boldsymbol{X}))^2+\frac{1}{2}\sum_{v=1}^{m}r_2(\max\{0,g_u(\boldsymbol{X})\})^2 \tag{7-29}$$

它可以用下面的动力系统平衡点代替

$$\begin{cases}\dfrac{\mathrm{d}\boldsymbol{X}}{\mathrm{d}t}=-U\nabla_X E(\boldsymbol{X},\boldsymbol{r})\\ \boldsymbol{X}(0)=\boldsymbol{X}^{(0)}\end{cases} \tag{7-30}$$

式中：$U=\mathrm{diag}(u_1,u_2,\cdots,u_n)$，$u_i>0$ $(i=1,2,\cdots,n)$。同样，若 $\boldsymbol{X}^*$ 是对应动力系统能量函数 $E(\boldsymbol{X})$ 的极小点，则 $\boldsymbol{X}^*$ 就是上述约束优化问题的最优解。

BP 神经网络优化算法步骤如下：

(1) 针对优化问题构造能量函数 $E(\boldsymbol{X})$，并使它具有较好的稳定性，如具有正定二次型形式。

(2) 由能量函数求解其动力系统方程。

(3) 用学习方法解出平衡点，即 $\nabla_X E(\boldsymbol{X})=0$。

利用 BP 神经网络解决优化设计问题的作用体现在两个方面：一个是用于函数构造的方法；另一个是直接作为优化方法来使用。

7.2.7　BP 神经网络在优化设计中的应用

BP 神经网络的优化、预测、聚类等功能已经广泛应用于工程、农业、医学等领域。下面通过两个工程实例来说明 BP 神经网络在机械优化设计中的应用。

1. 液体动压润滑固定轴瓦推力轴承优化设计

对于液体动压推力轴承，良好的润滑和承载能力需要合理的轴瓦结构来保证。如图 7-11 所示为固定轴瓦推力轴承，其轴瓦沿圆周方向被分隔成具有一定斜度的若干固定瓦块，并与基体构成一个整体。下面利用 BP 神经网络算法对其结构进行优化。

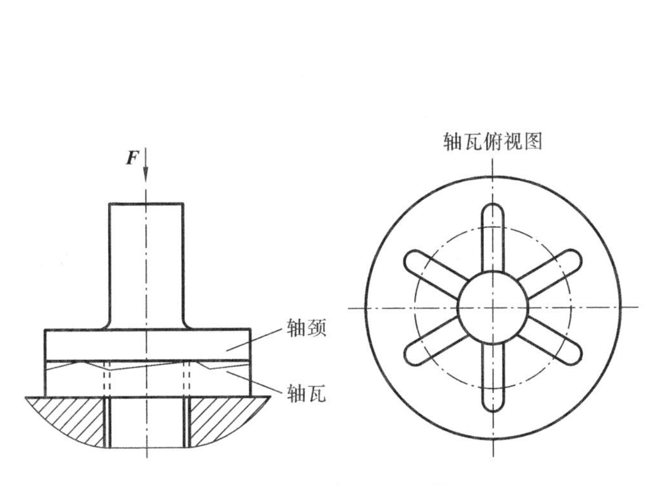

图 7-11　固定轴瓦推力轴承

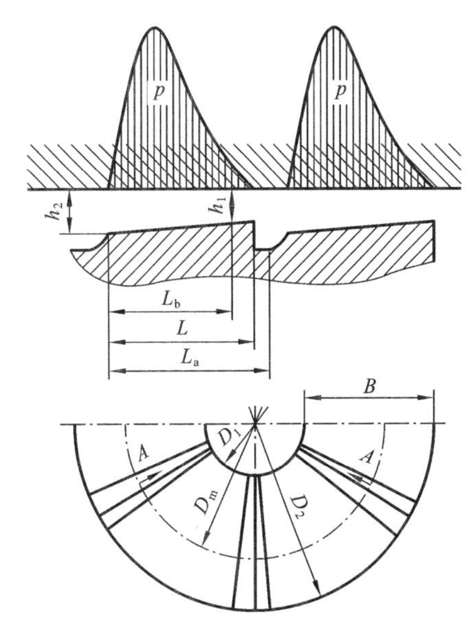

图 7-12　固定瓦块推力轴承的几何尺寸及受力分布

(1) 建立优化数学模型。

固定瓦块推力轴承的结构尺寸如图 7-12 所示。影响轴承的参数包括：轴承内径 D_1(m)、轴承外径 D_2(m)、轴承宽度 B(m)、轴瓦块数 z、轴瓦出口油膜厚度 h_1(m)、轴瓦入口油膜厚度 h_2(m)，油膜厚度比 δ、润滑油动力黏度 η(Pa · s)、轴承转速 n(r/min)、轴瓦承载面长度 L_0(m)、承载瓦块在以轴承平均直径 D_m 为直径的圆周上的弧线长度 L_b 和 L_0。在工作载荷和转速一定的情况下，为提高轴承的承载能力和使用性能，确定优化设计变量为 $X=(x_1,x_2,x_3,x_4,x_5,x_6)^{\mathrm{T}}=(B,L_0,h_1,h_2,\eta,D_2)^{\mathrm{T}}$。

以液体动压润滑固定轴瓦推力轴承具有最大承载能力为设计目标，建立目标函数

$$f(\boldsymbol{X})=f(x_1,x_2,x_3,x_4,x_5,x_6)=\frac{\pi nz(x_6-x_1)x_1^2x_2x_5}{60Fx_3^2}$$

式中：F 为轴承所受载荷(N)。

根据轴承几何尺寸、轴承的平均压强、pv 值、油膜厚度比、温度限制、动力黏度的要求建立相应的约束函数如下

$$g_1(\boldsymbol{X})=2x_1+d+0.002-x_6\leqslant 0$$

$$g_2(\boldsymbol{X})=\frac{F}{zx_1x_2}-[p]\leqslant 0$$

$$g_3(\boldsymbol{X})=\frac{Fn}{45x_1}-[pv]\leqslant 0$$

$$g_4(\boldsymbol{X})=1.8-\frac{x_4}{x_3}\leqslant 0$$

$$g_5(\boldsymbol{X})=\frac{x_4}{x_3}-3\leqslant 0$$

$$g_6(\boldsymbol{X})=30+\Delta t-100\leqslant 0$$

$$g_7(\boldsymbol{X})=\eta_{\min}-x_5\leqslant 0$$

式中：d 为轴颈直径；z 为轴瓦块数；$[p]$为瓦面许用平均压强；$[pv]$为瓦面许用 pv 值；$\eta_{\min}$ 为最小许用黏度；Δt 为轴承的润滑油温升，有

$$\Delta t=\frac{\left\{1.95+0.83\left[1-0.6\left(\frac{x_4}{x_3}-1\right)\right]^2\right\}\sqrt{\frac{nz^2x_2^2x_5}{45F}F\ \frac{nzx_2}{45}}}{c_p\rho\ \frac{7nz^2x_1x_2x_3}{450}+\frac{\pi\alpha_b x_6^2}{4}}\cdot\sqrt{\frac{x_1}{x_2}+0.45\left\{1.95+0.83\left[1-0.6\left(\frac{x_4}{x_3}-1\right)\right]^2\right\}(x_2/x_1)}$$

其中：c_p 为润滑油比热容，ρ 为润滑油密度，α_b 为轴承的表面传热系数。

(2) 建立能量函数。

根据式(7-29)构建由上述目标函数、不等式约束函数组成的泛函即该约束优化问题的能量函数。然后利用 BP 神经网络求解。

(3) 算例。

已知条件：某汽轮机瓦块推力轴承 $F=20$ kN，$n=1200$ r/min，$d=50$ mm，$z=6$，$[p]=2.5$ MPa，$[pv]=85$ MPa·m/s，$\rho=900$ kg/m^3，$\eta_{\min}=0.016$ Pa·s，$\alpha_b=50$ W/(m^2·℃)，$c_p=2000$ J/(kg·℃)。

输入层的初始值为 $\boldsymbol{X}^0=(0.01,0.01,0.000005,0.000005,0.01,0.1)^{\mathrm{T}}$，经 BP 神经网络编程计算，其最优解 $\boldsymbol{X}^*=(0.0209093,0.0637673,0.0055518,0.0099932,0.016,0.1)^{\mathrm{T}}$，最优值 $f(\boldsymbol{X}^*)=0.0000216$。实践表明，基于神经网络的优化设计方法具有较好的稳定性和足够的精度，在解决液体动压润滑固定轴瓦推力轴承优化问题时是有效的。

2. 基于 BP 神经网络的汽车侧碰多目标优化设计

神经网络除上例直接用于优化方法外，通常还用于优化中代替某种大运算(如有限元)，或规律性数据处理的拟合。本例就是其一种典型的应用。

在汽车轻量化过程中必须考虑其耐撞性与安全性，故此优化问题是多目标优化问题。无论单次碰撞还是一次整车侧面碰撞仿真，有限元仿真计算都十分耗时，同时优化是一个反复迭

代的过程，而一次优化迭代过程至少需要调用上千次有限元模型计算结果，使得优化设计失去实际意义。如果利用BP神经网络来求解此多目标优化问题则可以克服这些缺点，并且能以较高的精度逼近实际碰撞过程。下面分析基于BP神经网络的侧碰多目标优化设计方法。

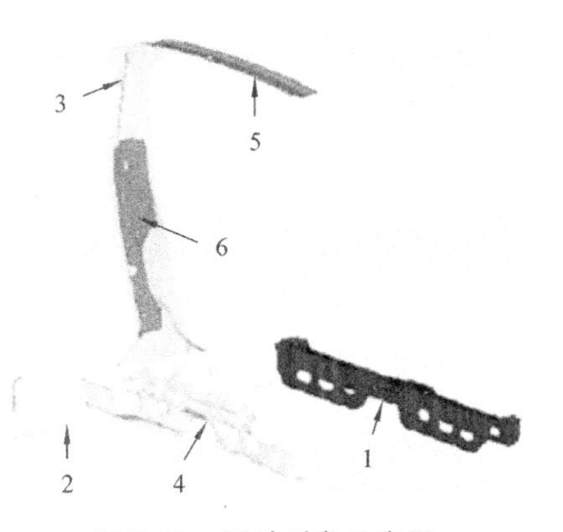

图 7-13 设计对象示意图

1—前地板横梁；2—门槛加强板；3—B柱加强板；4—后地板横梁；5—顶盖中横梁；6—门铰链加强板

(1) 侧碰BP神经网络近似模型的建立。

根据车型和工程经验，选取对侧碰影响最显著的6个零件作为设计对象，如图7-13所示。其8个设计变量如表7-2所示，其中前6个设计变量 $t_i(i=1,2,\cdots,6)$ 为1～6号零件的板厚，属于连续变量，分布范围从 $0.5t_{i0}$ 到 $1.5t_{i0}$，其中 $t_{i0}(i=1,2,\cdots,6)$ 为对应零件的基准板厚；后2个设计变量 m_1、m_2 分别为2号零件与3号零件的材料牌号，属于离散变量，可选普通钢(MS)或高强度钢(HSS)。

表 7-2 设计变量定义

序号	设计变量	类型	取值范围
1	前地板横梁板厚	随机变量	$0.5t_{10} \leqslant t_1 \leqslant 1.5t_{10}$
2	门槛加强板板厚	随机变量	$0.5t_{20} \leqslant t_2 \leqslant 1.5t_{20}$
3	B柱加强板板厚	随机变量	$0.5t_{30} \leqslant t_3 \leqslant 1.5t_{30}$
4	后地板横梁板厚	随机变量	$0.5t_{40} \leqslant t_4 \leqslant 1.5t_{40}$
5	顶盖中横梁板厚	随机变量	$0.5t_{50} \leqslant t_5 \leqslant 1.5t_{50}$
6	门铰链加强板板厚	随机变量	$0.5t_{60} \leqslant t_6 \leqslant 1.5t_{60}$
7	门槛加强板材料	离散变量	m_1：MS/HSS
8	B柱加强板材料	离散变量	m_2：MS/HSS

利用拉丁方试验设计方法生成100个有限元模型样本，经有限元计算得到全部样本的仿真结果。另外，在Matlab软件中，利用上述100个样本点的计算结果构建质量 m 与假人响应中肋骨变形量 D、中肋骨黏性指数VC、腹部力 F_a、骨盆力 F_p 的BP神经网络近似模型。其中 m 为6个零件的总质量，初始值为10.177 kg。

利用海默斯利试验设计方法在设计空间均匀选取10个样本点，结果表明BP神经网络近似模型的精度满足工程要求，可以取代有限元模型进行工程优化设计。

(2) 多目标优化过程及优化结果。

此问题的优化目标是侧围结构轻量化及保证安全性。对于整车侧围结构安全设计，主要的设计目标是降低碰撞过程中的各假人损伤值(D、VC、F_a 与 F_p)，从而达到保护乘员安全的目的。为了简化这一多目标问题，将通过正则的加权和作为各假人损伤值的综合评估函数简化，即

$$\mathrm{WIC}=0.3\left(\frac{D}{42}+\frac{\mathrm{VC}}{1}\right)+0.2\left(\frac{F_a}{2.5}+\frac{F_p}{6}\right)$$

WIC值越小，说明对侧碰乘员的保护性越好。将由有限元计算得到的各假人响应值(D=33.3 mm，VC=0.579 m/s，2.65 kN，3.43 kN)代入上式计算得到WIC初始值为0.738。

根据前面分析，建立车辆侧碰多目标优化问题的数学模型如下：

$$
\begin{aligned}
&\min m \\
&\min \mathrm{WIC} \\
&\text{s.t.}\ D \leqslant 42\ \mathrm{mm} \\
&\quad\ \ \mathrm{VC} \leqslant 1\ \mathrm{m/s} \\
&\quad\ \ F_a \leqslant 2.5\ \mathrm{kN} \\
&\quad\ \ F_p \leqslant 6\ \mathrm{kN}
\end{aligned}
$$

此车辆侧碰多目标问题的优化计算流程如图 7-14 所示。

通过软件 Isight 调用 Matlab 工具箱，利用多目标遗传算法对 BP 神经网络近似模型进行优化，得到的整个优化问题的 Pareto 前沿如图 7-15 所示。表 7-3 列出的 15 个 Pareto 优化解都满足法规要求，并且质量及 WIC 值相对于初始值都有不同程度的降低，设计者可根据设计目标进行权衡取舍。如对整车质量关注较多，则可选择解 14、15；若对侧碰安全性考虑较多，则可选择解 1；若整车质量和侧碰安全同等重要，则可选择解 9、10 和 11。

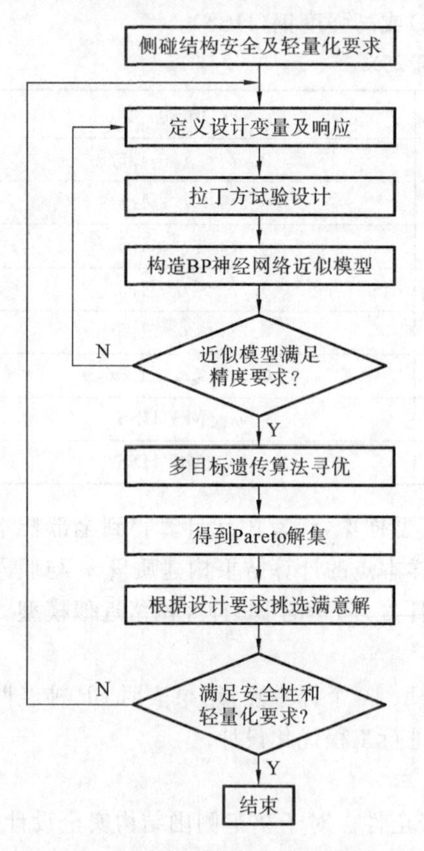

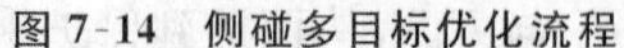
图 7-14　侧碰多目标优化流程

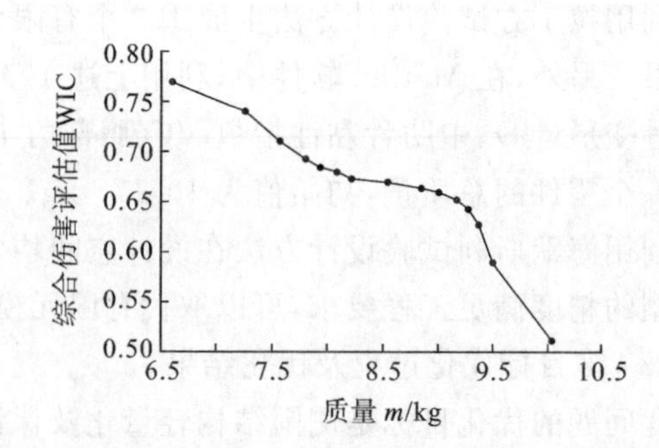

图 7-15　侧碰多目标优化问题的 Pareto 前沿

表 7-3　侧碰多目标优化问题的 Pareto 解集

Pareto 解	m/kg	WIC
1	10.042	0.512
2	9.489	0.590
3	9.378	0.628

续表

Pareto 解	m/kg	WIC
4	9.280	0.643
5	9.170	0.651
6	9.015	0.659
7	8.851	0.662
8	8.552	0.668
9	8.221	0.672
10	8.091	0.678
11	7.937	0.683
12	7.813	0.692
13	7.575	0.709
14	7.255	0.739
15	6.602	0.768

本例采用 BP 神经网络与遗传算法相结合的方法求解多目标优化问题，发挥了两者各自的优势。多目标遗传算法具有多点搜索的特性，故它是求解多目标问题 Pareto 最优解集的有效方法；而 BP 神经网络代替有限元进行优化计算，解决了结构重构问题，大大缩短了计算时间，提高了优化效率，而且计算结果具有足够的精度。

参考文献

[1] 张鄂. 机械与工程优化设计[M]. 北京:科学出版社,2012.

[2] 陈继平,李元科. 现代设计方法[M]. 武汉:华中科技大学出版社,2006.

[3] 万耀青. 机械优化设计建模与优化方法评价[M]. 北京:北京理工大学出版社,1995.

[4] 孙靖民,梁迎春. 机械优化设计[M].5 版.北京:机械工业出版社,2012.

[5] 周廷美,蓝悦明. 机械零件与系统优化设计建模及应用[M]. 北京:化学工业出版社,2005.

[6] 魏朗,余强. 现代最优化设计与规划方法[M]. 北京:人民交通出版社,2005.

[7] 梁尚明,殷国富. 现代机械优化设计方法[M]. 北京:化学工业出版社,2005.

[8] 郁崇文,汪军,王新厚. 工程参数的最优化设计[M]. 上海:东华大学出版社,2003.

[9] 陈宝林. 最优化理论与算法[M]. 北京:清华大学出版社,1989.

[10] 史丽晨,郭瑞峰. 基于 MATLAB 和 Pro/ENGINEER 的机械优化设计[M]. 北京:国防工业出版社,2011.

[11] 田福祥. 机械优化设计理论与应用[M]. 北京:冶金工业出版社,1998.

[12] 陈立周,俞必强. 机械优化设计方法[M].4 版. 北京:冶金工业出版社,2014.

[13] 汪萍,侯慕英. 机械优化设计[M].3 版. 武汉:中国地质大学出版社,1998.

[14] 钱能. C++程序设计教程[M]. 北京:清华大学出版社,2005.

[15] 徐士良. 常用算法程序集(C语言描述)[M].3 版. 北京:清华大学出版社,2004.

[16] 王月明,张宝华. MATLAB 基础与应用教程[M]. 北京:北京大学出版社,2012.

[17] 曹卫华,郭正. 最优化技术方法及 MATLAB 的实现[M]. 北京:化学工业出版社,2005.

[18] 陈秀宁. 机械优化设计[M]. 杭州:浙江大学出版社,1991.

[19] 刘惟信. 机械最优化设计[M].2 版. 北京:清华大学出版社,1994.

[20] 成大先. 机械设计手册[M].5 版. 北京:化学工业出版社,2007.

[21] 钟毅芳,陈柏鸿,王周宏. 多学科综合优化设计原理与方法[M]. 武汉:华中科技大学出版社,2006.

[22] Nriwan A,Edwin H. 用于最优化的计算智能[M]. 李军,边肇祺,译. 北京:清华大学出版社,1999.

[23] 王燕军,梁治安. 最优化基础理论与方法[M]. 上海:复旦大学出版社,2011.

[24] 李志峰. 机械优化设计[M]. 北京:高等教育出版社,2011.

[25] 李元科. 工程最优化设计[M]. 北京:清华大学出版社,2006.

[26] 王国强,赵凯军,崔国华. 机械优化设计[M]. 北京:机械工业出版社,2009.

[27] 孙全颖,等. 机械优化设计[M]. 哈尔滨:哈尔滨工业大学出版社,2007.

[28] 玄光男,程润伟. 遗传算法与工程设计[M]. 汪定伟,唐加福,黄敏,译. 北京:科学出版社,2000.

[29] 米凯利维茨. 演化程序[M]. 周家驹,何险峰,译. 北京:科学出版社,2000.

[30] 竺志超,李志祥.引纬机构的遗传算法优化设计[J].纺织学报,2002(2).

[31] 韩力群. 人工神经网络理论、设计及应用[M].2版.北京:化学工业出版社,2007.

[32] 史忠植. 神经网络[M]. 北京:高等教育出版社,2009.

[33] 高朝祥,王充,任小鸿,等. 基于神经网络的液体动压润滑固定瓦推力轴承优化设计[J]. 轴承,2012(6):3-6.

[34] 周利辉,成艾国,陈涛,等. 基于BP神经网络的侧碰多目标优化设计[J].中国机械工程,2012,23(17):2122-2127.